実験医学別冊

最強のステップUPシリーズ

今すぐ始める ゲノム編集

TALEN & CRISPR/Cas9の必須知識と実験プロトコール

羊土社
YODOSHA

【注意事項】本書の情報について ─────────────────────────────
　本書に記載されている内容は，発行時点における最新の情報に基づき，正確を期するよう，執筆者，監修・編者ならびに出版社はそれぞれ最善の努力を払っております．しかし科学・医学・医療の進歩により，定義や概念，技術の操作方法や診療の方針が変更となり，本書をご使用になる時点においては記載された内容が正確かつ完全ではなくなる場合がございます．また，本書に記載されている企業名や商品名，URL等の情報が予告なく変更される場合もございますのでご了承ください．

序

　ゲノム編集（genome editing）は，微生物から植物，動物の広い範囲の生物種において利用可能な，まさに夢のような遺伝子改変技術である．塩基の欠失による遺伝子ノックアウトに加え，最近では遺伝子ノックインや染色体レベルのゲノム編集も実現しつつあり，その可能性の高さに日々驚かされている．2010年の人工ヌクレアーゼTALENの開発によって非モデル動物での遺伝子改変が現実的となり，さらに2013年のRNA誘導型ヌクレアーゼCRISPR/Cas9の出現によって，ゲノム編集は生命科学研究の基盤的技術となることが予想される．

　しかしながら，ゲノム編集研究の中心は海外にあり，その技術開発のスピードは非常に早いことから，国内において技術の基本的特徴や利用法が十分に理解されていない面もある．実際，「ゲノム編集」について詳しく知らない研究者の方も多いかもしれない．そこで，本ガイドブックでは，初めてゲノム編集を利用する研究者を対象として，人工ヌクレアーゼとCRISPR/Cas9を利用したゲノム編集技術の基本原理とこれまでに確立されている培養細胞やさまざまな生物（動物や植物）での具体的な実験操作について紹介する．さらに，ゲノム編集を基盤とした発展技術（ゲノム編集を用いたChIP技術や染色体可視化技術）についてもトピックとして紹介する．しかしながら，これらの方法が1年後にゲノム編集のスタンダードであるかどうかは定かではなく，常に新しい技術を取り入れ改良していく姿勢が重要である．

　今後，ゲノム編集は遺伝子破壊や遺伝子ノックインからSNP改変などのより精密な遺伝子改変技術へと発展し，さまざまな病態モデル細胞や動物の作製に利用されると期待されている．また，農林水畜産物の品種改良の新しい技術としても利用される可能性が高い．ゲノム編集の新規技術としては，人工ヌクレアーゼとDNAやヒストンの修飾酵素とを連結した種々の人工酵素によってクロマチンの局所的な修飾レベルをコントロールする技術（エピゲノム編集：epigenome editing）も注目されており，国内においても開発を急ぐ必要がある．

　ゲノム編集は，資金が潤沢とは言えない若い研究者でも導入可能な技術である．より多くの研究者にこの技術を積極的に自身の研究に利用いただき，さらにはゲノム編集技術開発へ参入してくれることを期待している．また，本ガイドブックの作製にあたってご協力いただいた筆者の方々や，羊土社編集部の方々に心から感謝いたします．

2014年3月

山本　卓

実験医学別冊

今すぐ始める
ゲノム編集

TALEN & CRISPR/Cas9の
必須知識と実験プロトコール

CONTENTS

◆ 序 .... 山本　卓

基本編　　　　―原理と基礎知識―
佐久間哲史，山本　卓

1　ゲノム編集ツールの開発の歴史
ZFN, TALEN, CRISPR/Cas9 8

2　ゲノム編集の原理と応用
TALENやCRISPR/Cas9を用いて何ができるか 14

3　TALENやCRISPR/Cas9を自作するには 23

4　TALENやCRISPR/Cas9の活性評価法と変異の検出法 29

5　TALENやCRISPR/Cas9によるターゲティング戦略 36

CONTENTS

実践編 ―プロトコールと実験例―

ゲノム編集ツールの作製法

1 TALENとCRISPR/Cas9の設計法および作製法 ……………… 佐久間哲史　46

培養細胞でのゲノム編集

2 哺乳類培養細胞におけるTALENを用いた遺伝子改変
マウスES細胞における遺伝子ターゲティングを例に ……………… 落合　博　62

3 TALENおよびCRISPR/Cas9を用いた染色体改変法
簡便迅速かつ高効率な次世代染色体工学 ……………… 野村　淳，内匠　透　73

マウス・ラットでのゲノム編集

4 マウスにおけるTALENを用いた遺伝子改変
ノックインマウス作製を例に ……………… 相田知海，宇佐美貴子，石久保春美，田中光一　83

5 マウスにおけるCRISPR/Cas9を用いた遺伝子改変
……………… 藤原祥高，伊川正人　95

6 ラットにおけるTALENおよびCRISPR/Cas9を用いた遺伝子改変
……………… 吉見一人，金子武人，真下知士　109

その他のモデル生物でのゲノム編集

7 線虫におけるTALENを用いた遺伝子改変 ……………… 杉　拓磨　122

8 ショウジョウバエにおけるTALENを用いた遺伝子改変
……………… 林　茂生，和田宝成，近藤武史　130

9 カイコにおけるTALENを用いた遺伝子改変 ……………… 大門高明　140

10 コオロギにおけるZFN，TALEN，CRISPR/Cas9を用いた遺伝子改変
……………… 渡辺崇人，三戸太郎，大内淑代，野地澄晴　149

11 ホヤにおけるTALENを用いた遺伝子改変
組織および時期特異的な遺伝子破壊を例に ……… Nicholas Treen，吉田慶太，佐々木陽香，笹倉靖徳　161

CONTENTS

12 小型魚類におけるTALENおよびCRISPR/Cas9を用いた遺伝子改変
………………………………………………………木下政人，安齋　賢，久野　悠，川原敦雄　169

13 両生類におけるTALENを用いた遺伝子改変
………………………………………………………林　利憲，坂根祐人，竹内　隆，鈴木賢一　180

14 植物（シロイヌナズナ）におけるTALENを用いた遺伝子改変
………………………………………………………安本周平，關　光，村中俊哉　189

◆ 索　引 ……………………………………………………………………………………………… 202

Column ～先端的アプリケーション紹介～

・ゲノム編集技術を用いたエイズ根治療法の可能性 …………………… 蝦名博貴，小柳義夫　21

・TALやCRISPRを用いたenChIP法による特定ゲノム領域の単離と結合分子の同定
………………………………………………………………………………………… 藤井穂高　42

・染色体工学とゲノム編集の融合による医学・薬学研究への応用 …… 香月康宏，押村光雄　81

・CRISPR/Cas9ダブルニッカーゼを用いた遺伝子改変法 ………………………… 佐久間哲史　120

・TALE-GFPによる核内ゲノムイメージング …………………………………………… 宮成悠介　159

・ゲノム編集技術のレギュラトリーサイエンス ………………………………………… 鎌田　博　200

基本編

―原理と基礎知識―

1. ゲノム編集ツールの開発の歴史　ZFN, TALEN, CRISPR/Cas9 ……… 8
2. ゲノム編集の原理と応用　TALENやCRISPR/Cas9を用いて何ができるか …… 14
3. TALENやCRISPR/Cas9を自作するには ……… 23
4. TALENやCRISPR/Cas9の活性評価法と変異の検出法 ……… 29
5. TALENやCRISPR/Cas9によるターゲティング戦略 ……… 36

基本編

1 ゲノム編集ツールの開発の歴史
ZFN, TALEN, CRISPR/Cas9

佐久間哲史，山本　卓

次世代型の遺伝子改変法として脚光を浴びている"**ゲノム編集**"．細胞種や生物種を問わず，ゲノム情報を自在に書き換えることのできる夢のような技術として，近年急速な広がりを見せている．今やノックアウトやノックインはマウスの専売特許ではなく，CNV（コピー数多型）の再現のような複雑なゲノム操作でさえ絵空事ではなくなりつつある．では，ゲノム編集がこのように市民権を得るまでには，どういった歴史的経緯があったのか．ブレイクスルーはどこにあったのか．本稿では，ゲノム編集ツールが開発されてきた道のりを辿ることで，ゲノム編集技術の基礎を概説したい．

はじめに

今から遡ること十余年，ヒトのドラフトゲノムの解読が完了したと発表された．ヒトゲノムプロジェクトは，1990年に発足して以降，米国を中心に莫大な予算が投じられて解析が進んでいき，2000年代に入って一先ずの完成を見た．一方，世間がゲノム情報の解読に躍起になっていたその陰で，ゲノム編集技術もまた，密かに産声を上げていた（表1）．

ゲノム編集ツール（部位特異的ヌクレアーゼ）の開発

1. ZFN
（ジンクフィンガーヌクレアーゼ）

概念的な足がかりとなったのは，DNA二本鎖切断（double-strand break：DSB）が相同組換えを促進するという1994年の報告であった．これにより，ゲノム中の特定の領域を切断できれば，外来遺伝子を取り込みやすくなるのではないかという発想が生まれた．

そのためには，任意の配列を認識できる人工の制限酵素（人工ヌクレアーゼ）が必要である．そして生まれたのが，第一世代のゲノム編集ツールであるジンクフィ

表1　ゲノム編集研究の歴史

1996	ZFNの誕生
2002	ショウジョウバエでのゲノム編集
2005	ヒト培養細胞でのゲノム編集
2006	線虫でのゲノム編集
2008	ゼブラフィッシュでのゲノム編集
2009	高等植物・ラットでのゲノム編集
2010	TALENの誕生
2011	Golden Gate法などを用いたTALENの構築法の確立
2012	CRISPR/Cas9システムを部位特異的ヌクレアーゼとして用いた最初の報告
2013	CRISPR/Cas9によるゲノム編集法の確立

ゲノム編集研究における技術開発の歴史を年表形式でまとめた．ただしゲノム編集技術はTALENやCRISPR/Cas9が登場した2010年代に劇的な進化を遂げたため，ZFNによる技術開発の歴史的経緯は，現在ではあまり意味をなさない

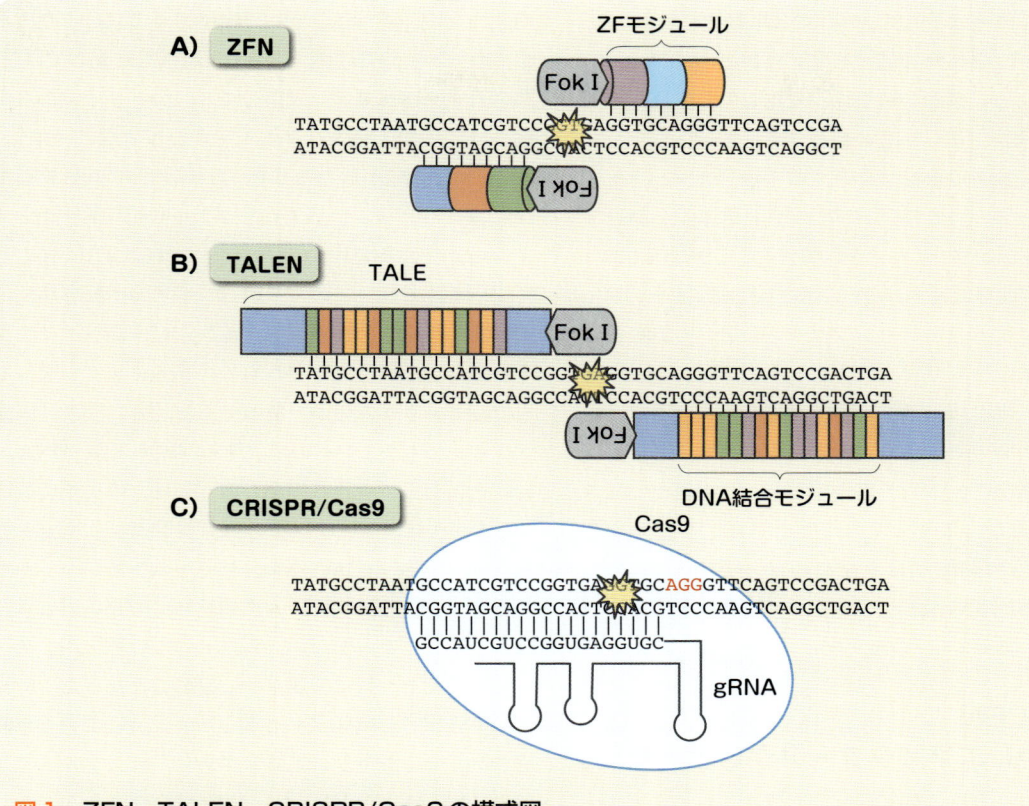

図1 ZFN，TALEN，CRISPR/Cas9の模式図
ZFNとTALENはFok Iのヌクレアーゼドメインを含むキメラタンパク質タイプの人工ヌクレアーゼ．CRISPR/Cas9はgRNAに誘導されるRNA誘導型ヌクレアーゼと分類できる．ZFは1モジュールが3塩基を認識し，TALEは1モジュールが1塩基を認識する．ZFNとTALENではスペーサー配列の中央付近に，CRISPR/Cas9ではPAM配列の3塩基上流に，それぞれDSBが導入される．赤字はPAM配列

ンガーヌクレアーゼ（zinc-finger nuclease：ZFN）である．ZFNは，1996年にはじめて報告された[1]が，このときすでに，リンカー配列を挟んでN末端側に複数のジンクフィンガー（ZF）モジュール，C末端側に制限酵素Fok Iのヌクレアーゼドメインを融合させるというZFNの基本骨格（図1A）が完成していた．Fok Iは二量体を形成してDNAを切断するため，ZFNによってDSBを導入する際にも，図1Aに示すように，二本鎖DNAの互いに異なる鎖を認識するZFNをペアで結合させる必要がある．逆に言えば，近接する2カ所に同時に結合しなければDSBが誘導されないため，ゲノム上の目的の箇所だけを切断するためには大変都合がよい．

ZFNの登場によって，ゲノム編集研究が爆発的に進むかに思われたが，表1に示すように，実際にZFNがさまざまな細胞や生物でゲノム編集ツールとして用いられるには，長い年月を要した．技術が誕生した1996年から数えて，ショウジョウバエでのゲノム編集までに6年，ヒト培養細胞でのゲノム編集までに9年，脊椎動物個体（ゼブラフィッシュ）への適用に至っては，実に12年の歳月を必要とした[2]．革命的な技術であることは疑いようがなかったにもかかわらず，ZFNを用いたゲノム編集が遅々として進まなかった最大の原因は，ジンクフィンガーのDNA認識の特性にあった．ジ

ンクフィンガーは1モジュールで3塩基を認識するが，複数のモジュールを連結すると，互いの塩基認識への干渉が起こり，認識の特異性が変化してしまう．このことが原因で，あらかじめ結合する塩基を指定したモジュールを組み合わせて作製する手法（モジュラーアセンブリー法[3]）では，目的の配列にきちんと結合するジンクフィンガーアレイを作製することが困難であった．この問題を低減するための試み（CoDA法や2フィンガーのモジュラーアセンブリー法など）も為されてきたが，依然として成功率は低く，機能的なZFNを確実に得るためには，ランダマイズさせたジンクフィンガーライブラリーからの2段階の大腸菌スクリーニング（OPEN法[4]）を行う必要があり，この過程にはきわめて煩雑な作業と多くの時間を必要とした．現在でもこれらの問題点は完全には解決されておらず，ゲノム編集の礎を築いたZFNは，後発のTALENやCRISPR/Cas9に主役の座を明け渡すこととなる．

2. TALEN（TALエフェクターヌクレアーゼ）

これまでのゲノム編集研究におけるブレイクスルーは，常に新たなツールの出現と同期してきた．1つ目のブレイクスルーは，言うまでもなくZFNの誕生であり，2つ目がTALエフェクターヌクレアーゼ（TALEN）の開発である．TALエフェクターヌクレアーゼの構造は，概念的にはZFNと類似しており，任意の塩基配列を認識するDNA結合ドメインにFokIのヌクレアーゼドメインを付加させた人工のキメラタンパク質である（図1B）．DNA結合ドメインとして利用したのは，植物病原細菌のキサントモナス属が有するTALエフェクター（transcription activator-like effector：TALE）であった．キサントモナスは，宿主の植物細胞内にTALEタンパク質を輸送し，あらかじめプログラムされた植物ゲノム上の結合配列にTALEを結合させ，転写因子様のエフェクターとして機能させることで，自らに有利な環境をつくり出すことが明らかとなっている[5]．

TALEタンパク質のDNA認識コードは2009年に解明されたが，驚いたことに，RVD[※1]とよばれるたった2つのアミノ酸だけで，認識する塩基を定義していた．TALEタンパク質は，大別して3つのドメインから構成されており，輸送シグナルを含むN末端ドメイン，約34アミノ酸からなるリピートがタンデムに並んだDNA結合ドメイン，核局在シグナルや転写活性化ドメインを含むC末端ドメインに分けられる．TALENとして用いる際には，このうち輸送シグナルや転写活性化ドメインを除き，N末端ドメインとC末端ドメインをそれぞれ適度に欠失させたものにFokIヌクレアーゼを直接連結させるのが一般的である（図1B）．N末端ドメインにもチミンへの選択性が存在するが，DNAへの結合において主たる役割を担うのは，中央部に位置するDNA結合ドメインである．ジンクフィンガーと異なり，TALEのDNA結合リピートは1モジュールが1塩基を認識し，タンデムに連結しても互いの塩基認識に干渉することがない．TALEのこの特徴が，ゲノム編集研究を一気に加速させる原動力となった．世界初のTALENは2010年に報告された[6]が，このとき使用されたのは野生型のTALEであり，カスタムメイドのTALENが作製可能となったのは翌2011年のことであった[7]．それ以降，さまざまなグループから多種多様な連結法が報告され，作製に必要なマテリアルもアカデミア向けに多数配布されているため，誰もが簡単に自作のTALENを得られる状況になっている．TALENの自作については，基本編3および実践編1に詳しいので，これらをぜひ参考にされたい．

3. CRISPR/Cas9

ZFNの開発速度と比較すると，TALENの技術開発のスピードは確かに目を見張るものであった．しかし

※1　RVD（repeat-variable di-residue）
約34アミノ酸からなるTALEのDNA結合リピートの12番目と13番目をRVDと称し，この2残基の組み合わせによってDNA結合リピートが認識する塩基が定義される．最もよく使用されるコードは，NI（アスパラギン・イソロイシン）＝A（アデニン），NG（アスパラギン・グリシン）＝T（チミン），NN（アスパラギン・アスパラギン）＝G（グアニン），HD（ヒスチジン・アスパラギン酸）＝C（シトシン）である．その他，特異性を高めたバリアントやATGCのすべてを認識させられるコードなども存在する．

第3世代のゲノム編集ツールであるCRISPR/Cas9（clustered regularly interspaced short palindromic repeats/CRISPR-associated protein 9）の開発から実用化，全世界への普及の速さはより一層の驚嘆に値するものである．CRISPR/Cas9は，RNA誘導型ヌクレアーゼとよぶべきものであり，これまでの人工ヌクレアーゼ（ZFNやTALEN）とは概念が大きく異なる．CRISPR/Cas9の登場は，ブレイクスルーと言うよりも最早パラダイムシフトに近く，CRISPR/Cas9によるゲノム編集がはじめて報告された2013年1月[8)9)]以来，ゲノム編集の敷居は格段に低くなった．

CRISPR/Cas9は，元来真正細菌や古細菌が有する獲得免疫（外来DNAの排除機構）であるCRISPR/Casシステムの一部をゲノム編集に応用したものである．CRISPR/Casシステムでは，ファージなどを介して外部から侵入してきた外来DNAを断片化し，CRISPR領域とよばれる内在のゲノム領域に取り込む．その後取り込んだDNA配列を鋳型として短鎖のRNA（CRISPR RNA：crRNA）を合成し，tracrRNA（trans-crRNA）とよばれるもう1つの短鎖RNAと組み合わさって，二度目以降の感染時に標的DNAを認識してCasヌクレアーゼを呼び込み，切断する．内在のCRISPR/Casシステムでは，外来DNAの取り込みにはじまり，crRNAのプロセッシング，tracrRNAとの複合体の形成など多くのステップを必要とするが，ゲノム編集に利用するためには，標的DNAは合成オリゴを挿入すればよく，短鎖RNAについても最初からcrRNAとtracrRNAをハイブリッドさせたキメラRNA（ガイドRNAの略でgRNA，またはシングルガイドRNAの略でsgRNAとよぶ）を準備すればよい．また内在のCRISPR/Casシステムには多数のCasタンパク質が関与するが，ゲノム編集への応用にはCas9タンパク質1種類で事足りる．さらにこのCas9タンパク質は，標的配列如何にかかわらず常に同じものを使用できる．つまりZFNやTALENのように標的配列に応じて毎回人工ヌクレアーゼを組み上げる必要はなく，gRNAの配列をオリゴDNAとして合成し，目的のベクターに組込めば，後は汎用のCas9と共発現させるだけで部位特異的ヌクレアーゼとして機能するわけである（図1C）．

CRISPR/Cas9の塩基認識機構は，RNAとDNAの塩基対形成であり，タンパク質とDNAの相互作用を利用するZFNやTALENとは根本的に異なる．またZFNやTALENが通常ペアで機能するのに対し，CRISPR/Cas9は1つのgRNAによる塩基認識でDSBを導入する（例外については**佐久間によるコラム**を参照されたい）．gRNAが認識する塩基配列は20塩基ほどであり，ゲノム上の標的配列には，その3′側にPAM[※2]とよばれる配列を必要とする．このPAMの存在がCRISPR/Cas9の標的配列の制限になりうるが，現在広く用いられている化膿レンサ球菌（*Streptococcus pyogenes*）のCas9（SpCas9）が認識するPAM配列は5′-NGG-3′（Nは任意の塩基）であり，それほど大きな制約ではないと言える．特異性については，発現の様式などの諸条件（発現ベクターかmRNAか，培養細胞への導入か生物個体への導入か）によって変化しうるため，統一的な議論は困難であるが，培養細胞を用いたいくつかの報告からは，PAMに近い3′側の配列の認識特異性は比較的高いものの，5′側の特異性が低く，ペアで使用するTALENと比較すると，オフターゲット切断のリスクは高いと考えられている[10)]．

おわりに

本稿では，ゲノム編集を実現するための道具である部位特異的ヌクレアーゼについて，その開発の軌跡を辿り，時系列順に紹介した．大まかに言えば，第一世代のZFN，第二世代のTALEN，第三世代のCRISPR/Cas9ととらえることができ，世代を経るごとに，技術

※2　PAM（protospacer adjacent motif）

Cas9による標的DNA領域の認識に必要となる数塩基程度の配列であり，Cas9が由来する種によってその配列は異なる．SpCas9の5′-NGG-3′の他に，*Streptococcus thermophilus*の5′-NNAGAAW-3′や*Neisseria meningitidis*の5′-NNNNGATT-3′などが知られており，これらのCas9を用いてゲノム配列をターゲティングすることも可能である．しかしながらPAMの制約が厳しくなればなるほど，標的配列に強い制限がかかることとなるため，特別な目的がない限りはSpCas9を用いるのが現状では無難である．

表2　TALENとCRISPR/Cas9の比較

	TALEN	CRISPR/Cas9
DNAへの結合様式	タンパク質-DNA特異的結合	塩基対（RNA-DNA）の相補的結合
構成	1対（2種）のTALE-FokI融合タンパク質	Cas9ヌクレアーゼとgRNA
標的配列の長さ	15～20塩基×2	20塩基前後（厳密な認識特異性は15塩基程度）
オフターゲット効果	低いと予想される	類似配列に変異を導入する恐れがある
標的配列の制限	N末端ドメインが認識するTの制限（制限を解除するバリアントも報告されている）	PAM（5′-NGG-3′）の制限
複数の同時改変	可能	効率的に可能
ヌクレアーゼ以外の用途への応用	効率的に可能	可能
構築の簡便さ	簡便	きわめて簡便

TALENとCRISPR/Cas9の特徴をまとめた．両者にはそれぞれ長所と短所があるため，目的に応じて使い分けるとよい

　導入の容易さは格段に向上している．ただしZFN，TALEN，CRISPR/Cas9の三者には，作製の簡便さや効率だけでは計れない一長一短がそれぞれに存在するため，目的に応じてうまく使い分ける必要があるだろう．特に人工ヌクレアーゼ（ZFNやTALEN）とRNA誘導型ヌクレアーゼ（CRISPR/Cas9）の間には原理的に大きな違いがあるため，両者の特性をよく知っておく必要がある．

　簡単ではあるが，表2にTALENとCRISPR/Cas9の特徴をまとめた．本書はこれからゲノム編集技術を導入する研究者をターゲットとしているため，現実的な作製効率や成功率を鑑み，以後ZFNについては記載を省略する．一概には言えない部分もあるが，大要をつかむためにあえて乱暴な書き方をすれば，作製効率ではCRISPR/Cas9に分があり，特異性ではTALENに分がある．複数箇所の同時改変にはCRISPR/Cas9が適しており，局所的なエピゲノム改変など，ヌクレアーゼ以外の用途にはTALEベースの融合タンパク質がより適している．作製についての詳細は**基本編3**と**実践編1**を，特異性については**佐久間によるコラム**を，複数箇所の同時改変やエピゲノム編集など，応用の実際については**基本編2**を，あわせてご覧いただきたい．

◆ 文献

1） Kim, Y. G. et al.：Proc. Natl. Acad. Sci. USA, 93：1156-1160, 1996
2） Perez-Pinera, P. et al.：Curr. Opin. Chem. Biol., 16：268-277, 2012
3） Wright, D. A. et al.：Nat. Protoc., 1：1637-1652, 2006
4） Maeder, M. L. et al.：Nat. Protoc., 4：1471-1501, 2009
5） Bogdanove, A. J. et al.：Curr. Opin. Plant Biol., 13：394-401, 2010
6） Christian, M. et al.：Genetics, 186：757-761, 2010
7） Miller, J. C. et al.：Nat. Biotechnol., 29：143-148, 2011
8） Cong, L. et al.：Science, 339：819-823, 2013
9） Mali, P. et al.：Science, 339：823-826, 2013
10） Carroll, D.：Nat. Biotechnol., 31：807-809, 2013

TALEN™ tales
cell engineering since 1999

1種類のベクターでゲノム編集ができる Compact TALENをラインアップ

Compact TALEN™なら

- 遺伝子導入の感受性の高い細胞（プライマリー細胞、iPS細胞など）に対してベクター1つであるため有用です。
- ベクターの載せ換えが1回で済みます。
- 高い配列特異性を有します。TALEの配列認識性（17bp）とDNA切断酵素の配列認識（CNNNGN）を利用します。

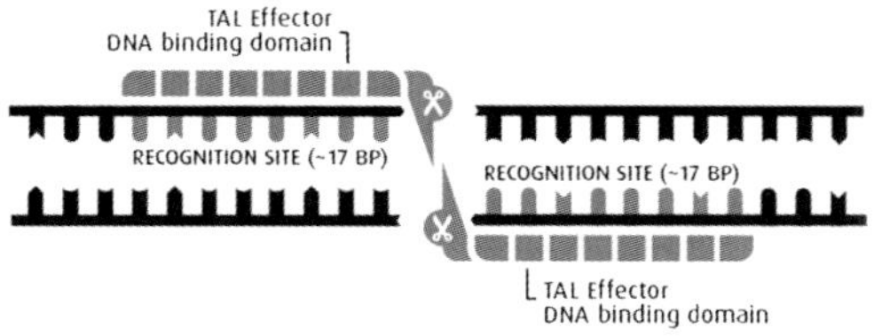

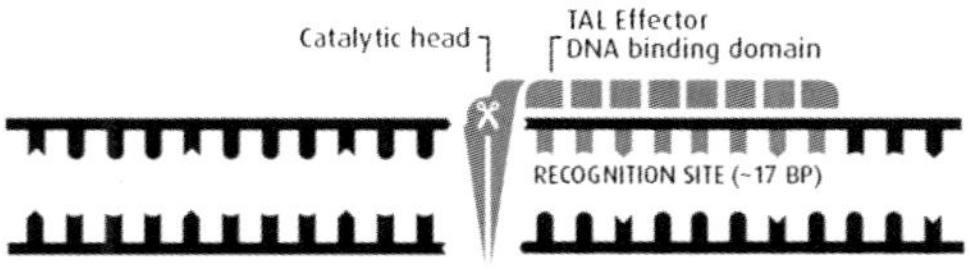

<TALEN™とCompact TALEN™の比較>

	TALEN™	Compact TALEN™
分子サイズ	~5.4kb	~2.7kb
切断酵素	Fok 1	I-TevI
ベクター数	2	1

<Cellectis社のTALEN™は切断活性確認が付きます※>

サービス名	No Validation	First		Premium
対象遺伝子由来	全生物種	ヒト	マウス・ラット	お客様から提供される細胞株
切断活性保証方法	—	Deepシーケンス	Deepシーケンス	Deepシーケンス
納品物	2セットTALENプラスミド	最大2セットTALENプラスミド	切断活性が確認されたTALEN全て	切断活性が確認されたTALEN全て
備考	切断活性保証は行いません。切断認識サイトの異なる2セットのTALEN™ペアが納品されます。	活性試験に不合格の場合は再合成をさせていただきます。	活性試験に不合格の場合は再合成をさせていただきます。	1.MTAを締結させていただきます。2.受け入れ可能な細胞はセルライン化されたもののみとなります。

※No Validation グレードは除く

和光純薬工業株式会社

問い合わせ先
フリーダイヤル： 0120-052-099　フリーファックス： 0120-052-806
URL： http://www.wako-chem.co.jp
E-mail： labchem-tec@wako-chem.co.jp

本　　社： 〒540-8605　大阪市中央区道修町三丁目1番2号
東京本店： 〒103-0023　東京都中央区日本橋本町二丁目4番1号
営業所： 北海道・東北・筑波・藤沢・東海・中国・九州

ゲノム編集の原理と応用
TALEN や CRISPR/Cas9 を用いて何ができるか

佐久間哲史，山本　卓

　ゲノム編集技術は，これまでマウスなどの限られた種でのみ実現可能であった遺伝子改変の門戸を，あらゆる生物種や細胞種に開放した．このセンセーショナルな技術革新は，例えば非モデル生物が日の目を見る時代の幕開けを意味し，同時にヒト細胞遺伝学や，ヒト細胞が有する遺伝性疾患，*de novo* 変異の直接的な治療など，これまでの細胞生物学の常識を覆す概念を次々と生み出している．また，発生生物学や生化学的解析の蓄積がありながらも，遺伝学が使えないために遺伝子の機能解析が困難であったモデル生物の復権をも予感させる．今後この技術が生物学のありとあらゆる研究分野を巻き込んで，生命科学に大革命を起こすことは想像に難くない．本稿では，ゲノム編集技術の原理を紐解き，具体的にどのようなゲノム改変が可能であるかを解説する．

はじめに

　マウスにおける従来の遺伝子ターゲティングは，ES細胞での自然発生的な相同組換えを介したターゲティングベクターのゲノムへの挿入に依存していた[1]．この手法で利用するターゲティングベクターは，ホモロジーアームとよばれるゲノムの相同領域が5～10 kbほど必要であるため，ベクター構築は決して容易ではない．また標的とする領域に挿入される効率も高くなく，目的の細胞クローンを得るためには甚大な労力を必要とする．さらにES細胞からまずキメラマウスを作製し，そこから数回の掛け合わせを経て目的のノックアウト/ノックインマウスを得るため，多くの時間を要するという問題点もあった．一方で，ENU（*N*-ethyl-*N*-nitrosourea）やEMS（ethylmethanesulfonate）などの化学変異原，放射線，あるいはトランスポゾンなどを用いたランダムな変異導入によって，ゲノム上の不特定の領域に変異を導入し，目的の形質を示す個体をスクリーニングする順遺伝学的手法も，一部のモデル生物において用いられてきた[2]．しかしながらこの方法は，ゲノム情報が整備されていなければ原因遺伝子を特定することができず，そのためにかかる労力もきわめて大きい．また標的となる遺伝子のコード領域が短い場合には，この方法で変異体を得ることはきわめて困難である．

　つまり従来の方法では，以下のようなジレンマがあった．ES細胞を用いた遺伝子ターゲティングでは，特定の場所を狙えるものの，自然発生的な相同組換えに任せるしかなく，積極的な変異導入ができない．一方変異原を用いた方法では，効率的に突然変異を誘発できるものの，場所を特定できない．このような背景から，両者の長所を併せもつ手法，すなわち「狙った場所に」「積極的に」変異を導入できる手法が，長きにわたり待ち望まれてきた．

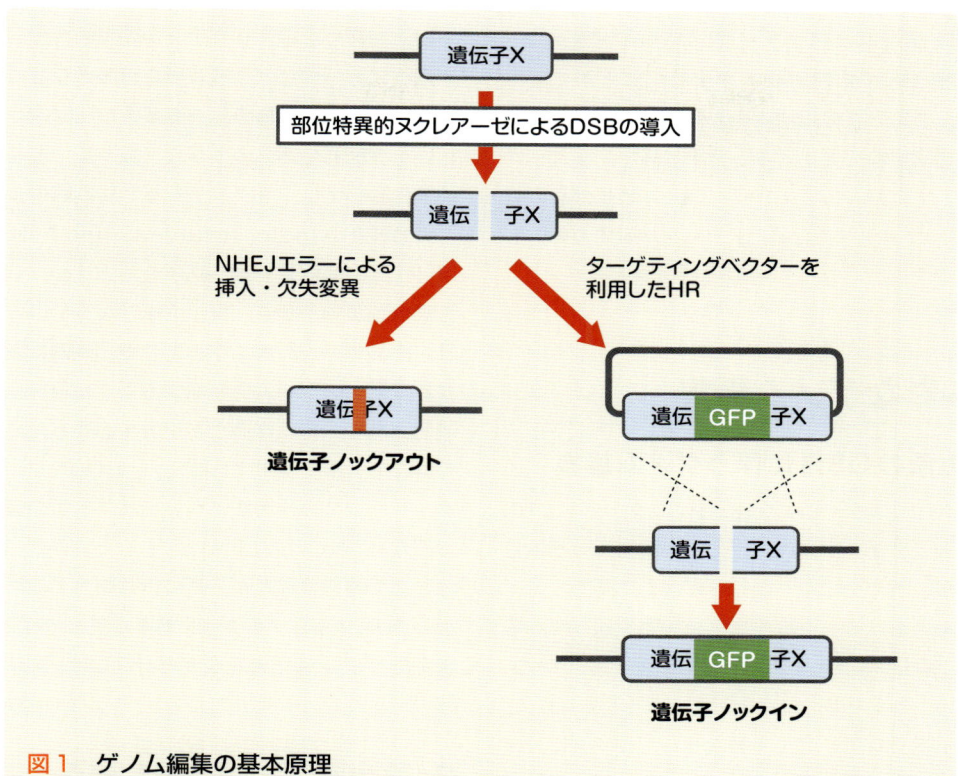

図1　ゲノム編集の基本原理
最もオーソドックスなゲノム編集の例．NHEJのエラーを利用してフレームシフトを誘導し，遺伝子の機能を破壊する遺伝子ノックアウト（左）と，ターゲティングベクターを共導入することで，HRを介してレポーター遺伝子などを挿入する遺伝子ノックイン（右）の概念を模式的に示す

ゲノム編集の基本原理

　言うまでもなく，ゲノム編集法こそが，長く想望されてきた画期的な遺伝子改変法である．ゲノム編集法では，部位特異的ヌクレアーゼによって，ゲノム中の特定の領域にDSB（double-strand break）を導入することが前提となっている．生細胞内にDSBが導入されると，ただちに修復を受けるが，この修復メカニズムを巧みに利用することで，さまざまなゲノムの改変が可能となる[3]．図1に示すように，DSBは主としてNHEJ（non-homologous end-joining：非相同末端結合）かHR（homologous recombination：相同組換え）の2種類の経路によって修復を受ける．NHEJは，細胞周期非依存的な修復機構であり，切断された末端同士を単純に連結させて修復する．細胞内で偶発的に生じるものも含めて，DSBの修復において主たる役割を担うのがこのNHEJだが，連結時にエラーが入りやすいという特徴もあり，数塩基から数十塩基程度の挿入・欠失を生じることがある．この修復エラーを利用してフレームシフト変異などを導入することができる（図1左）．一方でHRは，細胞周期依存的な修復機構であり，正しい配列を鋳型として修復するため，NHEJと比べて正確な修復が実現できる（DSBが導入された部位がリピート配列である場合はこの限りでない）．通常は姉妹染色分体をもとに修復するが，このときドナーとしてDSBを導入した箇所の周辺の配列を有

するターゲティングベクターを共導入しておくと，これを鋳型として相同組換えを起こすことができる(図1右)．このときの相同組換え効率は，従来の自然発生的な相同組換えと比べると格段に高く，またベクターに関しては左右のホモロジーアームの長さもおよそ1kbずつで事足りるため，ドナーを作製する労力も大幅に減少する．

多彩なゲノム編集

1．1カ所のDSBに伴うゲノム編集

前述のNHEJエラーによる遺伝子ノックアウトとHRによる遺伝子ノックインが，ゲノム編集技術の基本骨格であるが，近年ではそこからさまざまに派生し，ゲノム編集のストラテジーは多様化の一途を辿っている(図2A)．NHEJエラーを利用した遺伝子ノックアウトについては，多くの場合特別な工夫をする必要はなく，部位特異的ヌクレアーゼを発現させるだけで実行できるが，効率の低い細胞や動物種においては，Exo1[4]やTrex2[5]などのエキソヌクレアーゼを共発現させることにより，切断面からの塩基の削り込みを促進し，変異導入効率を向上させることも可能である．ドナーDNAを用いたノックインについては，DSBの修復経路をHRに偏らせる目的で，Lig4などのNHEJに必要なコンポーネントの機能を，ドミナントネガティブなどにより一時的に阻害させることで，効率を上昇させられることがわかっている[6]．またホモロジーアームの外側にヌクレアーゼの認識サイトを付加しておくと，環状のドナーDNAが in vivo で直鎖化され，HR活性が上昇することも報告されている[6]．さらに最近，環状ドナーの1カ所にヌクレアーゼの認識サイトを付加しておけば，生体内で直鎖化された後NHEJによりベクター全体が標的部位にインテグレーションされることも，ゼブラフィッシュを用いた実験によって示されている[7]．この手法は挿入される方向や連結部分の配列を厳密に制御できず，またプラスミドのバックボーンごとゲノム中に放り込んでしまうなど，問題点も多

いが，HRによるノックインが効率的に働かない生物や細胞においては，今後有用な戦略となるであろう．

これらの手法に加え，一塩基多型（SNP）の導入や短いタグ配列の挿入のような，数〜数十塩基レベルの改変においては，ヌクレアーゼの切断箇所に一本鎖オリゴDNA（single-stranded oligodeoxynucleotides：ssODN）を取り込ませる方法が，その簡便性と高い編集効率から，現在主流となっている．ssODNは，変異の導入箇所を中心として，両側に20〜40塩基程度ずつのアームを付加するように設計するのが一般的である．特に修飾などを施す必要もなく，合成オリゴをそのまま使用すればよい．ssODNを用いたノックインマウスの作製法については，本書の実践編4を参照されたい．この手法はもともと培養細胞においてはじめて報告されたが，その後の報告では培養細胞でのssODNによるノックイン効率は決して高くなく，培養細胞でSNPの正確な改変を行うには，現状では二段階のセレクションを介した方法[8]が最も確実である．

2．2カ所以上のDSBに伴うゲノム編集

ゲノム編集技術の応用範囲は，単一遺伝子のノックアウトやノックインには留まらない．同一染色体上，あるいは別々の染色体上の複数箇所を同時にターゲティングすることで，さまざまな染色体レベルの改変を行うことも可能である[3]．これらについて図2Bに模式的にまとめたが，まず単純に複数箇所の同時破壊，すなわちダブルノックアウトやトリプルノックアウトなどをワンステップで作製することも可能である．この際にはCRISPR/Cas9を用いるのがより効率的であるが，複数ペアのTALENの導入によって，多数の遺伝子を同時に破壊することも可能である．ただしいずれの場合も，同時に複数箇所を標的とするということは，オフターゲット切断のリスクを大きく高める危険性を孕んでいることを認識しなければならない．また仮にすべてのアレルに変異を導入できたとしても，3の倍数での塩基の挿入・欠失が1つでも存在した場合には，フレームシフトが起こらず，遺伝子の機能が損なわれない可能性もある．これらの要因から，変異の

基本編 2

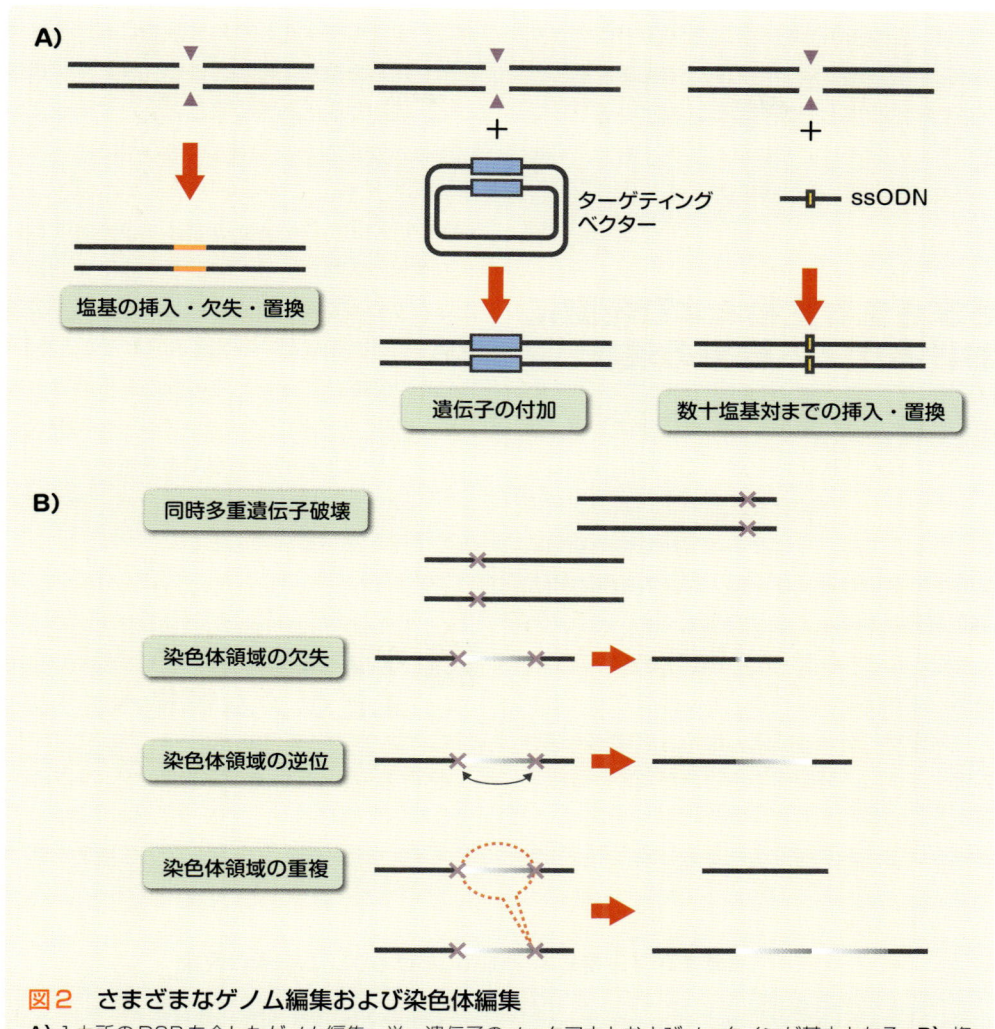

図2　さまざまなゲノム編集および染色体編集
A) 1カ所のDSBを介したゲノム編集．単一遺伝子のノックアウトおよびノックインが基本となる．**B)** 複数箇所のDSBを介したゲノム編集および染色体編集．同時に複数箇所をターゲティングできる他，染色体レベルでの複雑な改変も可能である（文献3より引用）

入り方によって，細胞クローンあるいは個体ごとに表現型に違いが出る恐れがあり，確実な実験結果を得るためには充分な注意を払う必要がある．

さらに，同一染色体上の2カ所を同時に切断することで，特定の染色体領域の欠失や逆位，重複などを誘導することも可能である．これらの染色体操作は，当然ながら単なる遺伝子破壊と比べると編集頻度は低く，効率的に目的のクローンを得るためには何らかの選抜システムを確立することが重要である．その一例として，ターゲティングベクターに搭載したセレクションマーカーを駆使した選抜法について，本書の**実践編3**に詳しいため，参考にされたい．

なお，これまでの報告やわれわれの培養細胞での経験を踏まえると，イベントとして比較的起こりやすいのが欠失であり，ついで逆位，重複の順に難易度は上がっていく．また，異なる染色体上の複数箇所を同時

17

に切断すれば，転座を引き起こすことも不可能ではない．実際に，培養細胞レベルでZFNとTALENを使ってキメラ染色体を生成した報告も為されている[9]．しかしながらやはり効率は非常に低いようであり，いまだこの一報に留まっているのが現状である．

■ さまざまな生物および細胞におけるゲノム編集の現状

以上述べてきたように，ゲノム編集の伸びしろは今もなお大きく，日々技術成長を遂げている．しかしながら，ある生物あるいは細胞で任意のゲノム改変技術が報告されたとしても，それをすべての生物や細胞にすぐさま応用できるわけではない．ゲノム編集は内在のDSB修復経路を利用した手法であるため，それぞれの生物・細胞における修復メカニズムの違いによって，ゲノム編集の効率は変わりうる．また核酸を導入できる効率や初期卵割にかかる時間の違い，倍数性の違いなども影響するため，細胞種や生物種が変われば全く事情が異なるものとして考えなければならない．

あくまでも目安であるが，これまでの論文報告を参考に，主なモデル生物や培養細胞におけるゲノム編集技術を用いた遺伝子破壊およびノックインの現状について，表1にまとめた．染色体レベルの改変や，現時点で報告が少ない生物種でのゲノム編集については，本表には記載していない．大まかな現状としては，TALENやCRISPR/Cas9が導入できさえすれば実行できる遺伝子破壊については，あらゆる生物種で実現可能となりつつある．以前は種によって効率の違いも大きかったが，TALENの改良が進んだことやCRISPR/Cas9の登場によって，その問題も解消されてきている．一方でノックインについては，ssODNを介したノックインは比較的高効率であるものの，ターゲティングベクターを用いたノックインは，効率の面で依然として壁が高い傾向にある．

■ ゲノム編集からエピゲノム編集へ

本書のメイントピックである「ゲノム編集」からは少し脇道に逸れるが，ZFNやTALENのヌクレアーゼドメインを別の機能ドメインに置き換えたり，Cas9の

表1 さまざまな生物および細胞におけるゲノム編集の現状

	遺伝子破壊（ノックアウト）	ssODNを用いたノックイン	ターゲティングベクターを用いたノックイン
哺乳動物培養細胞	◎	△	◎*1
植物	◎	×*2	〇
線虫	◎	〇	△
ショウジョウバエ	◎	〇	〇
ゼブラフィッシュ，メダカ	◎	〇	△
カエル，イモリ	◎	〇*3	×
マウス	◎	◎	△
ラット	◎	〇*4	△

これまでに発表されている論文数や論文中に記載されている効率などから，各生物材料におけるそれぞれのゲノム操作の実用レベルを，4段階の基準（◎，〇，△，×）で評価した．◎は非常に効率的，〇は効率的，△は可能だが効率が低いか報告がきわめて少ない，×は報告されていない（≠不可能），と読み替えるものとする．
＊1：薬剤選抜を使用することを前提とする．＊2：プロトプラスト化して導入できる種では報告あり．＊3：カエルでは報告がないが，イモリでは効率的．＊4：真下らの未発表データ（実践編6）を参照

ヌクレアーゼ活性をなくしつつ別のエフェクタードメインを融合させたりすることで，より広範な技術展開も可能となる．ゲノム改変という観点では，ニッカーゼ型への改変（**佐久間によるコラム**）やPiggyBacなどのトランスポザーゼの融合，リコンビナーゼの融合などが，ZF/TALEを中心にすでに報告されている．これらを用いれば，ヌクレアーゼ非依存的にゲノムを改変することができる．さらに，転写活性化ドメインの融合，あるいは抑制ドメインの融合によって，転写のON/OFFを制御することも可能である．他にもGFP融合型の不活性型Cas9やTALEタンパク質を用いたクロマチン動態の可視化（**宮成によるコラム**）や，クロマチン免疫沈降への応用（**藤井によるコラム**），ZFNを用いた新規Y2Hシステム（ZFドメインにbaitを，ヌクレアーゼドメインにpreyを融合させることで，baitとpreyのタンパク質間相互作用によってDSBが誘導される）なども報告されており，ゲノム編集技術によって切り開かれたカスタムデザインのDNA標識技術には，まだまだ底知れない可能性が秘められている．

これらの派生技術のなかで，今後最も発展が見込まれるのは，ゲノムDNAに傷を入れずにエピジェネティックな修飾状態（DNAやヒストンの化学的修飾）のみを改変することのできる「エピゲノム編集」[10]であろう．最近相次いで報告されたepiLITE[※1]やTALE-LSD1[※2]，TALE-TET1[※3]（いずれもエピジェネティック修飾にかかわる酵素をTALEに融合させたもの）は，まさにエピゲノム編集時代の到来を告げるものであった．今後CRISPR/Cas9を用いたエピゲノム編集も当然のように可能となると思われるが，ことエピゲノム編集の用途においては，DNA結合ドメインに直接エフェクタードメインを連結できるTALEテクノロジーの利便性が高いと考えられる．例えば特定のDNA領域をメチル化しつつ別の領域を脱メチル化させる，というような応用は，CRISPR/Cas9では（可能ではあるが）困難であり，TALEであれば容易に実現可能であろう．

おわりに

基本編1では，ゲノム編集ツールの開発の経緯，および各種ヌクレアーゼの基本情報に重点を置いて解説し，本稿ではゲノム編集の原理と多種多様な応用について論じた．この2稿でゲノム編集の基礎を概観したことになるが，いかがだろうか．昨今の風潮では，もはやZFN・TALENの時代は終わり，CRISPR/Cas9の一強時代に突入したとする向きもあるが，前述のエピゲノム編集の事例からもわかるように，そういった論調はあまりにも短絡的であり，視野の狭い見解であると言わざるをえない．すでに紹介したように，そもそもZFN・TALENとCRISPR/Cas9にはシステムとしての根本的な差異があり，両者には明確な長所と短所が存在するため，われわれはそれぞれのよいところを最大限に活かして自身の研究に役立てればよいだけのことである．本書の読者には，その本質を見誤らず，このエポックメイキングな新技術を存分にご活用いただきたいと願うばかりである．

※1　epiLITE

Feng ZhangラボによってCH開発されたLITE（light-inducible transcriptional effectors）システムをエピゲノム編集に応用した技術．LITEシステムは，光感受性のCIB1をTALEに融合させておくことで，466 nmのブルーライト照射により，CIB1の相互作用分子であるCRY2と融合させたエフェクタードメインを目的のゲノム領域にリクルートさせるシステムである．epiLITEでは，例えばCRY2にヒストン脱アセチル化酵素であるSID4Xを融合させておくことにより，H3K9の脱アセチル化を部位特異的に誘導することができる．

※2　TALE-LSD1

H3K4のモノメチル化およびジメチル化を解除するLSD1をTALEに融合させた人工タンパク質．H3K4の脱メチル化により，間接的にH3K27の脱アセチル化も誘導する．この働きで近傍の遺伝子の転写がコントロールされることも確認されている．

※3　TALE-TET1

ゲノムDNA上のCpGサイトに存在する5-メチルシトシンの脱メチル化を融合するTET1の触媒ドメインをTALEに融合させた人工タンパク質．特定のゲノム領域のDNA脱メチル化の誘導により，転写が活性化されれば，標的とした箇所が機能的なCpGメチル化サイトであると同定される．

◆ 文献

1) Capecchi, M. R. : Nat. Rev. Genet., 6 : 507-512, 2005
2) Acevedo-Arozena, A. et al. : Annu. Rev. Genomics Hum. Genet., 9 : 49-69, 2008
3) Sakuma, T. & Woltjen, K. : Dev. Growth Differ., 56 : 2-13, 2014
4) Mashimo, T. et al. : Sci. Rep., 3 : 1253, 2013
5) Certo, M. T. et al. : Nat. Methods, 9 : 973-975, 2012
6) Ochiai, H. et al. : Proc. Natl. Acad. Sci. USA, 109 : 10915-10920, 2012
7) Auer, T. O. et al. : Genome Res., 24 : 142-153, 2014
8) Ochiai, H. et al. : Proc. Natl. Acad. Sci. USA, 111 : 1461-1466, 2014
9) Piganeau, M. et al. : Genome Res., 23 : 1182-1193, 2013
10) Voigt, P. & Reinberg, D. : Nat. Biotechnol., 31 : 1097-1099, 2013

~先端的アプリケーション紹介~

ゲノム編集技術を用いたエイズ根治療法の可能性

蝦名博貴，小柳義夫

　エイズは，HIVの感染から発症まで平均8年を要するレトロウイルス持続感染症である．かつて「死の病」として恐れられたこの疾患も，HIV複製阻害剤の併用療法（ART）の発達により「コントロール可能な病」となった．しかしながら，生体内で数年以上と言われるほど長期生存するメモリーCD4$^+$Tリンパ球の染色体に自身のDNAを組み込み，潜伏感染したプロウイルスには現行のARTは全く無効であり，潜伏プロウイルスを除去する根治療法が熱望されている．これまで潜伏感染細胞と非感染細胞の識別は不可能であったが，近年のゲノム編集技術の発達により，細胞染色体に組み込まれたHIVプロウイルスを特異的に破壊する新たな治療法の考案が可能となった（図1）．

　われわれはCRISPR/Cas9法を用いて細胞染色体中のプロウイルスへの変異導入による不活性化ならびにその除去を目的とした研究を行った．その結果，①プロウイルス両端に位置するHIV LTRを標的とするgRNAとCas9をGFP発現HIV感染細胞に導入することで，標的LTR配列の切断と変異を導入し，LTR依存性のGFP発現を抑制できること，②この切断と変異導入によるLTR依存性発現の抑制はウイルスの主な標的細胞であるT細胞でもみられること，③潜伏化したHIVプロウイルスにも有効であり，その再活性化が抑制できること，④LTRを標的としているので，両端の同時切断によるプロウイルスの除去も可能であることを明らかにした（図2A）[1]．これまで，5′末端のLTR内に存在するTAR領域を標的としたZFN法によるHIVプロウイルス編集も報告されている[2]．また，われわれの研究室において，同じくTAR領域を標的としたTALEN法の適応により，きわめて高いHIVプロウイルスの編集効果が得られることを確認している（未発表）．これらの事実から，HIVのなかでも保存性の高いTAR領域をゲノム編集技術で改変する治療戦略は，今後，エイズ根治療法の候補の1つとなりうることが示唆された．

　将来のエイズ根治戦略に用いるゲノム編集法としては，われわれはCRISPR/Cas9法に特に期待している．保存性の高いTAR領域を標的にしたとしても，きわめて高頻度の変異が起きるHIVへの対応を考えた場合，数種類のgRNA

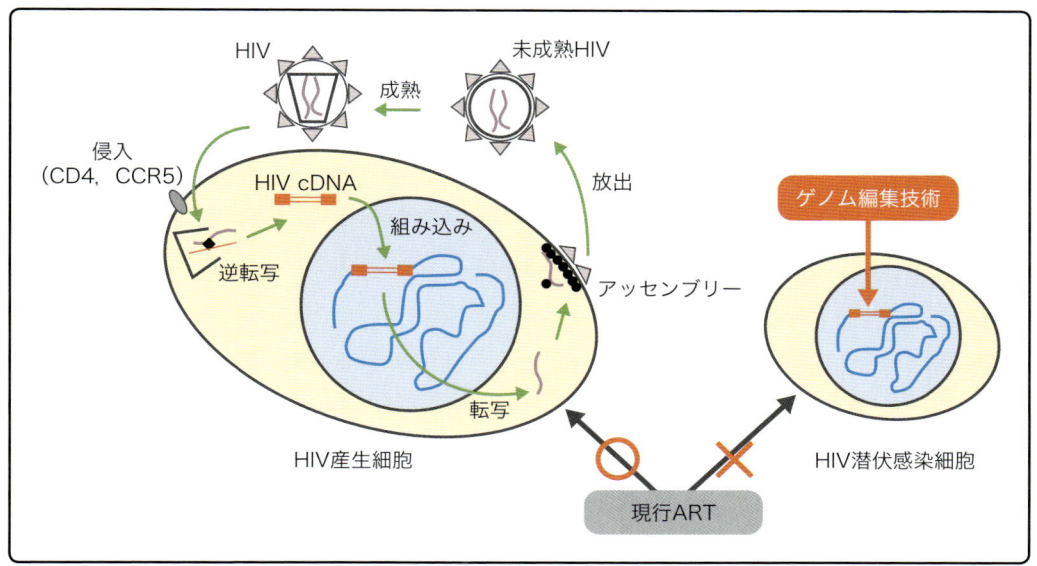

図1　ゲノム編集技術によりHIV潜伏感染細胞をターゲット可能である
現行のARTはウイルス侵入，逆転写，組み込み，成熟過程を阻害するが，ウイルスを産生しない潜伏感染細胞には効果がない．ゲノム編集技術を用いることで，HIVプロウイルスをターゲットとした抗ウイルス療法が可能である

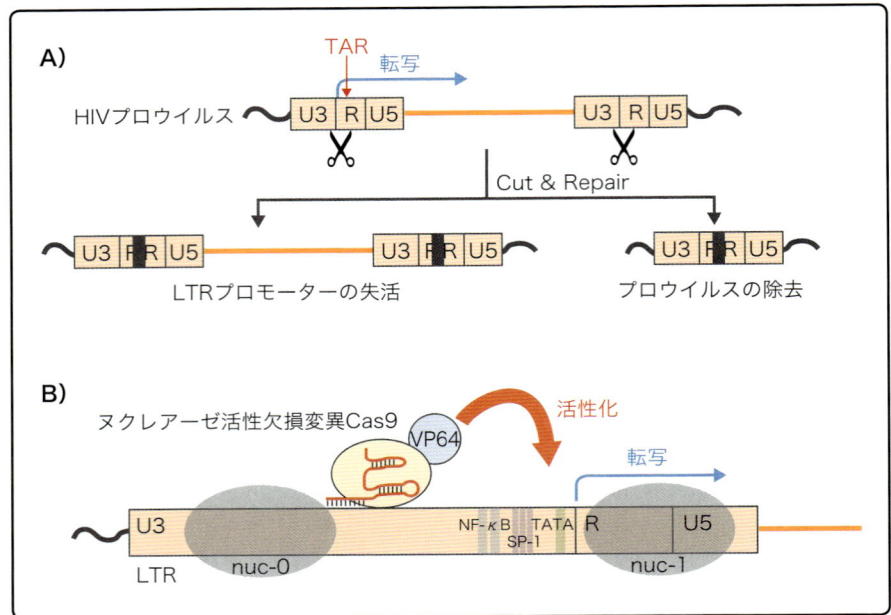

図2　HIVのゲノム編集治療戦略
A) LTRを標的としたゲノム編集により，LTRプロモーターを失活させるだけでなく，プロウイルスのゲノムからの抜き取りも可能である．**B)** ゲノム編集の応用として，ヌクレアーゼ活性欠損型Cas9とVP64の融合タンパク質を用いることで，潜伏HIVプロウイルスの強制再活性化が可能である

を同時に導入できるCRISPR/Cas9法の利点は大きい．また，これまでにすでにZFN法で抗HIV効果に実績のあるウイルス受容体であるCCR5の改変[3]とHIVプロウイルスの改変を同時に行うことも可能であり，さまざまな変異ウイルスへの対応も可能となる．

さらに，その発展性においてもCRISPR/Cas9法はきわめて優れている．われわれはヌクレアーゼ活性欠損変異Cas9と転写活性因子VP64の融合タンパク質をLTR特異的gRNAとともに導入すると，潜伏HIVプロウイルスの強制再活性化が可能であることを見出している（未発表，図2B）．この手法はARTとの併用により，潜伏感染細胞プールの排除に直結するはずであり，ゲノムの「編集」による治療法のみに留まらず，HIVプロウイルスの「修飾」による治療法の可能も考えている．

最近，HIV複製に必須な宿主因子をターゲットとする抗HIV療法が考案されているが，いまだに有効なものは見出されていない．ゲノム編集技術によりHIV遺伝子の不活性化ならびに排除は実現可能であり，今後のゲノム編集技術を用いたHIV治療への期待は大きい．実際にHIV治療に使用するために，そのデリバリー方法ならびにオフターゲット効果の改善が望まれる．

◆ 文献

1) Ebina, H. et al. : Sci. Rep., 3 : 2510, 2013
2) Qu, X. et al. : Nucleic Acids Res., 41 : 7771–7782, 2013
3) Holt, N. et al. : Nat. Biotechnol., 28 : 839–847, 2010

基本編

3 TALENやCRISPR/Cas9を自作するには

佐久間哲史，山本　卓

ZFNによる技術開発が長い年月を必要としたのに対し，TALENやCRISPR/Cas9を用いたゲノム編集が急速に広まっている背景には，何をおいても作製法の簡便さが最大の要因として存在する．加えて，米国の非営利プラスミド供給機関であるAddgeneが果たした役割も大きい．本稿では，各研究者がTALENやCRISPR/Cas9を自作するためにはどのような選択肢があるのかを概説するとともに，最も推奨される作製キットについて詳細に紹介する．

はじめに

これまで紹介してきたように，DNAの認識にかかわる分子と切断にかかわる分子が同一であるTALENと，それぞれがgRNAとCas9という別々のコンポーネントに分離しているCRISPR/Cas9には，システムとしての決定的な違いがある．すなわちTALENでは，標的とするDNAの塩基配列に応じてDNA結合モジュールを組み上げていく必要があるが，CRISPR/Cas9の場合は常に共通のCas9ヌクレアーゼを使用すればよく，その都度構築が必要になるのはgRNAの発現ベクターである．当然ながら自作する際のストラテジーも全く異なり，TALENではあらかじめ準備しておいた部品を組み上げていくのに対し，CRISPR/Cas9では合成オリゴの挿入によって目的のgRNA発現カセットを構築する．CRISPR/Cas9の作製法は，単なるオリゴのアニーリングとベクターへのライゲーションであるゆえ，ベクター構築のストラテジーにさほど大きな特徴はないが，TALENの場合はほぼ同一の配列を有する100 bp程度のフラグメントを，タンデムに15～20個程度連結する必要があり，効率的なアセンブリーを実現するためにさまざまな創意工夫が施されてきた．

TALENを自作するには

1. Golden Gateキットを用いたTALENの作製

本稿を執筆している時点でAddgene（http://www.addgene.org/）から入手可能なTALENの作製キットは，表1の左側に示す5種類（Platinum Gate TALEN Kitは近日提供開始予定）である．加えて，表1右側に示すプラスミド類が，特定のキット（Golden Gate TALEN and TAL Effector Kit 2.0；以下Golden Gateキット）のアドオンとして提供されている．豊富なアドオンの数からもうかがえるように，Golden Gateキットこそがこれまでに最も広く用いられてきたキットである．単純に提供開始時期が最も早かったこともその理由の1つであるが，Golden Gateキットが世界中に普及した一番の要因は，とりもなおさずラボベースでの扱いやすさである．そもそもGolden Gateキットというネーミングは，構築システムとしてGolden Gateアセンブリーというクローニング法を採用していることに由来しており，このクローニング法がTALENのDNA結合モジュールの連結に最適なのである．

Golden Gate法は，2種類以上のプラスミドを混合

23

表1　AddgeneのTALEN作製キットとアドオン

キットの名称（開発者）	構築法	アドオンの名称（開発者）	概要
Golden Gate TALEN and TAL Effector Kit 2.0 (Daniel Voytas & Adam Bogdanove)	Golden Gate法（10モジュールアセンブリー）	RCIscript-GoldyTALEN and pC-GoldyTALEN (Daniel Carlson)	mRNA合成用/哺乳動物細胞発現用TALENベクター
REAL Assembly TALEN Kit (Keith Joung)	制限酵素処理とライゲーション	TAL5-BB and pTAL6-BB (Tom Ellis)	酵母用の転写抑制ベクター
TALE Toolbox kit (Feng Zhang)	PCR + Golden Gate法	pCS2TAL3-DD and pCS2TALE3-RR (David Grunwald)	mRNA合成用/哺乳動物細胞発現用TALENベクター
LIC TAL Effector Assembly Kit (Veit Hornung)	LIC法	pCAG-T7-TALEN（Sangamo）(Pawel Pelczar)	mRNA合成用/哺乳動物細胞発現用TALENベクター
Musunuru/Cowan Lab TALEN Kit (Kiran Musunuru & Chad Cowan)	ライブラリーを用いたGolden Gate法	TALEN Construction and Evaluation Accessory Pack（山本 卓）	6モジュールアセンブリー用ベクター，mRNA合成用/哺乳動物細胞発現用TALENベクターならびに活性評価用ベクター
Platinum Gate TALEN Kit（山本 卓）	Golden Gate法（4モジュールアセンブリー）	TALE-transcription activation destination vectors (Charles Gersbach)	mRNA合成用/哺乳動物細胞発現用転写活性化ベクター
		Destination vectors for TALE-mediated Genome Visualization (TGV) (Maria-Elena Torres-Padilla)	哺乳動物発現用クロマチン可視化ベクター
		pTAL7a and pTAL7b (Boris Greber)	ヒト/マウス幹細胞発現用TALENベクター

キットとして提供されているプラスミドを左に，Golden Gateキットのアドオンとして提供されているプラスミド類を右に示す．**実践編1**にて作製プロトコールを記載するPlatinum Gateキットを赤字で，**基本編4**にて紹介するSSAアッセイのために必要となるpGL4-SSAベクターが含まれるアクセサリーパックを青字で，それぞれ表中に示す

し，同一チューブ内で制限酵素処理とライゲーションを一度に行うことで目的の産物を得るクローニング法として，2008年にはじめて報告された[1]．この際認識サイトと切断サイトが分離しているIIS型の制限酵素を使用することで，1種類の制限酵素によって異なる切断末端を生じさせることができ，目的の並びでしかつながらないように細工をすることができる．他にも目的のインサート（TALENの場合はDNA結合モジュール）を含むプラスミド上の制限酵素サイトについては，認識サイトが外側になるように配置し，ベクターとして用いるプラスミドの制限酵素サイトは，認識サイトを内側に配置することで，目的とするクローニング産物には制限酵素の認識配列が含まれないような仕掛けが施されていたり，ベクター側のプラスミドの切り出される領域にlacZのカセットを入れておくことで，X-gal/IPTGによるカラーセレクションが可能になっていたり，インサート側とベクター側で抗生物質耐性遺伝子を別々にすることでバックグラウンドを落としていたりと，Golden Gateアセンブリー法には目的のクローンを得る効率を上昇させるためのさまざまなアイデアが盛り込まれており，原理を知れば知るほど感心させられる実に巧みなクローニング法である．

Golden Gateキットでは，12～31モジュールのTALENを2段階のGolden Gateアセンブリーによって連結することができる[2]．まず1段階目の連結で10個のモジュールを一気に連結し，2段階目では1段階目で作製したプラスミドをさらに別の酵素を用いたGolden Gate法によって連結する．Golden Gate法は，プラスミドを直接アセンブリー反応に用いることができる点や，制限酵素処理とライゲーションを一括で行うことができる点，反応産物を直接大腸菌への形質転換に使用できる点など，さまざまなメリットがあり，従来のZFNの作製法の煩雑さを知る者にとっては，正に夢のような技術であった．必要となる機材はサーマルサイクラーのみであり，試薬も制限酵素とリガーゼがあればよく，分子生物学実験に慣れているラボであればどこでも導入可能である．しかしながら，複数のプラスミドの制限酵素消化とライゲーションを一括で

行うという反応系は，確かに簡便ではあるが，裏を返せばプラスミドの純度や酵素の活性，バッファーの組成などが実験の成否を大きく左右するため，それなりに実験の"腕"を必要とするという側面もある．またGolden Gateキットには，作製したTALENの活性評価用ベクターが同梱されているものの，開発者が植物の研究者であるため酵母を使用するアッセイ系が採用されており，酵母の実験経験のない研究者にとっては扱いづらい代物である．

2. アクセサリーパックおよび各種アドオンを用いたTALENの作製

そこでわれわれは，Golden Gateキットのアセンブリー効率を向上させるためのベクターセット，ならびにTALENの活性評価を培養細胞で行うためのベクターセットを開発し[3]，TALEN Construction and Evaluation Accessory Pack（以下アクセサリーパック[※1]）としてAddgeneから提供を開始した．このアクセサリーパックをGolden Gateキットと組み合わせて使用すると，1段階目のモジュール連結を6つずつの単位で行うことができるため，ある種の職人技を必要とするオリジナルキットの10モジュールアセンブリーよりも，導入の敷居は格段に低くなる．また，準備する必要のあるプラスミドの総数も抑えられることから，マンパワーに乏しいラボでも扱いやすくなっている．

この他にも，表1の右側に示すように，Golden Gateキットのアドオンは世界中から多数寄託されている．そのほとんど（われわれのアクセサリーパックを除くすべて）がモジュールを組込むための最終ベクターであり，内訳としてはmRNA合成用／哺乳動物細胞発現用TALENベクターがわれわれを含む5グループから，同じくmRNA合成用／哺乳動物細胞発現用のTALE-activator，つまり転写活性化用のベクターが1グループから，酵母用の転写抑制用（TALE-repressor）ベクターが1グループから，さらに特定のクロマチン領域を可視化するためのTALE-GFP用ベクター（**宮成によるコラム**を参照）が1グループから，それぞれ提供されている．

3. Platinum Gateキットを用いたTALENの作製

以上述べてきたように，TALENの作製キットは，これまでGolden Gateキットをベースとして開発が進んできたと言っても過言ではなく，事実Golden Gateキットを用いて作製したTALENは，われわれのアクセサリーパックを併用して作製したものも含めると，これまでにヒトiPS細胞を含む培養細胞はもちろん，シロイヌナズナ，ショウジョウバエ，カイコ，ゼブラフィッシュ，メダカ，アフリカツメガエル，マウス，ラットなどさまざまな動植物においても機能的であることが確認されている．しかしながら，特に哺乳動物個体に代表されるように，従来のGolden Gateキットでは必ずしも充分なゲノム編集効率が得られないことも多く，TALENの切断活性を底上げできるような改良が必要とされていた．

われわれは，自然界に存在するTALEタンパク質のDNA結合リピートが有するアミノ酸配列のバリエーションに着目し，これを周期的に取り入れることで，TALENの活性が飛躍的に高まることを見出した[4]．この高活性型TALENをわれわれはPlatinum TALENと名付け，Platinum TALENをGolden Gate法で作製するためのシステムを開発した（Platinum Gateシステム[※2]）．

※1　アクセサリーパック

10種類のプラスミドがセットになったパックであり，325ドルの価格が付けられている．各プラスミドを個別に購入することもでき，その場合は1つあたり65ドルとなる．**3**で詳述するPlatinum Gateキットを入手すれば，このアクセサリーパックは不要だが，活性評価用ベクターはPlatinum Gateキットには含まれないことに注意が必要である．Platinum TALENを自作して培養細胞での活性評価を行いたい場合には，Platinum Gateキットに加え，（アクセサリーパックに含まれる）pGL4-SSAベクターを単品で購入するとよい．

※2　Platinum Gateシステム

Golden Gateシステムの上位互換という位置付けで，Platinum Gateシステムと名付けられた．反応系自体はGolden Gateキットの手法（Golden Gateアセンブリー）をそのまま踏襲しており，使用する制限酵素などは全く同一である．

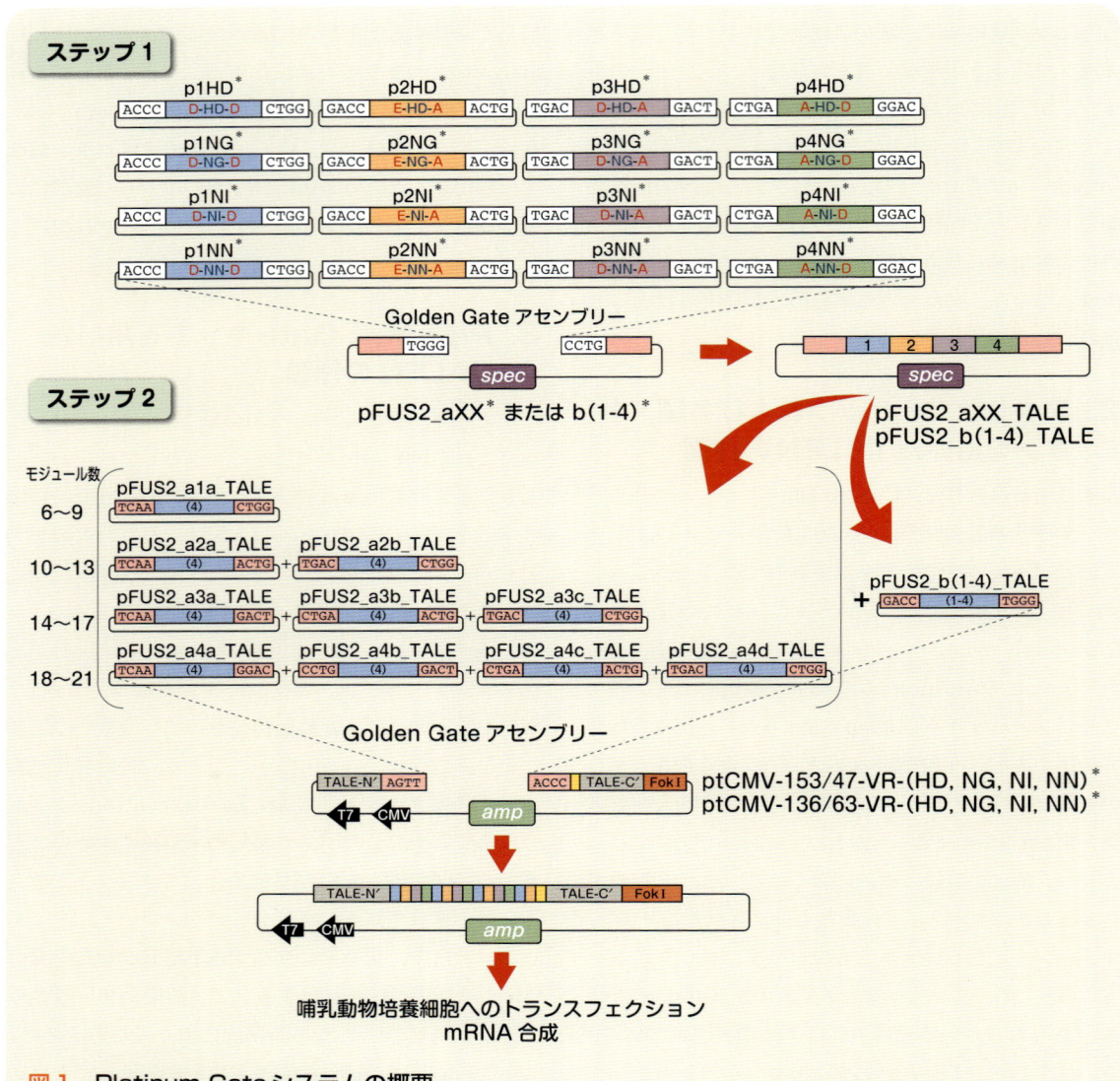

図1　Platinum Gateシステムの概要

Platinum Gateシステムでは，2段階のGolden Gateアセンブリーによって高活性型のTALEN（Platinum TALEN）を作製する．＊印を付けたベクターがPlatinum Gateキットに含まれる予定のベクターである．赤字で示すアミノ酸がバリエーションをもたせたアミノ酸残基であり，34アミノ酸からなるDNA結合モジュールの4番目と32番目に相当する．青字はRVD（基本編1を参照）．amp, specはそれぞれアンピシリンとスペクチノマイシン（ともに抗生物質）の耐性遺伝子（文献4より改変して転載）

Platinum Gateシステムでは，1段階目で連結するモジュールの数を4つまでに制限してあり，さらなるアセンブリーの効率化とプラスミド数の削減が実現されている（図1）．構築に必要となるプラスミド類は，Platinum Gate TALEN Kit（以下Platinum Gateキット[※3]）としてAddgeneから近日入手可能となる予定である．

本稿を執筆している時点で論文が受理されている種

表2　AddgeneのCRISPR/Cas9プラスミド

ヌクレアーゼ		ニッカーゼ		転写抑制		転写活性化	
用途	開発グループ	用途	開発グループ	用途	開発グループ	用途	開発グループ
細菌用	Marraffiniら2グループ	—	—	細菌用	Marraffiniら2グループ	—	—
酵母用	Church	—	—	酵母用	Qi & Weissman	酵母用	Lu
植物用	Kamoun	—	—	—	—	—	—
線虫用	Calarcoら5グループ	—	—	—	—	—	—
昆虫用	Harrisonら3グループ	—	—	—	—	—	—
ゼブラフィッシュ用	Chenら3グループ	—	—	—	—	—	—
哺乳動物用（培養細胞を含む）	Churchら9グループ	哺乳動物用（培養細胞を含む）	Churchら3グループ	哺乳動物用（培養細胞を含む）	Qiら4グループ	哺乳動物用（培養細胞を含む）	Churchら6グループ

本稿執筆時点でAddgeneから入手できるCRISPR/Cas9プラスミドについて，適用できる種と目的で分類した．ラインナップは今後も続々と増えていくことが予想されるため，最新情報についてはAddgeneのホームページで適宜確認されたい

に限っても，Platinum TALENは，線虫，ウニ，ホヤ，イモリ，アフリカツメガエル，マウス，ラットなどさまざまな種で従来のGolden Gate TALENを遥かに上回る活性が確認されており，システムとしての優位性も加味すると，今後はPlatinum Gateキットが，数あるTALEN作製キットのなかで世界的なスタンダードとなりうるとわれわれは感じている．Platinum Gateキットを用いたPlatinum TALENの作製プロトコールは，本書の実践編1に詳細に記載されているので，参考にされたい．

■ CRISPR/Cas9を自作するには

1. CRISPR/Cas9の作製法の概要

「はじめに」の項にも記載したように，CRISPR/Cas9の場合は，Cas9ヌクレアーゼは常に共通のものを使用できるため，目的の配列に対応するgRNAの発現カセットを作製するだけでよい．表2に示すように，現在ではさまざまな生物種や培養細胞に対応するCRISPR/Cas9ベクターがAddgeneに寄託されており，きわめて容易に導入が可能な状況にある．現在では従来のヌクレアーゼ型だけでなく，Cas9に改変を加えたニッカーゼ型，転写抑制型，転写活性化型のベクターも多数ラインナップされており，今後これらのコレクションはさらに充実化していくものと思われる．なおニッカーゼ型のCas9については佐久間によるコラムに，転写調節型のCas9については基本編2に，それぞれ関連する情報を記載している．

gRNAの発現カセットは，制限酵素処理したベクターに，アニーリングした合成オリゴを挿入して作製する

※3　Platinum Gateキット
16種類のモジュールプラスミド（p[1〜4]HD, p[1〜4]NG, p[1〜4]NI, p[1〜4]NN）と11種類のアレイプラスミド（pFUS2_[a1a, a2a, a2b, a3a, a3b, a4a, a4b, b1, b2, b3, b4]），8種類の最終ベクター（ptCMV-153/47-VR-[HD, NG, NI, NN], ptCMV-136/63-VR-[HD, NG, NI, NN]）からなる（図1）．モジュールプラスミド，アレイプラスミド，最終ベクターについての詳細は実践編1を参照のこと．

のが一般的であり[5]，他にも目的の配列を含むフラグメントをGibson Assembly[※4]を用いてバックボーンベクターに組み込む手法などによっても作製可能である[6]．本稿では，現時点でAddgeneに寄託されているプラスミドのうち，最も利便性が高いと思われるFeng Zhangラボのベクターについて紹介する．

2. pX330ベクターを利用したCRISPR/Cas9ベクターの作製

2014年2月現在，Feng ZhangラボからAddgeneに寄託されているCRISPR/Cas9ベクターは13種類に上っているが，ベースになるベクターとしてわれわれが使用を推奨するのは，pX330-U6-Chimeric_BB-CBh-hSpCas9〔通称pX330；別名pSpCas9(BB)〕と名付けられたベクターである．pX330ベクターは，CBh-SpCas9[※5]のカセットとU6-gRNA[※6]のカセットを同一のベクター上に搭載しているため，このベクターのみでCRISPR/Cas9システムによるゲノム編集に必要なコンポーネントをすべてまかなうことができる．つまり，pX330ベクターのgRNAスキャホールド中に存在するクローニングサイトに，アニーリングした合成オリゴを挿入すれば，このプラスミドのみを導入するだけで，目的のゲノム領域にDSBを導入することができるのである．これまでにpX330プラスミドは，哺乳動物培養細胞の他，マウス受精卵へ直接使用できることも示されており[7]，その汎用性は非常に高い．本書では，pX330ベクターを用いたCRISPR/Cas9プラスミドの作製法について，実践編1で紹介しているので，あわせて参照いただきたい．

おわりに

本稿では，Platinum Gateキットを用いたPlatinum TALENの作製法と，pX330ベクターを用いたCRISPR/Cas9ベクターの作製法に焦点を絞り，周辺事情を交えつつ概説した．少なくとも本稿を執筆している時点では，前記のキットならびにプラスミドが，TALENとCRISPR/Cas9を自作するうえでのファーストチョイスであるとわれわれは考えているが，TALENやCRISPR/Cas9の作製プロトコールやマテリアルは日々進化し続けているため，常に最新の情報を得るための努力を怠るべきではない．また，適用する細胞種や生物種によって事情が異なる部分も多分にあるため，本書の実践編2〜14に記載されている，各生物におけるゲノム編集実験のプロトコールを存分に活用していただきたい．

◆ 文献

1) Engler, C. et al.：PLoS One, 3：e3647, 2008
2) Cermak, T. et al.：Nucleic Acids Res., 39：e82, 2011
3) Sakuma, T. et al.：Genes Cells, 18：315-326, 2013
4) Sakuma, T. et al.：Sci. Rep., 3：3379, 2013
5) Ran, F. A. et al.：Nat. Protoc., 8：2281-2308, 2013
6) Mali, P. et al.：Science, 339：823-826, 2013
7) Mashiko, D. et al.：Sci. Rep., 3：3355, 2013

※4　**Gibson Assembly**
New England Biolabs社のGibson Assembly Master Mix（#E2611）を使用した方法．16〜40 bpの相同配列を融合させて，目的のインサートを線状化ベクターに組込む．ライフテクノロジーズ社のGeneArt Seamless Cloning and Assemblyやクロンテック社のIn-Fusion HD Cloningも同様の原理を利用したクローニング法である．

※5　**CBh-SpCas9**
CBh（chicken beta actin short）プロモーターでドライブされるSpCas9（*Streptococcus pyogenes* Cas9）の発現カセット．

※6　**U6-gRNA**
RNAポリメラーゼⅢ系のプロモーターであるヒトU6プロモーター下に，gRNAのスキャホールドを連結した発現カセット．

TALENやCRISPR/Cas9の活性評価法と変異の検出法

佐久間哲史，山本　卓

　基本編の後半では，より実践に近い基礎知識を提供すべく，前稿ではTALENとCRISPR/Cas9の作製法について述べた．本稿では，その後に行うべき活性評価の手法について，これまでに報告されているいくつかの手法を比較しつつ紹介する．さらに実際のゲノム上の標的配列に導入された変異の検出法についても，各手法のメリットとデメリットに触れながら詳しく解説する．適用する細胞種や生物種によっても事情は異なるため，詳細は実践編の各稿を参照されたいが，本稿をもって活性評価法ならびに変異の検出法の大まかな全体像をつかんでいただきたい．

はじめに

　目的のゲノム配列を標的とするTALENやCRISPR/Cas9が作製できたら，次に行うべきは，作製した発現ベクターの活性評価である．前稿の基本編3や実践編1で紹介しているPlatinum TALENやFeng ZhangラボのCRISPR/Cas9ベクターを用いれば，高いDNA切断活性を有するベクターが構築できる確率は高いが，確実に実験を進めるためには，レポーターアッセイによる活性評価は依然として重要なステップである．また，レポーターベースの活性評価を行わない場合は当然として，活性が確認できたベクターを使用する場合でも，目的の実験に進む前段階として，実際に使用する細胞や胚を用いて，標的とするゲノム領域へ変異が導入されるかどうかを一度検討しておくのが好ましい．なぜならレポーターベクター上の標的配列とゲノム上の標的配列とでは，クロマチン環境が大きく異なるケースがあり，いくら質の高いTALENやCRISPR/Cas9ベクターであっても，目的の領域にアクセスできず，ターゲティングが困難な状況に陥ることもありうるからである（どちらかと言えばCRISPR/Cas9の方がこれらの影響を受けにくいとされている）．傾向としては，発現している遺伝子のコード領域上を標的とする場合には前記のような問題は起こりにくく，非コード領域や当該の細胞で発現しない遺伝子を標的とするケースで問題となる場合が多い．このような事例やオフターゲット切断の影響なども考慮に入れると，やはりレポーターベクターを用いた活性評価をきちんと行い，充分な活性を有する複数のTALENまたはCRISPR/Cas9の発現ベクターを準備したうえで，目的の実験に取り掛かるのが賢明であろう．

TALENおよびCRISPR/Cas9の活性評価法

1. レポーターアッセイによる活性評価法

　最も汎用性の高い活性評価の手法は，TALENやCRISPR/Cas9の標的配列を組込んだルシフェラーゼレポーター，あるいは蛍光レポーターベクターなどを用いたレポーターアッセイである．この場合いかなる種のゲノム配列を標的とするTALEN・CRISPR/Cas9で

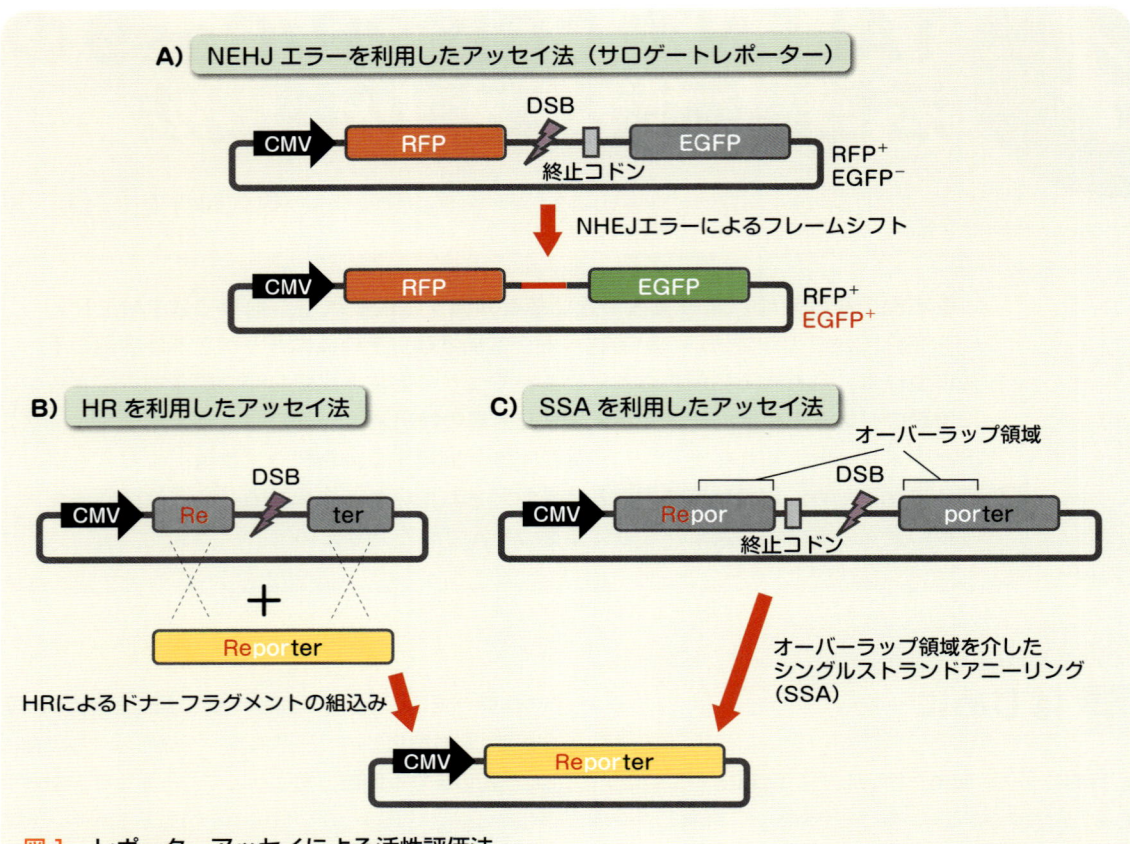

図1 レポーターアッセイによる活性評価法
A) NHEJエラーを利用した方法（サロゲートレポーター法）と**B)** HRを利用した方法，**C)** SSAを利用した方法の概要．いずれの手法もDSB（double-strand break）が導入されることによってレポーター遺伝子が活性型となるように工夫されている

あっても，同じ実験系で統一的に評価することが可能である．また，動物細胞や動物個体での使途においては動物培養細胞を，植物での使途においては酵母を用いるなど，目的に応じた評価系を用いることで，より信頼性の高い結果を得ることができる．さらに目的とする動物胚内などで直接レポーターアッセイを行うことも，種によっては可能である．この方法は，特に当該の種でゲノム編集の適用例がない場合の条件検討などに有用と言えよう．

原理としては，図1に示すように，NHEJエラーによってフレームがずれることを利用する方法と，HRを利用して活性型のレポーター遺伝子を獲得させる方法の他，シングルストランドアニーリング（SSA）[※1]とよばれる修復機構を利用する方法がある（NHEJエラー，HRについては基本編2を参照）．いずれにしても，レポーターベクター中の標的サイトが切断されることで，ルシフェラーゼが活性型となる，あるいは蛍光を発するよう，ベクターに細工が施されている．

[※1] **SSA（single-strand annealing）**
DSBによって生じた両切断末端の近傍に相同性の高い配列が存在する場合，両切断末端からDNA二本鎖の片方が削り込みを受けることで相補的な配列が出現するため，これを利用したアニーリング修復がかかる．pGL4-SSAベクターの場合，800 bpほどの相同配列をオーバーラップ領域として採用している．

1）NHEJエラーを利用する方法

NHEJエラーを利用する方法は，サロゲート（代理）レポーターシステムともよばれ，単純な活性評価の目的だけでなく，TALENやCRISPR/Cas9が高度に発現している細胞（＝変異が入っている可能性の高い細胞）をFACSで濃縮するためにも使用可能である[1]．レポーターベクターが切断を受ける前は，赤色蛍光タンパク質であるRFPのみが発現するが，TALENやCRISPR/Cas9によってDSBが導入されると，挿入・欠失変異によって，理論上1/3の確率で下流側のEGFPの読み枠が合い，RFPとEGFPの両者が発現する（図1A）．これにより，導入したヌクレアーゼの活性および各細胞での発現量を大まかに知ることができる．欠点としては，作製したTALENやCRISPR/Cas9ベクターの切断活性をどれだけ定量的に評価できるかが不透明であることがあげられる．特にDSB導入部位の周辺に数塩基程度の短い相同配列（マイクロホモロジー）が存在した場合には，NHEJよりもマイクロホモロジー媒介末端結合（MMEJ）[※2]が優位に働くケースが多く，変異の入り方にバイアスがかかりやすくなるため，TALENやCRISPR/Cas9の切断活性を純粋に評価できるかどうかには疑問が残る．

2）HRによる修復を利用する方法

次にHRによる修復を利用した活性評価法であるが，この場合レポーターベクターの他に，修復のテンプレートとなるフラグメントが必要となる．図1Bに示すように，フラグメントを利用したHR修復がかかることによって，活性型のレポーター遺伝子が出現するように工夫されている．この手法は，特にTALENやCRISPR/Cas9をノックインの目的で使用する場合に適した方法と言える．

※2　MMEJ
　　　（microhomology-mediated end-joining）

数塩基程度のマイクロホモロジーを利用した修復機構であり，オルタナティブNHEJ（alt-NHEJ）ともよばれる（これに対して通常のNHEJをクラシカルNHEJ＝cNHEJと称することもある）．MMEJによって修復を受けると，ゲノム配列には必ず変異が導入されることになる．DSBの導入箇所周辺にマイクロホモロジーが存在する場合には，しばしばMMEJによる修復がかかった形跡がみられる．

3）SSAを利用する方法（SSAアッセイ）

しかしながら，これらの手法を抑え，われわれがTALENやCRISPR/Cas9の活性評価に最も信頼をおいているのが，SSA修復を利用した方法（SSAアッセイ）である．原理は図1Cに示す通りであり，オーバーラップをもたせて分断したレポーター遺伝子の間にヌクレアーゼサイトを組込んでおく．この領域にDSBが入ると，オーバーラップ部分を介したSSA修復がかかり，レポーター遺伝子が活性型となる．この手法では，NHEJエラーを利用した方法のようなバイアスがかかることはなく，HR修復を利用した方法のように追加のフラグメントを導入する必要もないため，トランスフェクション効率の違いによる結果のばらつきを最小限に抑えられる．また，SSA用のレポーターベクターをホタルルシフェラーゼとし，同時に標準化のためのウミシイタケルシフェラーゼのレポーターベクターも共導入しておけば，デュアルルシフェラーゼアッセイによって，より定量的に活性を評価することができる[2]．このためのマテリアル（pGL4-SSAベクター）と英語版のプロトコルは，Addgeneの「Yamamoto Lab TALEN Accessory Pack」のページ（**http://www.addgene.org/TALEN/Yamamotolab/**）から入手することができる．また実験医学別冊「ES・iPS細胞実験スタンダード」に日本語のプロトコルを記載している[3]ため，参考にされたい．なお，他にも酵母でのLacZレポーターによるSSAアッセイ[4]に使用できるベクター（Addgene Plasmid 37185；pCP5b）や，培養細胞でのEGFPレポーターによるSSAアッセイ[5]用のベクター（実践編5に記載のpCAG-EGxxFP）も，Addgeneより入手可能である（Addgene Plasmid 50716）．

余談だが，前記の3つの手法を組み合わせたハイブリッド型のアッセイ法も存在する．1つのベクター（＋HRのドナーフラグメント）でNHEJエラーとHRをともにモニターできるシステムが報告されており，トラフィックライトレポーター（TLR）アッセイと名付けられている[6]．加えて，TLRをさらに進化させ，SSA修復までもモニターできるようにした報告もあるが，

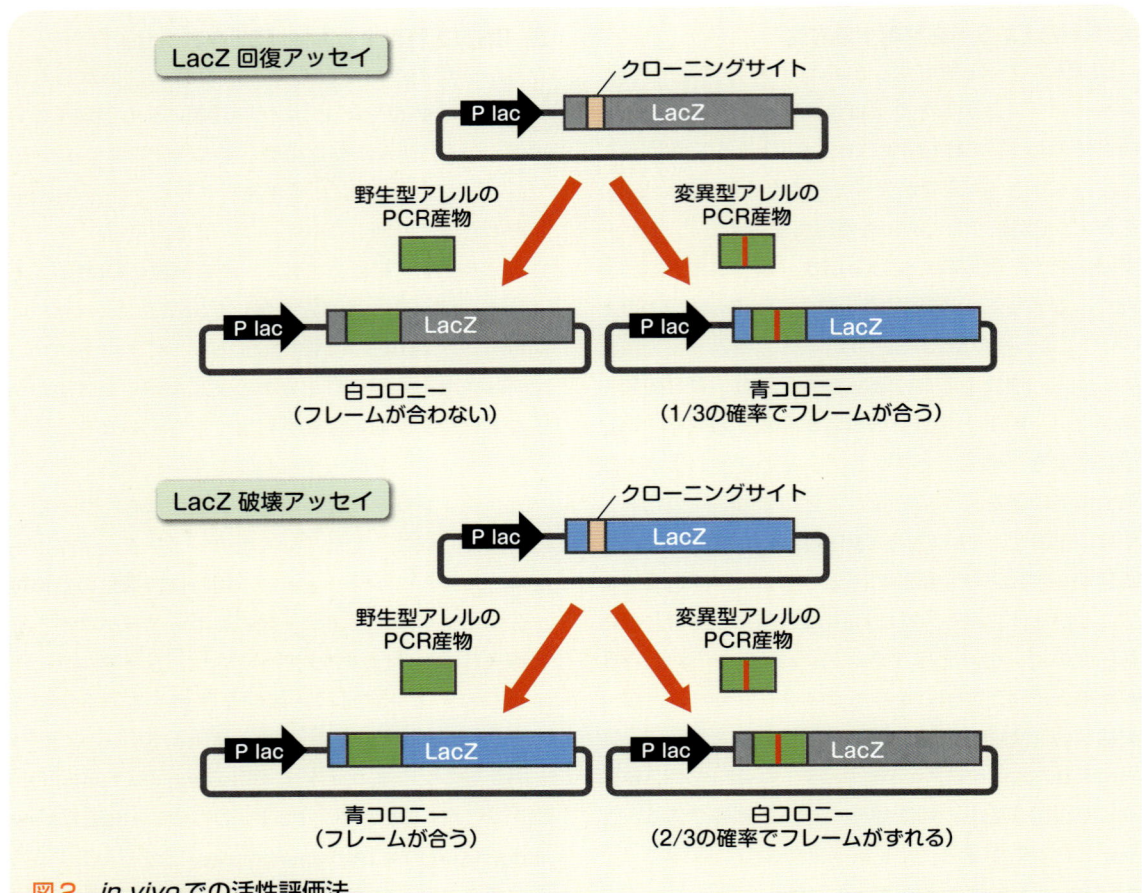

図2　in vivo での活性評価法

目的の細胞や生物個体に直接 TALEN や CRISPR/Cas9 を導入した後，標的配列周辺をゲノム PCR により増幅し，増幅産物をクローニングすることで評価する手法．LacZ 回復アッセイと LacZ 破壊アッセイのいずれを用いてもよい．青コロニーと白コロニーの存在比でおおよその変異率を見積もれる他，各コロニーをピックアップして DNA シークエンシングを行えば，変異のパターンを知ることができる（文献7を元に作成）

通常の活性評価の目的でこれらのベクターを用いる必然性はないため，詳細は割愛する．

2. in vivo での活性評価法

汎用性の高さではレポーターアッセイには及ばないが，試料の調製や遺伝子導入が容易な株化培養細胞や小型魚類などへの使途においては，レポーターアッセイによる活性評価を介さずに，作製した TALEN や CRISPR/Cas9 のコンストラクトあるいは合成した RNA を，直接目的の細胞や受精卵に導入して活性を評価するケースも多い．この場合は内在のゲノム配列への変異導入効率を算出することとなるため，基本的には本稿の後半で解説する「ゲノムへ導入された変異の検出法」に従って評価すればよいが，活性の定量的な評価に特化した手法も開発されているため，本項にて触れておきたい．

アッセイ系はきわめてシンプルであり，図2に示すように，標的部位を PCR 増幅して目的のクローニングサイト（LacZ 遺伝子のコード配列中）に挿入し，X-gal/IPTG を利用した大腸菌のブルー/ホワイトセレ

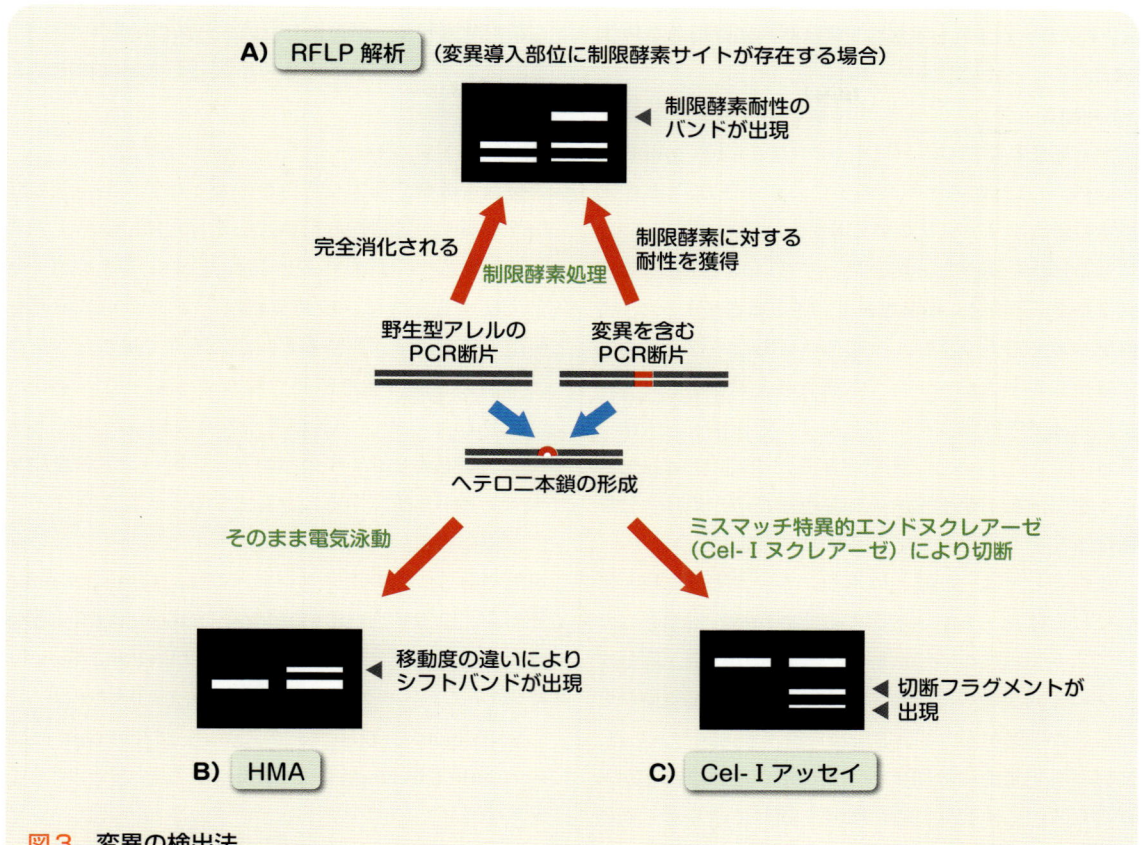

図3 変異の検出法
HMA, RFLP解析, Cel-Iアッセイの概要をまとめた. アガロースゲル電気泳動のイメージ図は, いずれも左側のレーンにネガティブコントロール (TALENやCRISPR/Cas9を導入していないサンプル) を, 右側のレーンに変異を有するサンプルを流した場合を想定している

クションを行うだけである[7]. 原理は前述のNHEJエラーを利用したレポーターアッセイ (図1A) と同様であり, 挿入・欠失変異によって読み枠が替わることを利用している. 元の配列で読み枠が合うようにデザインすれば, 変異が入ることによって理論上2/3の確率で白コロニーとなる. 元の配列で読み枠が合わないようにデザインしておけば, 変異が入ると理論上1/3の確率で読み枠が合い, 青コロニーとなる. 前記のいずれの方法でも, おおよその変異率を求めることができる.

ゲノムへ導入された変異の検出法

前述の「in vivoでの活性評価法」とも関連するが, 最後に解説するのはゲノム配列中に変異が導入されたことを確認する方法についてである. 前記のLacZを用いたアッセイがあくまでも活性評価を目的としたものであったのに対し, 本項で記載するのはより実践的な方法である. プールした複数の胚, あるいはトランスフェクション後のバルクの細胞群を用いた変異導入の検出だけでなく, 変異胚や変異細胞のスクリーニングにも使用できる方法について述べる. 概要を図3に

まとめたが，いずれの手法もまずは標的部位周辺をPCR増幅することにはじまる．

1）HMA

最も簡便な手法は，HMA（heteroduplex mobility assay）とよばれる手法である．この手法はPCR産物をそのままポリアクリルアミドゲルで流すだけであり，特別な操作や試薬を一切必要としない[8]．詳細は実践編7や実践編12に記載されているため省略するが，変異アレルと野生型アレル，あるいは異なった変異を有するアレル同士がヘテロ二本鎖を形成することによって電気泳動の移動度が変化することを利用した手法である（図3B）．さらに簡略化するために，アガロースゲル電気泳動を使用することも可能だが，やはり分離能はポリアクリルアミドゲルには及ばない．

欠点としては，原理上PCR反応がプラトーに達していなければシフトバンドが出にくいため，増幅しにくいゲノム領域については解析が難しくなる点，同じタイプの変異が均一に入っている場合や1塩基置換などの小さな変異が入っている場合は検出が困難である点，変異率を定量的に算出することができない点などがあげられる．しかしこれらの欠点を補って余りある簡便さはやはり魅力である．後述する制限酵素断片長多型（restriction fragment length polymorphism：RFLP）解析やCel-Iアッセイにもっていく前の確認として使用されるケースも多いだろう．

2）RFLP解析

次に手を出しやすいアッセイ法と言えば，RFLP解析であろう．この方法は，おおよそ変異が導入される箇所（TALENであればスペーサー配列の中央付近，CRISPR/Cas9であればPAMの5′側複数塩基付近）にユニークな制限酵素サイトが存在する場合，変異が入ることによって当該の制限酵素サイトが潰れることを利用する方法である．すなわち標的配列周辺をPCR増幅した後，PCR産物を当該の制限酵素で消化して泳動すると，野生型なら完全消化され，変異が導入されていれば耐性を示すバンドが現れるというしくみである（図3A）．この方法であれば，均質な変異や小さな変異であっても検出可能である．しかし当然のことながら制限酵素サイトが存在しないケースでは使用できず，制限酵素サイト以外のところに入った変異は検出できない．

3）Cel-Iアッセイ

特殊な機器や多大な労力を必要とせず，かつ最も汎用性が高く，定量性も高い方法と言えば，Cel-Iアッセイである．Cel-Iアッセイは，Cel-Iヌクレアーゼとよばれるミスマッチ特異的エンドヌクレアーゼを使用する方法で，HMAと同様の原理で生じたヘテロ二本鎖のミスマッチ部位を切断することで，変異が存在すれば切断バンドが得られるという原理である（図3C）．オリジナルのバンドと切断バンドの量比から，変異率を概算することもできる．また変異タイプにも依存せず，一塩基置換であっても切断することが可能である．Cel-Iヌクレアーゼは，Transgenomic社から「SURVEYOR Mutation Detection Kit」というキットで販売されている他，New England Biolabs社のT7エンドヌクレアーゼI（T7EI）やフナコシ社のSNiPerase，ライフテクノロジーズ社のGeneArt Genomic Cleavage Detection Kitなどで代用することもできる．Cel-Iアッセイのプロトコールについては，われわれの手法を実験医学2013年1月号に記載している[9]他，本書の実践編6，9，10などにも実施例があるため，参考にされたい．

Cel-Iアッセイの欠点としては，試薬が比較的高価である点と，実験系が少々繊細である点があげられる．しかし一度条件を決定できれば，再現性もよく優れたアッセイ系となるため，使用者により評価が分かれるところである．その他の注意点としては，HMAと同様に変異が均一であった場合にはヘテロ二本鎖が形成されず，切断が起こらない点と，PCR産物中に無関係の多型が存在する場合は，たとえ一塩基多型であっても切断が起こってしまう点があげられる．このようなケースでは，RFLP解析を優先すべきだろう．

4）DNAシークエンシング

労力や費用を厭わないならば，最も確実な方法は，言わずもがなDNAシークエンシングである．クローン化した細胞や哺乳動物受精卵へのマイクロインジェ

クション(**実践編4〜6**参照)などのように,ダイレクトシークエンシングによって判別可能である場合もあるが,多くの場合はPCR産物中に多数の変異タイプを有するため,サブクローニング後のシークエンシングが必要となる.当然ながらリード数が増えれば増えるほど算出される変異率は正確な数値となり,より多くの変異のパターンが把握できるが,その分コストも労力も増えることとなる.設備があれば,もちろんアンプリコンシークエンシング[※3]を行ってもよい.その他,特殊な機材が必要な方法ではあるが,高解像度融解(HRM)[※4]曲線分析を利用することも可能である.

おわりに

本稿では,TALENやCRISPR/Cas9の活性評価法と変異の検出法について述べた.冒頭でも触れたように,昨今では技術改良が進み,レポーターベースの活性評価は必ずしも必須ではない状況になりつつある.けれども培養細胞を用いた活性評価系では,およそ24時間で明確な結果が得られるため,細胞の扱いに慣れた研究室であれば,ベクター構築の後に一手間を挟む程度の時間と労力で,安心してその後の実験に進むことができる.TALENやCRISPR/Cas9のベクターがうまく構築できているかどうかもわからず,手探りで実験を進めることを考えれば,事前にヌクレアーゼの性能を知ることができるのは大きなアドバンテージである.また変異の検出法についても,闇雲にシークエンシングを行うのではやはり効率が悪い.本稿に記載した各方法の長所と短所をよく把握したうえで,複数の方法をうまく組み合わせて変異細胞・変異個体のスクリーニングを行うべきである[10].

蛇足ではあるが,活性評価から変異の検出までの,われわれの王道パターンを参考までに紹介する.まず培養細胞(HEK293T細胞)を用いたSSAアッセイにより活性を確認し,その後目的の細胞または個体に評価済みのヌクレアーゼを導入,ゲノムを抽出後,産物のサイズが200〜300 bpになるようにPCR増幅し(プラトーに達するように35〜38サイクル程度は回す),3%のアガロースゲルを用いて増幅のチェックを兼ねたHMAを行う.バンドシフトが確認できれば,続いてRFLP解析あるいはCel-Iアッセイによって"確定診断"を下しつつ,大まかな変異率を見積もる.正確に変異率および変異パターンが知りたい場合には,続いてDNAシークエンシングを行う.

前記の流れはあくまでも一例であり,必ずしもこの通りに行う必要はないが,効率的かつ安価かつ万能という都合のよい方法は存在しないため,状況に応じてさまざまな検出法を使いこなせることが肝要と言えよう.

◆ 文献

1) Kim, H. et al. : Nat. Methods, 8 : 941-943, 2011
2) Sakuma, T. et al. : Genes Cells, 18 : 315-326, 2013
3) 李 紅梅ら:実験医学別冊『ES・iPS細胞実験スタンダード』,324-336,羊土社,2014
4) Cermak, T. et al. : Nucleic Acids Res., 39 : e82, 2011
5) Mashiko, D. et al. : Sci. Rep., 3 : 3355, 2013
6) Certo, M. T. et al. : Nat. Methods, 8 : 671-676, 2011
7) Hisano, Y. et al. : Biol. Open, 2 : 363-367, 2013
8) Ota, S. et al. : Genes Cells, 18 : 450-458, 2013
9) 落合 博ら:実験医学,31 : 95-100,2013
10) Nakagawa, Y. et al. : Exp. Anim., 63 : 79-84, 2014

※3 アンプリコンシークエンシング
ライフテクノロジーズ社のIon PGMシーケンサーなどを用いたディープシークエンシングの手法.ゲノムDNAから増幅したPCR産物を,サブクローニングすることなく直接解析することができる.

※4 HRM(high resolution melting)
PCR産物中に変異が含まれていると,解離曲線にゆがみが生じることを利用した手法である.HRM解析を行うためには,専用の試薬とリアルタイムPCR用の機器が必要となる.

基本編

TALENやCRISPR/Cas9によるターゲティング戦略

佐久間哲史，山本　卓

　基本編の最終稿となる本稿では，TALENやCRISPR/Cas9を実用するうえで必要不可欠な，遺伝子ターゲティングの戦略設計にまつわるさまざまな実践的情報を提供する．単に遺伝子のノックアウトが目的である場合でも，機能ドメインを直接破壊する，開始コドン以降のなるべく上流でフレームシフトを導入する，コード領域全長を丸ごと抜き取るなどさまざまな戦略が考えられ，それぞれでTALENやCRISPR/Cas9の設計方針は全く異なる．また遺伝子ノックインが目的である場合はより複雑であり，TALENやCRISPR/Cas9に加え，ターゲティングベクターのデザインもよくよく考えなくてはならない．

はじめに

　これまで基本編において紹介してきた情報で，ゲノム編集技術の鳥瞰図を描いてきた．ゲノム編集に使用するマテリアルの概要，ゲノム編集によって実現できるゲノム操作の概要，活性評価法と変異の検出法の概要など，本技術の大筋を記載した．しかし前稿までで基本編を終えれば，これからゲノム編集技術を取り入れるべく本書を手にした読者は，提示された選択肢を自身の研究にどう結び付ければよいかの判断がつかず，立ち往生するばかりであろう．

　そこで本稿では，よりユーザーの立場に立ち，実践編に直結する道しるべとなる情報，すなわちTALENやCRISPR/Cas9の設計方針に関する具体的なガイドラインを示す．使用する生物材料に応じて，目的に応じて，また標的遺伝子の特徴に応じても，最適なゲノム編集の手法はケースバイケースであるが，それらを本稿でなるべく網羅し，基本編を締めくくりたい．

TALEN・CRISPR/Cas9によるターゲティング戦略

1. 遺伝子ノックアウトのストラテジー

1) 生物個体での遺伝子ノックアウト

　遺伝子の機能破壊が目的である場合，生物個体（動物や植物）においてはNHEJエラーによる変異導入を利用するのが最も効率的である（図1）．一般的には，開始コドンの直下辺りにTALENやCRISPR/Cas9を設計し，N末端付近をコードする位置でフレームシフト変異を導入してやればよい．ただし複数の開始コドンが存在する遺伝子では，下流側の開始コドンを標的としたほうがよい．なおこの手法では，標的とする箇所自体が重要な機能ドメインである可能性は低いため，単なる塩基置換や3の倍数での塩基の欠失・挿入が起こった場合には機能が喪失されない可能性が高いことに留意しなければならない．次世代を得ることが比較的容易な種においては，フレームシフトを生じるアレルを選べばよいため，問題にならないことも多いが，導入世代（F0）での解析を前提としている場合には特

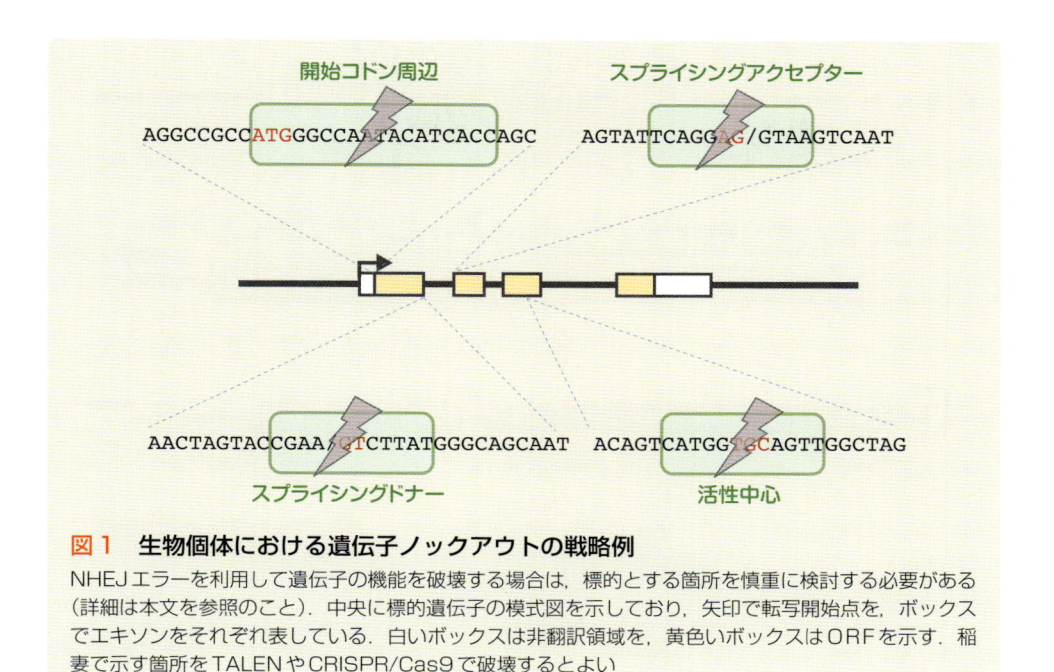

図1 生物個体における遺伝子ノックアウトの戦略例
NHEJエラーを利用して遺伝子の機能を破壊する場合は、標的とする箇所を慎重に検討する必要がある（詳細は本文を参照のこと）．中央に標的遺伝子の模式図を示しており、矢印で転写開始点を、ボックスでエキソンをそれぞれ表している．白いボックスは非翻訳領域を、黄色いボックスはORFを示す．稲妻で示す箇所をTALENやCRISPR/Cas9で破壊するとよい

に注意が必要である．

NHEJエラーを誘導する方法を採用するケースで、フレームシフトに頼らないターゲティングの戦略もいくつか存在する．標的遺伝子がコードするタンパク質の機能ドメインに存在する、特に重要なアミノ酸残基（酵素の活性中心やジスルフィド結合を担うシステイン残基など）に相当する塩基に、ちょうどDSBが導入されるようTALENやCRISPR/Cas9をデザインすれば、たとえ3の倍数の変異が導入されたとしても、それがnull変異（機能喪失型変異）となる可能性が高い．ただしこの場合、標的としたドメイン以外にも重要なドメインが存在する場合にはドミナントネガティブの効果が出る場合もある．もう1つの戦略としては、エキソンとイントロンの境界領域を破壊するという手も考えられる．この場合もフレームを気にする必要はなく、何らかの変異が入ればスプライシングがうまくいかず、ほぼ確実にnull変異となる．しかしながら標的とするエキソンをスキップするようなスプライシングバリアントが存在する場合には、当然ながらバリアントへの影響はなく、ノックアウトにならない．このように、NHEJエラーを利用した遺伝子ノックアウトは、簡便である反面、確実性に乏しいという欠点もあるため、ターゲティングする箇所については、個々の標的遺伝子の特徴に応じてよく検討する必要がある．

2）培養細胞での遺伝子ノックアウト

生物個体では、ターゲティングベクターを用いたノックインの効率が現状ではあまり高くないこともあり、NHEJエラーを利用せざるをえない場合が多いが、培養細胞においては薬剤選抜を使用できるため、ノックインによる遺伝子ノックアウトが最も確実な方法と言える（ただし相同組換え活性が著しく低い細胞ではこの限りでない）．

なかでもわれわれが第一選択肢として推奨する手法は、薬剤耐性遺伝子の発現カセットを丸ごと開始コドン近傍にノックインしてしまう方法（図2A）である．標的とする開始コドンがメジャーな開始コドンである場合、この方法でほぼ確実にノックアウトが実現できると考えてよいだろう．薬剤耐性遺伝子のカセットを

図2 培養細胞における遺伝子ノックアウトの戦略例
A) セレクションカセットを開始コドン周辺に挿入することで遺伝子を破壊するストラテジーを模式的に示す．PGKはPGKプロモーターを，polyAはpolyA付加シグナルを表している．セレクションマーカーを除く必要がある場合は，青色で示すカセットの外側にあらかじめloxP配列を付加しておくとよい．**B)** TALENおよびCRISPR/Cas9の標的配列とターゲティングベクターのホモロジーアームのデザイン例．赤字でTALENとCRISPR/Cas9の標的配列をそれぞれ示し，青字でホモロジーアームの開始位置を示す．ホモロジーアームの開始点をDSB導入箇所から離せば離すほど，ターゲティングの効率は低下していくと考えられる

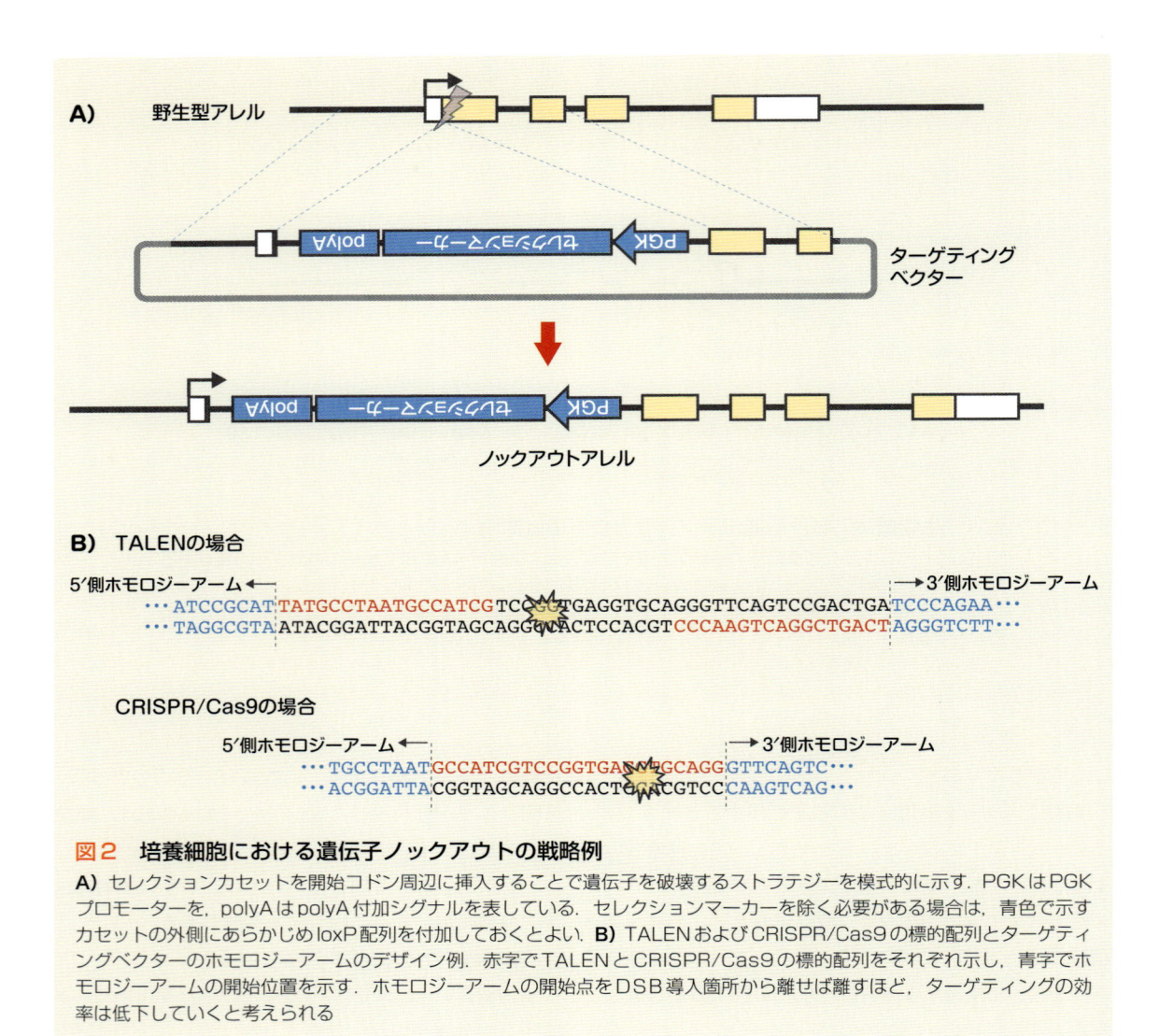

残したくない場合には，あらかじめloxP配列がカセットの外側に付加されたベクターを使用し，ノックアウトクローンを樹立した後にCreを一過的に発現させ，カセットを除くとよい．この場合，除去後にフレームシフトが入るか，開始コドンが消失するようあらかじめデザインしておくことが望ましい．培養細胞へのターゲティングベクターへのノックインについては，マウスES細胞を用いたプロトコールが本書の**実践編2**に，ヒト結腸腺がん（HCT116）細胞を用いたプロトコールが実験医学2013年1月号[1]にそれぞれ記載されているため，参考にされたい．なお開始コドン周辺に薬剤耐性遺伝子のカセットを放り込む場合には，プロモーター干渉が起こらないよう内在遺伝子のコード方向とは逆向きにカセットを挿入するのが無難である．またこのときのTALENやCRISPR/Cas9の設計箇所は，当然セレクションカセットを挿入する位置の近傍に設計すべきであるが，可能であれば**図2B**に示したように標的配列を除きつつカセットをノックインするように

デザインするとよい．そうすればターゲティングベクターやノックイン後のアレルがTALENやCRISPR/Cas9によって切断されないだけでなく，ターゲティングベクターにTALENタンパク質やgRNAが吸収されないため，より効率的なノックインが実現できると考えられる．

単なる遺伝子ノックアウトが目的である場合は，これまでに述べた手法で充分に対応できる場合がほとんどであるが，2カ所にDSBを導入し，挟まれる領域を抜き取ることも技術的には可能である．さまざまな動物や植物においてすでに成功例が報告されており[2]，培養細胞においては2セットのTALENやCRISPR/Cas9発現ベクターとターゲティングベクターを共導入することで効率的な欠失が実現できる（実践編3を参照）．

2. 遺伝子ノックインのストラテジー

1）生物個体での遺伝子ノックイン

動物個体での遺伝子ノックインは，基本編2でも述べたように，ssODNでまかなえる数十塩基程度までの改変であれば，比較的高効率に実現できるケースが多い（植物はアグロバクテリウムを介して遺伝子導入するのが一般的であるため，事情が異なる）．TALENとssODNを用いたノックインのストラテジーについては，マウスでの実験例が実践編4に記載されており，TALENおよびssODNの設計についても詳説されているため，ここでは省略する．CRISPR/Cas9の場合は，変異を導入する部位がgRNAの認識配列と被るように設計できればベストであるが，PAMの制約やゲノム上の相同性などから，設計が困難な場合もあるだろう．ターゲティングベクターを用いた遺伝子ノックインは，基本編2の表1に示すように，植物では多くの報告があるものの，動物ではいまだハードルが高い実験であり，確立したストラテジーを提案できる状況にないため，本稿では解説しない．

2）培養細胞での遺伝子ノックイン

培養細胞では，1-2）にも記載したように，ピューロマイシンやネオマイシンなどの薬剤選抜が使用できるため，ターゲティングベクターを用いたノックインは至極現実的な選択肢である．逆に言えば，セレクションを介さないノックインは今のところ効率が悪く，ssODNによるノックインも使用を推奨できる状況とは言えない．ノックインの目的は，これまでわれわれが多数の研究者から相談を受けてきた経験上，大別して2種類に分類できる．1つは疾患モデル変異などのSNPの導入および修正[3]，もう1つはGFPなどのレポーター遺伝子の挿入[4]である．

目的のSNPやレポーター遺伝子を導入すること自体は，原理的にはいずれもさほど難しくないが，前述のようにいったんセレクションカセットをノックインすることを前提として考えると，事態は複雑となる．SNP改変の場合は，目的の塩基置換部位がイントロンに近い位置にあれば，イントロンにloxPで挟んだセレクションカセットを放り込みつつ，目的の塩基置換をホモロジーアーム中に忍ばせておくことで対応できる（図3）．レポーター遺伝子を挿入するケースでは，内在の終止コドンの直前に挿入する場合が多いが，この場合は3′UTRに相当する領域にloxPで挟んだカセットを挿入することになるだろう．いずれの場合もloxPの配列が痕跡として残ることとなるため，カセットの挿入位置が何らかの調節領域に相当しないことを祈りつつ実験を行うこととなる．

どうしても痕跡を残したくない場合や，目的の塩基置換部位が長いエキソンの中程に位置する場合などでは，カセットの除去をCre-loxやFLP-FRTではなくPiggyBacによって行う[5)6)]か，2段階のTALEN・CRISPR/Cas9処理によって除去する[7]方法を取る．ただしPiggyBac法ではTTAAの配列を必要とする他，ゲノム上の位置によってはカセット除去の効率が低いケースもある．2段階セレクション法は確実ではあるものの操作が煩雑である点が難点である．

最も困るのは，セレクションカセットを挿入することによって一時的にでも遺伝子の機能が損なわれると，

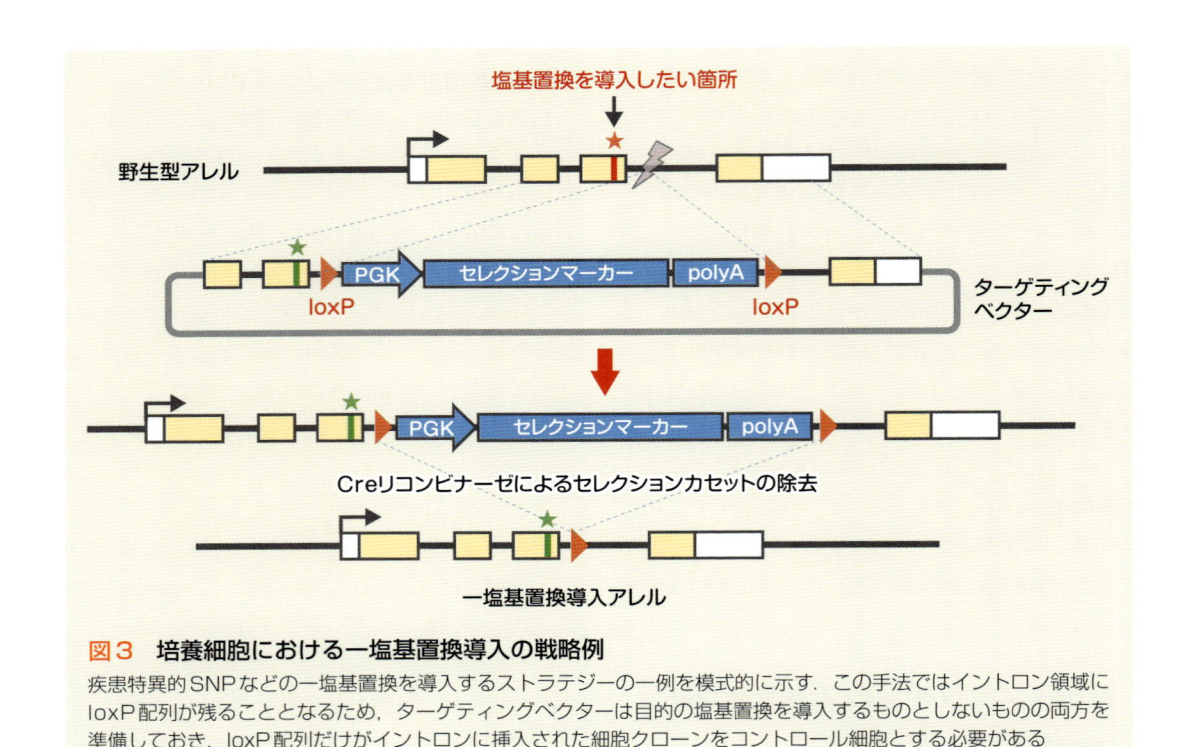

図3 培養細胞における一塩基置換導入の戦略例
疾患特異的SNPなどの一塩基置換を導入するストラテジーの一例を模式的に示す．この手法ではイントロン領域にloxP配列が残ることとなるため，ターゲティングベクターは目的の塩基置換を導入するものとしないものの両方を準備しておき，loxP配列だけがイントロンに挿入された細胞クローンをコントロール細胞とする必要がある

細胞が致死になる場合である．このケースでは，目的の編集部位の近傍にセレクションカセットを放り込みつつ改変するというストラテジーがそもそも取れず，前記のいずれの方法でも対応することができない．この場合は，かなり人工的にはなるが，目的の塩基置換などを導入したcDNAを作製し，それを内在の開始コドンの位置に挿入するか，いずれかのエキソンに融合させるか，スプライシングアクセプター/ドナーを付加した人工のエキソンを挿入させるかのいずれかで，目的の配列の転写産物が生成されるように改変する．この手法は，いろいろなエキソンに散らばった複数のタイプの疾患特異的SNPの影響をそれぞれ検討したい場合にも有効である．各箇所の近傍を切断できるTALENやCRISPR/Cas9をそれぞれ別個に作製するのは大変だが，この手法であればノックインする位置は毎回同じであり，挿入するcDNA配列を変えてやればよいだけである．しかし当然ながらスプライシングバリアントの存在は無視することとなり，イントロンやUTRなどに存在する調節領域の影響も受けにくくなるため，厳密な実験とは言えなくなってしまう．

このように，培養細胞では，薬剤選抜が使用可能であることが最大のメリットであり，同時に最大の悩みの種でもある．またどの細胞種でも同じ効率でノックインが実現できるわけではなく，何度試みても全く組換え細胞が取れない，あるいはどうしても片アレルにしかノックインできないといった相談を受けることもままある．これらの問題をいかに解決するかが，培養細胞におけるゲノム編集の今後の課題と言えるだろう．

おわりに

ゲノム編集技術は，かつて開発者を大いに悩ませた標的配列の自由度の低さや作製法の煩雑さ，切断活性の不充分さといった問題を次々と克服し，ツールとして発展途上であった状況はもはや過ぎ去ったといって

も過言ではない．しかし汎用性が上がったからこそ，どこをどのようにターゲティングするかの判断は各研究者に委ねられることとなり，また論文を発表する際に求められる技術レベルも日増しに上がっていることをわれわれは肌で感じている．ゲノム編集分野に新規参入する研究者にとっては，たとえ技術導入が容易であっても，それをどう使いこなすかのノウハウは，一朝一夕に得られるものではないだろう．

われわれは，2012年2月よりゲノム編集コンソーシアム[※1]を立ち上げ，日本国内におけるゲノム編集技術の啓蒙と普及，人材育成に努めてきた．2014年にはゲノム編集学会の発足も視野に入れており，わが国における本技術のますますの広がりを期待している．われわれの活動が，これからゲノム編集分野に足を踏み入れる研究者の背中を押す手助けとなれば幸いである．

まずは46ページより記載する「**実践編1 TALENとCRISPR/Cas9の設計法および作製法**」を参考に，最先端のゲノム編集ツールを自らの手でつくり出し，ゲノム編集の世界へと通じる扉を開いていただきたい．

◆ 文献

1) 落合 博ら：実験医学，31：95-100, 2013
2) Sakuma, T. & Woltjen, K.：Dev. Growth Differ., 56：2-13, 2014
3) Soldner, F. et al.：Cell, 146：318-331, 2011
4) Hockemeyer, D. et al.：Nat. Biotechnol., 29：731-734, 2011
5) Yusa, K. et al.：Nature, 478：391-394, 2011
6) Yusa, K.：Nat. Protoc., 8：2061-2078, 2013
7) Ochiai, H. et al.：Proc. Natl. Acad. Sci. USA, 111：1461-1466, 2014

※1 ゲノム編集コンソーシアム
山本 卓（広島大学）を運営代表とし，ゲノム編集に関する最新情報の提供や技術相談への対応を行っている他，技術講習会および研究会を定期的に開催している．研究会は今後規模を拡大し，学会としての開催を計画している．ホームページは右記．

ゲノム編集コンソーシアムHP（「ゲノム編集」のキーワードで検索可）：http://www.mls.sci.hiroshima-u.ac.jp/smg/genome_editing/index.html

Column
~先端的アプリケーション紹介~

TALやCRISPRを用いたenChIP法による特定ゲノム領域の単離と結合分子の同定

藤井穂高

はじめに

転写やエピジェネティック制御などの重要なゲノム機能発現の分子機構の解明には、当該ゲノム領域に結合している分子の同定が必須である。われわれの研究グループは、分子間相互作用を保持したまま、特定ゲノム領域を単離する新規方法としてiChIP（insertional chromatin immuno-precipitation）法を開発した[1)~4)]。iChIP法は、標的ゲノム領域にLexAタンパク質などの外来性DNA結合分子の認識配列を挿入し、タグ付き外来性DNA結合分子を利用して標的ゲノム領域を単離する方法である（詳細は総説など[4)~6)]を参照）。最近、われわれの研究グループは、近年の人工DNA結合分子合成技術の進展を利用して、Znフィンガータンパク質やTALタンパク質、酵素活性をもたないCas9（dCas9）を利用したCRISPR系などを用いたenChIP（engineered DNA-binding molecule-mediated chromatin immunoprecipitation）法を新たに開発した[7)8)]ので、その概要を紹介する。

enChIP法の原理

分子間相互作用を保持したまま特定ゲノム領域を生化学的に解析するために、人工DNA結合分子合成技術を利用して、特定ゲノム領域を単離する方法としてわれわれが開発したのがenChIP法である（図1）。enChIP法は、①Znフィンガータンパク質、TALタンパク質、dCas9とガイドRNA（gRNA）複合体などの標的ゲノム配列に結合する人工DNA結合分子にタグを付けた融合分子を標的細胞に発現、②必要があれば、ホルムアルデヒドなどの架橋剤でクロスリンク後、超音波処理または制限酵素処理などによりゲノムDNAを断片化、③前記タグを認識する抗体による免疫沈降により、前記融合分子が結合したDNA-タンパク質複合体を単離、④クロスリンクをはずし、複合体中のタンパク質・DNA・RNAを同定、という手順による（図1）。enChIP法は、iChIP法と異なり、外来性DNA結合分子の認識配列を標的ゲノム領域に挿入する必要がなく、特定ゲノム領域の単離が飛躍的に簡便化された。

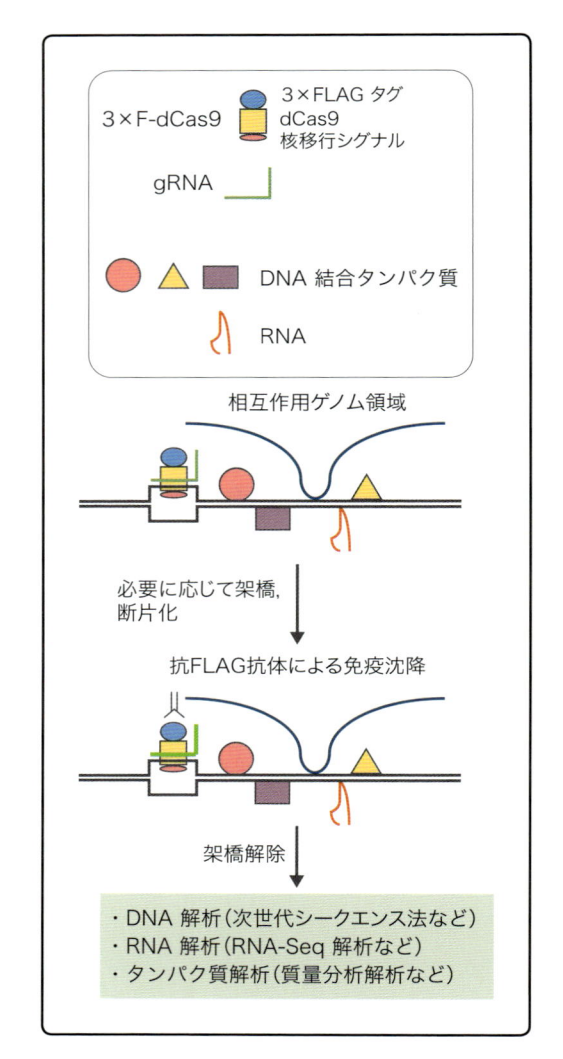

図1　enChIP法のスキーム
文献7より引用

enChIP法の応用

以下にenChIP法の応用例をあげる．

1）enChIP-Seq法

近年，ゲノム領域間の相互作用が転写などのゲノム機能発現に重要な役割を果たしていることが示唆されており，3C（chromosome conformation capture）法およびその派生法が広く使われている．しかし，3C法では，クロスリンク下という非最適条件下で制限酵素処理やリガーゼ処理を行わなければならず，検出された相互作用の精度に関しては，議論のあるところである．enChIP法と次世代シークエンス法を用いることによって，標的ゲノム領域と相互作用するゲノム領域を同定することができる．enChIP法は，酵素反応を含まずに実施できることから，非生理的な相互作用を検出する可能性が低い．また，操作自体は通常のChIP-Seq法と同じであることから，特別な操作なしに実施できる．

2）enChIP-RNA-Seq法・enChIP-マイクロアレイ法

近年，ゲノム領域と相互作用しているRNA，特にlncRNAとよばれる長鎖non-coding RNAが，ゲノム機能発現に重要な役割を果たしていることが示唆されている．したがって，特定ゲノム領域に結合しているRNAを同定することは，ゲノム機能の発現機構を解明するために重要である．enChIP法と，RNA-Seq法もしくはマイクロアレイ法を組み合わせることにより，特定ゲノム領域に結合しているRNAを同定することが可能である．

3）enChIP-MS法

プロモーターやエンハンサーに結合している転写因子の同定といった，特定ゲノム領域結合タンパク質の探索には長い歴史があり，これまでに多くの成果があがっている．しかし，従来，特定ゲノム領域結合タンパク質の探索は，試験管内でのアフィニティー精製や，酵母を用いたOne-Hybrid法といった非生理的条件下で行うしかなく，そのため，検出した相互作用が，実際に細胞中で起きているかどうかの確認に長い時間と大きな労力を必要としてきた．enChIP法と質量分析（MS）解析を組み合わせることによって，特定ゲノム領域に結合しているタンパク質の直接的な同定が可能となった．これによって，生理的意義をもつゲノム機能制御タンパク質の同定が飛躍的に高速化されることが期待される．

おわりに

TALタンパク質やCRISPR系などの人工DNA結合分子合成技術は非常にホットな分野である．今回記載したenChIP法は，人工DNA結合分子合成技術の新しい応用分野（遺伝子座特異的クロマチン免疫沈降法：locus-specific ChIP）の開拓である点にオリジナリティーがあると自負している．実施のためのプラスミドはAddgeneの筆者の研究室のページ（https://www.addgene.org/Hodaka_Fujii/）を通じて配布しており，また，プロトコールなどは筆者の研究室ホームページ（http://www.biken.osaka-u.ac.jp/lab/microimm/fujii/index.html）に掲載している．興味をもたれた研究者の方は，遠慮なく問い合わせていただきたい．

◆ 文献

1) Hoshino, A. & Fujii, H.：J. Biosci. Bioeng., 108：446-449, 2009
2) Fujita, T. & Fujii, H.：PLoS ONE, 6：e26109, 2011
3) Fujita, T. & Fujii, H.：Adv. Biosci. Biotechnol., 3：626-629, 2012
4) Fujita, T. & Fujii, H.：ISRN Biochem., 2013：Article ID 913273, 2013
5) 藤田敏次, 藤井穂高：実験医学, 31：2629-2636, 2013
6) 藤井穂高：遺伝子医学Mook『エピジェネティクスと病気』（佐々木裕之 他/編），254-259, メディカルドゥ, 2013
7) Fujita, T. & Fujii, H.：Biochem. Biophys. Res. Commun., 439：132-136, 2013
8) Fujita, T. et al.：Sci. Rep., 3：3171, 2013

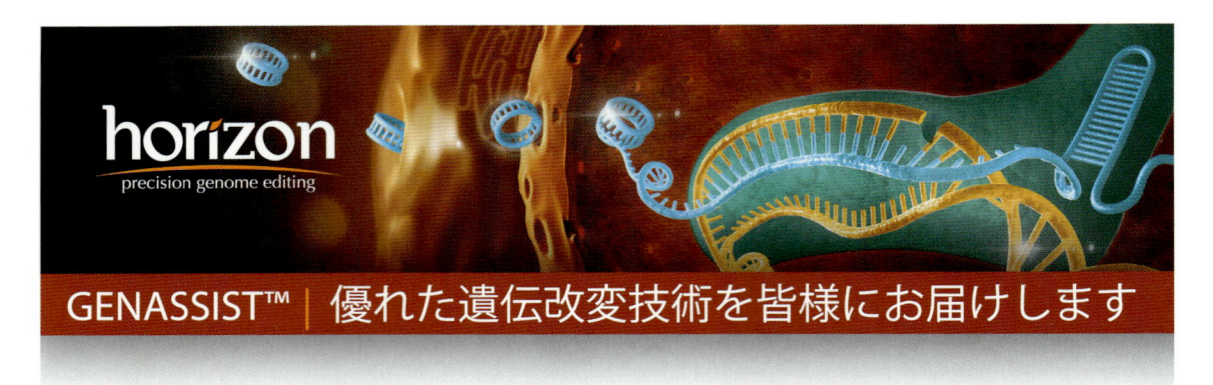

horizon
precision genome editing

GENASSIST™ | 優れた遺伝改変技術を皆様にお届けします

GENASSIST™ PRECISION GENOME EDITING TOOLS

GENASSIST™ は、Horizon Discoveryが提供するCRISPR, rAAVを用いた遺伝子改変キット、およびサービスの総称です。

新たな遺伝子改変細胞株を作製される研究者の皆様のために、Horizon Discoveryでは皆様の希望に応じた様々な遺伝子改変を可能にするためのアッセイキット、およびサービスをご提供いたします。

GENASSIST™ では以下の製品、サービスをご提供いたします

- Cas9プラスミド（野生型、Nickaseタイプ、および ガイドRNAを含むAll in One）
- ガイドRNAクローニング用プラスミド
- ガイドRNAのデザインおよびバリデーション
- ノックアウト用 CRISPR-ready 細胞株 、および 強制発現用 LoxP-ready 細胞株 作製キット
- ノックイン細胞株作製のための ドナー配列デザイン、およびドナープラスミド、ドナーrAAVの作製
- CRISPR-ready 細胞株 、および LoxP-ready 細胞株
- レポータードナー（NanoLuc®, HaloTag®；Promega社）
- カスタマーサポート

皆様のラボで、あらゆる遺伝子改変を！

- Point Mutations
- Gene Knockouts
- Deletions
- Insertions
- Translocations
- Amplifications

GENASSIST™ の詳細はHorizon Discoveryホームページをご覧ください。

www.horizondiscovery.com/GENASSIST

同社ホームページでは他にもさまざまな製品やサービスのご紹介がございます。

【輸入代理店】住商ファーマインターナショナル株式会社　ATCC事業グループ　**SPI** Summit Pharmaceuticals International

〒104-6223　東京都中央区晴海1丁目8番12号晴海トリトンスクエア　オフィスタワーZ棟
TEL：03-3536-8640　FAX：03-3536-8641　E-mail：atcc@summitpharma.co.jp　Web：http://www.summitpharma.co.jp/

実践編

― プロトコールと実験例 ―

ゲノム編集ツールの作製法 46
培養細胞でのゲノム編集 62
マウス・ラットでのゲノム編集 83
その他のモデル生物でのゲノム編集 122

実践編

ゲノム編集ツールの作製法

1 TALENとCRISPR/Cas9の設計法および作製法

佐久間哲史

TALENやCRISPR/Cas9は，いくつかのメーカーから商業的に入手することもできるが，アカデミックな用途であれば，Addgeneから配布されている作製キットやベクターを取り寄せて自作するほうが遥かに安上がりである．本稿では，これらの材料を用いて，研究者自身がTALENおよびCRISPR/Cas9を設計・作製するためのプロトコールを紹介する．

■ はじめに

　本書を手にする研究者の大半は，多少なりとも分子生物学実験の経験があることだろう．そしてラボには少なくとも最低限の実験設備（遠心機やアガロースゲル電気泳動装置，サーマルサイクラーなど）があるだろう．それならば，TALENやCRISPR/Cas9は必ず自作できると断言してよい．と言うのも，TALENの作製法は出来合いのプラスミドを連結していくだけ，CRISPR/Cas9に至っては，たった1つのプラスミドに合成オリゴDNAをアニーリングして挿入するだけである．コドン頻度などの問題でシステム自体に改変を加える必要がある場合は別として，Addgeneから配布されているプラスミドを用いて，確立されたプロトコールに従って作製する分には，何ら不安要素はない．特に最近では自作用のプラスミドにもさまざまな改良が加わり，作製効率も成功率も，以前と比べると格段に上昇しているため，TALENにせよCRISPR/Cas9にせよ，作製段階で大きく躓くことはまずないだろう．

　本稿で紹介するTALENおよびCRISPR/Cas9の作製法は，それぞれ基本編3で解説したPlatinum Gate TALEN Kit[1]およびpX330ベクター[2]（ともにAddgeneより入手可能）を用いた作製プロトコールである．前半でTALENの設計法・作製法を，後半でCRISPR/Cas9の設計法・作製法を，それぞれの実施例とともに紹介する．

■ TALENの設計法と作製法

　「はじめに」の項に記載したように，TALENの作製法は，ベクターバックボーンやTALENの構造自体に改変を加えない場合，キットに含まれるプラスミドを単純に連結していくだけである．必要となる部品がキットの中にすべて含まれるため，CRISPR/Cas9のように毎回合成オリゴを注文する必要がないのがメリットであるが，最初に全種類のプラスミド（「**準備**」の項に記載する35種類）を抽出・精製する必要があるため，システムを立ち上げる際に多少の労力が

必要となる．ただしアセンブリーに使用するプラスミドの量はごくわずか（1サンプルあたり数ng以下）であるため，プラスミドの調製はすべて3 mL程度の少量培地からのミニプレップで充分であり，膨大な数のTALENを構築しない限り，プラスミドを取り直す必要はまずない．

作製のタイムラインは，標的配列を決定したその日に一段階目のアセンブリーを開始したとして，4つ以下のモジュールが組込まれたプラスミドを得られるのが2日後である．その日に二段階目のアセンブリーを開始すれば，さらにその2日後にはTALENプラスミドが完成する．すなわち，作製を開始してからTALENプラスミドを得るまでに要する日数は，最短で5日間である．

準備

大腸菌コンピテントセル

- [ ] XL1-BlueあるいはXL10-Gold
- [ ] SURE2あるいはStbl3

  モジュール連結後のTALENプラスミドは，高度なリピート配列を有するため，使用する大腸菌株には注意を払う必要がある．われわれは，アセンブリー段階では（コンピテンシーや収量の関係で）XL1-BlueあるいはXL10-Goldを使用しているが，作製したTALENプラスミドをもう一度形質転換して増やし直す際には，SURE2あるいはStbl3を使用するようにしている．

プラスミド

Platinum Gate TALEN Kit（Addgene）；以下の35種類のプラスミドが含まれる．

- [ ] モジュールプラスミド（計16種類，アンピシリン耐性）
  - p1HD, p2HD, p3HD, p4HD
  - p1NG, p2NG, p3NG, p4NG
  - p1NI, p2NI, p3NI, p4NI
  - p1NN, p2NN, p3NN, p4NN
- [ ] アレイプラスミド（計11種類，スペクチノマイシン耐性）
  - pFUS2_a1a, a2a, a2b, a3a, a3b, a4a, a4b
  - pFUS2_b1, b2, b3, b4
- [ ] 最終ベクター（計8種類，アンピシリン耐性）
  - ptCMV-136/63-VR-HD, NG, NI, NN
  - ptCMV-153/47-VR-HD, NG, NI, NN

  モジュールプラスミドはそれぞれ単一のDNA結合ドメインを含んでおり，1段階目のGolden Gate反応（STEP1）のインサートとして使用する．アレイプラスミドは中間ベクターであり，STEP1のベクターとして使用する．最終ベクターは，2段階目のGolden Gate反応（STEP2）のベクターとして使用し，この中に各モジュールを組込んだアレイを挿入する．なお最終ベクターにはあらかじめDNA結合ドメインの最終リピートが組込まれている（詳細は基本編3を参照のこと）．

プライマー
- ☐ STEP1のコロニーPCR用プライマー
  - ・pCR8_F1：5′-TTGATGCCTGGCAGTTCCCT-3′
  - ・pCR8_R1：5′-CGAACCGAACAGGCTTATGT-3′
- ☐ STEP2のコロニーPCR用プライマー
  - ・TALE-Fv2：5′-GAGCACCCCTCAACCTGACCCC-3′
  - ・TALE-R：5′-CTCGAAAGCTGGGCCACGATTG-3′

酵素・キット類
- ☐ DNAリガーゼ：Quick Ligation Kit（#M2200S，New England Biolabs社）
  バッファーは付属の2×バッファーではなく，T4 DNA Ligase（#M0202S，New England Biolabs社など）に付属する10×バッファーを使用している．バッファーのみを購入することも可能（#B0202S）．
- ☐ 制限酵素
  - ・BsaⅠ-HF（#R3535S，New England Biolabs社）
  - ・Esp3I（#ER0451，サーモフィッシャーサイエンティフィック社）
  - ・MscⅠ（#R0534S，New England Biolabs社）
- ☐ PCR酵素：HybriPol DNA Polymerase（Bioline社）
  現在は販売中止となっており，代替品としてMyTaq DNA Polymerase（#BIO-21105）などが使用可能と思われる．
- ☐ プラスミド抽出キット：GenElute HP Plasmid Miniprep Kit（#NA0160-1KT，シグマ アルドリッチ社）
  Golden Gate反応ではプラスミドの純度がきわめて重要である．筆者らは上記キットの他，ライフテクノロジーズ社のChargeSwitch-Pro Plasmid Miniprep Kit（#CS30250）も使用可能であることを確認している．

その他試薬類（以下は分子生物学グレードであればメーカーは問わない）
- ☐ 抗生物質（アンピシリン，スペクチノマイシン）
- ☐ ジチオトレイトール（DTT）
- ☐ イソプロピル-β-チオガラクトピラノシド（IPTG）
- ☐ 5-ブロモ-4-クロロ-3-インドリル-β-D-ガラクトピラノシド（X-gal）
- ☐ LB（Luria-Bertani）培地

プロトコール

1. TALENの設計

TALENの標的配列の設計には，米国コーネル大学のウェブサイトにて公開されているTAL Effector Nucleotide Targeter（TALE-NT）2.0[3]上のウェブツールである「TALEN Targeter」（https://tale-nt.cac.cornell.edu/node/add/talen/）を利用する．

❶ 標的とするゲノム配列をFASTA形式で画面上に貼り付ける
パラメーターの設計条件にもよるが，通常数百bp分もあれば充分な数の標的候補が得られる．

❷「Provide Custom Spacer/RVD Lengths」タブを選択し，任意のスペーサー長（「Spacer」）およびリピート数（「Repeat Array」）を指定する

　　われわれの推奨条件は，136/63タイプの最終ベクターを使用する場合のスペーサー長が17前後（15〜19程度），153/47タイプの最終ベクターを使用する場合のスペーサー長が15前後（12〜16程度）であり，リピート数はいずれのタイプでも17前後（15〜20程度）である．なお，136/63タイプは安定して高い活性が出やすい傾向があり，153/47タイプは比較的毒性が低いものの，高い活性のTALENを得られる確率が若干劣る．

❸「G Substitute」はNN，「Filter Options」はShow all TALEN pairs (include redundant TALENs)，「Streubel et al. guidelines」[4]はOnに，それぞれ設定する

　　その他のパラメーターは変更せず，「Submit」ボタンを押して検索を開始する．

❹ 適切な候補配列が得られない場合は，「Streubel et al. guidelines」の項目をOffにして再検索する

　　検索が完了すると，ブラウザの画面上に検索結果のテーブルが表示されるが，筆者は「Result File (Tab-Delimited)」のリンク (fileXXXXXX.txt) からダウンロードできるファイルを保存して閲覧することを推奨する．これにより，データを管理しやすくなるだけでなく，ブラウザの画面上のテーブルには表示されない情報を得ることができる．

　　なおこのファイルはテキストファイル形式になっているが，タブ情報が含まれているため，保存したファイルをエクセルの画面上にドラッグアンドドロップすることで，テーブルとして閲覧・編集することができる．

　　一例として，ヒト*HPRT1*遺伝子の第4エキソンの配列（66 bp）を用いて，リピート数15〜20，スペーサー長12〜16で検索した結果の一部を図1に示す．

　　1行目に表示設定（変更不可），2行目に設定したパラメーターが表示されており，3行目以下に検索結果が示される．左から順に，以下の情報を表している．

・Sequence Name：入力した遺伝子名
・Cut Site：DSBが導入される目安の位置
・TAL1 start：左側のTALENの認識配列の開始位置
・TAL2 start：右側のTALENの認識配列の開始位置（プラス鎖で考えれば終了位置）
・TAL1 length：左側のTALENのリピート数
・TAL2 length：右側のTALENのリピート数
・Spacer length：スペーサーの長さ
・Spacer range：スペーサー配列の塩基番号
・TAL1 RVDs：左側のTALENのRVDの並び
・TAL2 RVDs：右側のTALENのRVDの並び
・Plus strand sequence：標的配列全体のプラス鎖の塩基配列[*1]
・Unique RE sites in spacer：スペーサー配列内のユニークな制限酵素サイト[*2]
・% RVDs HD or NN/NH：すべてのモジュールに含まれるHDおよびNN/NHの割合

　　以上の情報を元に，最も適当な標的配列を決定する．どの候補配列が最も適切であるかの判断基準は，実験目的次第である．例えばssODNを用いた一塩基置換の導入（基本編2および実践編4に記載）が目的であれば，Cut Siteが目的の塩基置換部位となるべく近いものを選ぶのがよい．少しでも特異性が高いものを選びたい場合は，TAL1 lengthおよびTAL2

options_used:array_min = 15, array_max = 20, spacer_min = 12, spacer_max = 16, upstream_base = T												
Sequence Name	Cut Site	TAL1 start	TAL2 start	TAL1 length	TAL2 length	Spacer length	Spacer range	TAL1 RVDs	TAL2 RVDs	Plus strand sequence	Unique RE sites in spacer	% RVDs HD or NN/NH
HPRT1_ex4	24	3	49	15	20	12	18–29	NN NI HD HD	NN NI NN NI NN	T GACCAGTCAACAGG	none	51
HPRT1_ex4	24	3	50	15	20	13	18–30	NN NI HD HD	NG NN NI NN NI	T GACCAGTCAACAGG	none	51
HPRT1_ex4	24	3	49	15	19	13	18–30	NN NI HD HD	NN NI NN NI N	T GACCAGTCAACAGG	none	53
HPRT1_ex4	25	3	50	16	20	12	19–30	NN NI HD HD	NG NN NI NN NI	T GACCAGTCAACAGG	none	53
HPRT1_ex4	25	3	49	16	19	12	19–30	NN NI HD HD	NN NI NN NI N	T GACCAGTCAACAGG	none	54
HPRT1_ex4	25	3	50	16	19	13	19–31	NN NI HD HD	NG NN NI NN NI	T GACCAGTCAACAGG	none	54
HPRT1_ex4	25	3	49	16	18	13	19–31	NN NI HD HD	NN NI NN NI N	T GACCAGTCAACAGG	none	56
HPRT1_ex4	25	3	50	15	19	14	18–31	NN NI HD HD	NG NN NI NN NI	T GACCAGTCAACAGG	none	53
HPRT1_ex4	25	3	49	15	18	14	18–31	NN NI HD HD	NN NI NN NI N	T GACCAGTCAACAGG	none	55
HPRT1_ex4	25	3	50	15	18	15	18–32	NN NI HD HD	NG NN NI NN NI	T GACCAGTCAACAGG	MluCI:AATT Tsp509I:AATT	55
HPRT1_ex4	25	3	49	15	17	15	18–32	NN NI HD HD	NN NI NN NI N	T GACCAGTCAACAGG	MluCI:AATT Tsp509I:AATT	56
HPRT1_ex4	26	3	50	17	19	12	20–31	NN NI HD HD	NG NN NI NN NI	T GACCAGTCAACAGG	none	53
HPRT1_ex4	26	3	49	17	18	12	20–31	NN NI HD HD	NN NI NN NI N	T GACCAGTCAACAGG	none	54

図1　TALEN Targeter を用いた標的配列の検索結果の例

lengthがなるべく長いものを選ぶのも1つの考え方である．反対に，作業効率を優先したい場合は，アレイプラスミドの種類が少なくて済む15〜17モジュールのものを選ぶとよい（図2）．

＊1　大文字でTALENが認識する配列を，小文字でスペーサー配列が示される．ただし左端のTおよび右端のAは，DNA結合モジュールが認識する塩基ではなく，TALEのN末ドメインが認識する塩基である．設計の際に「Upstream Base」のパラメーターを変更していなければ，左端は必ずTとなり，右端は必ずAとなる．

＊2　RFLP解析（基本編4に記載）を予定している場合は，このパラメーターが重要となる．

2. TALENの作製

1）プラスミド類の準備

Platinum Gate TALEN KitをAddgeneより購入し，各グリセロールストックからプラスミドを抽出する．これらはすべてGolden Gate反応に使用するため，アルカリSDS法などを用いたマニュアルでの抽出は好ましくなく，スピンカラム方式の精製キットを使用するほうがよい．モジュールプラスミドと最終ベクターは50 ng/μLに，アレイプラスミドは25 ng/μLに調製する．

2）Golden Gate 法によるモジュールのアセンブリー（STEP1）

1で選定した標的配列に対応するDNA結合モジュールの連結を行う．Platinum Gate TALEN Kitでは，最終的に6〜21モジュールを有するTALENを作製することが可能であり，目的のモジュール数に応じてSTEP1で選択するアレイベクターの組み合わせを変える必要がある．モジュール数とベクター構成の対応表を図2に示す．

参考例として，ヒトの*HPRT1*遺伝子を標的としたTALEN（*HPRT1*_B TALEN[1]；下記）を作製する場合のモジュールプラスミドとアレイプラスミドの組み合わせを記載する．標的配列は下記の通りであり，モジュール数はLeft TALENが20，Right TALENが17である．

*HPRT1*_B TALEN

　　　　　　　Left TALEN
　　5′-CCATTCCTATGACTGTAGAT TTTATCAGACTGAAG AGCTATTGTGTGAGTAT-3′
　　3′-GGTAAGGATACTGACATCTA AAATAGTCTGACTTC TCGATAACACACTCATA-5′
　　　　　　　　　　　　　　　　　　　　　　　　　　Right TALEN

			pFUS2_b1-b4	Last repeat[※2]
6〜9 modules:	pFUS2_a1a 4	+	(1〜4) +	1
10〜13 modules:	pFUS2_a2a _a2b 4 + 4	+	(1〜4) +	1
14〜17 modules:	pFUS2_a3a _a3b _a3c[※1] 4 + 4 + 4	+	(1〜4) +	1
18〜21 modules:	pFUS2_a4a _a4b _a4c[※1] _a4d[※1] 4 + 4 + 4 + 4	+	(1〜4) +	1

図2　STEP1におけるモジュール数とアレイベクターの対応表

※1　a3c，a4c，a4dは便宜上の名称であり，実際にはa3c = a2b，a4c = a3b，a4d = a2bである
※2　最終リピートはSTEP2で使用する最終ベクターに含まれるため，STEP1のアセンブリーでは考慮に入れない

Left	ベクター	pFUS2_a4a	pFUS2_a4b	pFUS2_a3b	pFUS2_a2b	pFUS2_b3
	インサート[※]	p1HD p2HD p3NI p4NG (C-C-A-T)	p1NG p2HD p3HD p4NG (T-C-C-T)	p1NI p2NG p3NN p4NI (A-T-G-A)	p1HD p2NG p3NN p4NG (C-T-G-T)	p1NI p2NN p3NI (A-G-A)
Right	ベクター	pFUS2_a3a	pFUS2_a3b		pFUS2_a2b	pFUS2_b4
	インサート[※]	p1NI p2NG p3NI p4HD (A-T-A-C)	p1NG p2HD p3NI p4HD (T-C-A-C)		p1NI p2HD p3NI p4NI (A-C-A-A)	p1NG p2NI p3NN p4HD (T-A-G-C)

図3　*HPRT1*_B TALEN作製時のベクター・インサートの組み合わせ（STEP1）
※　括弧内は認識する塩基配列を示す

この場合，STEP1のベクター・インサートの組み合わせは図3の通りとなる（最終リピートを除外して作成する点に注意）．上記のような"設計図"を準備したうえで，以下の作業を行う．

❶ PCRチューブ内で以下の組成の反応液を調製する．まず四角で囲った3種類の溶液以外を，全サンプル分チューブに加えていき，最後に四角内の酵素・バッファーについて必要量分のプレミックスを作製し，0.4 μLずつ各サンプルに添加するとよい

Golden Gate反応（STEP1）

モジュールの数：	1	2	3	4
pFUS2ベクター（25 ng/μL）	0.3			
モジュールプラスミド（50 ng/μL）	0.3 × 1	0.3 × 2	0.3 × 3	0.3 × 4
10 × T4 DNA Ligaseバッファー	0.2			
BsaI-HF	0.1	プレミックス		
Quick Ligase	0.1			
滅菌水	1	0.7	0.4	(0.1) [*4]
Total	2（μL）[*3]			

*3　この条件でうまく動かない場合は，4〜10 μLにスケールアップする．
*4　微量のためゼロとしてよい（次ページのSTEP2においても同様）．

❷ 上記の反応液を含むPCRチューブをサーマルサイクラーにセットし，以下のプログラムを実行する

(37℃, 5分 → 16℃, 10分) × 3 *4 → 4℃, ∞

*4 この条件でうまく動かない場合は，サイクル数を増やす．

❸ チューブを取り出し，下記のプレミックスを作製して各サンプルに加える．バッファーとBsaI-HFに付属するが，付属のBSA溶液は100×であるため，あらかじめ10×の溶液を調製しておく必要がある

10×NEBバッファー4	0.25 μL
10×BSA溶液	0.25 μL
BsaI-HF	0.1 μL

❹ 再びサーマルサイクラーにチューブをセットし，以下のプログラムを実行する

50℃, 30分 → 80℃, 5分 → 4℃, ∞

❺ チューブを取り出し，反応産物の一部（0.5〜1 μL程度でよい）を直接大腸菌（XL1-BlueやXL10-Goldなど）に形質転換し，X-gal/IPTGを含むスペクチノマイシンプレート上で一晩培養する

3） コロニーPCRによるSTEP1クローンのスクリーニング

2）で得られたプレートから白色を呈するコロニーを拾い，コロニーPCRによって目的のクローンを選別する．コロニーPCRは，**準備**の項に記したpCR8_F1プライマーおよびpCR8_R1プライマーを用いて，一般的なPCR酵素で増幅すればよい．アニーリング温度は55℃，サイクル数は27サイクル程度が目安である．

正しいサイズにバンドが出たクローンをそれぞれ一晩ミニカルチャーし，精製キットを用いてプラスミドを抽出する．濃度を定量後，50 ng/μLに合わせておく．

4） Golden Gate法によるモジュールのアセンブリー（STEP2）

3）で得られた1〜4モジュール連結プラスミドを用いて，Golden Gate法により2段階目のアセンブリーを行う．基本はSTEP1と同様の操作であるが，使用する酵素や反応組成，反応条件が少しずつ異なる．

❶ PCRチューブ内で以下の組成の反応液を調製する．まず四角で囲った3種類の溶液以外を，全サンプル分チューブに加えていき，最後に四角内の酵素・バッファーについて必要量分のプレミックスを作製し，0.8 μLずつ各サンプルに添加するとよい

Golden Gate反応（STEP2）

アレイプラスミドの種類：	a1a	a2a-a2b	a3a-a3c	a4a-a4d
pFUS2_aプラスミド（50 ng/μL）	0.6	0.6 × 2	0.6 × 3	0.6 × 4
pFUS2_bプラスミド（50 ng/μL）	0.6			
最終ベクター*5（50 ng/μL）	0.3			
10×T4 DNA Ligaseバッファー	0.4			
Esp3I	0.2	プレミックス		
Quick Ligase	0.2			
滅菌水	1.7	1.1	0.5	(−0.1)
Total	4 (μL) *6			

*5 最終モジュールが認識する塩基（TALENの標的配列の最も内側に位置する塩基）によって，使用するベクターを変更する．前述の*HPRT1*_B TALENの場合は，Left, Rightともに最終モジュールがTを認識するため，NG型のベクターを用いる．

*6 この条件でうまく動かない場合は，10 μL程度までスケールアップする．

❷ 上記の反応液を含むPCRチューブをサーマルサイクラーにセットし，以下のプログラムを実行する

　　　（37℃，5分　→　16℃，10分）×6 *7　→　4℃，∞

*7 この条件でうまく動かない場合は，サイクル数を増やす．

❸ チューブを取り出し，下記のプレミックスを作製して各サンプルに加える．バッファーはEsp3Ⅰに付属するが，DTT溶液は付属しないため，別途準備しておく必要がある

　10×Tangoバッファー　　0.5 μL
　10 mM DTT溶液　　　　0.5 μL
　Esp3Ⅰ　　　　　　　　0.2 μL

❹ 再びサーマルサイクラーにチューブをセットし，以下のプログラムを実行する

　　　37℃，1時間　→　80℃，5分　→　4℃，∞

❺ チューブを取り出し，反応産物の一部（2 μL程度）を直接大腸菌（XL1-BlueやXL10-Goldなど）に形質転換し，X-gal/IPTGを含むアンピシリンプレート上で一晩培養する

5）コロニーPCRによるSTEP2クローンのスクリーニング

　STEP1と同様に，コロニーPCRによってうまく連結されたクローンをスクリーニングする．使用するプライマーは，いずれのベクターを用いる場合でも**準備**の項に記載したTALE-Fv2/TALE-Rの組み合わせでよい．アニーリング温度は66℃，サイクル数は27サイクル程度が目安である．実際の泳動像については**実験例**を参照のこと．

　正しいサイズにバンドが出たクローンをそれぞれ一晩ミニカルチャーし，精製キットを用いてプラスミドを抽出する．定量後，任意の濃度に調製する．

6）MscⅠによるモジュール連結のチェック

　通常，5）のコロニーPCRで目的のバンドパターンが現れれば，モジュールがうまく連結されていると判断して活性測定あるいは目的の実験に進んでしまって構わないが，はじめて実験を行う場合や活性測定の結果が信頼性に欠ける場合などには，MscⅠによるインサートチェックを行うとよい．この酵素でプラスミドを消化すると，NIモジュールの存在する位置のみで切断されるため，連結パターンを簡易的に確認することができる．詳細は**実験例**を参照のこと．

実験例

　　STEP1のコロニーPCR（**2**-3），STEP2のコロニーPCR（**2**-5）およびMscIチェック（**2**-6）の実施例を図4に示す．
　　図4A：STEP1のコロニーPCR像．目的のバンドサイズは，組込んだモジュールの数に応じて約100 bp単位で増減するが，厳密にはアレイプラスミドの種類にも依存する．よって同じ4モジュールを組込んだものでも，サンプル間で微妙にサイズが異なる．通常2クローン程度ずつ拾えば少なくとも1つは当たりが取れる．

A）STEP1 のコロニー PCR（**2**-3）

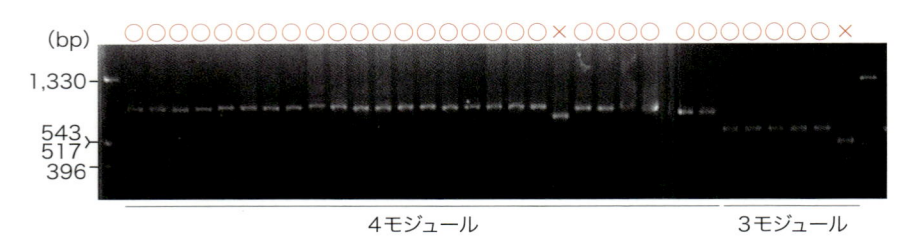

B）STEP2 のコロニー PCR（**2**-5）

C）MscI チェック（**2**-6）

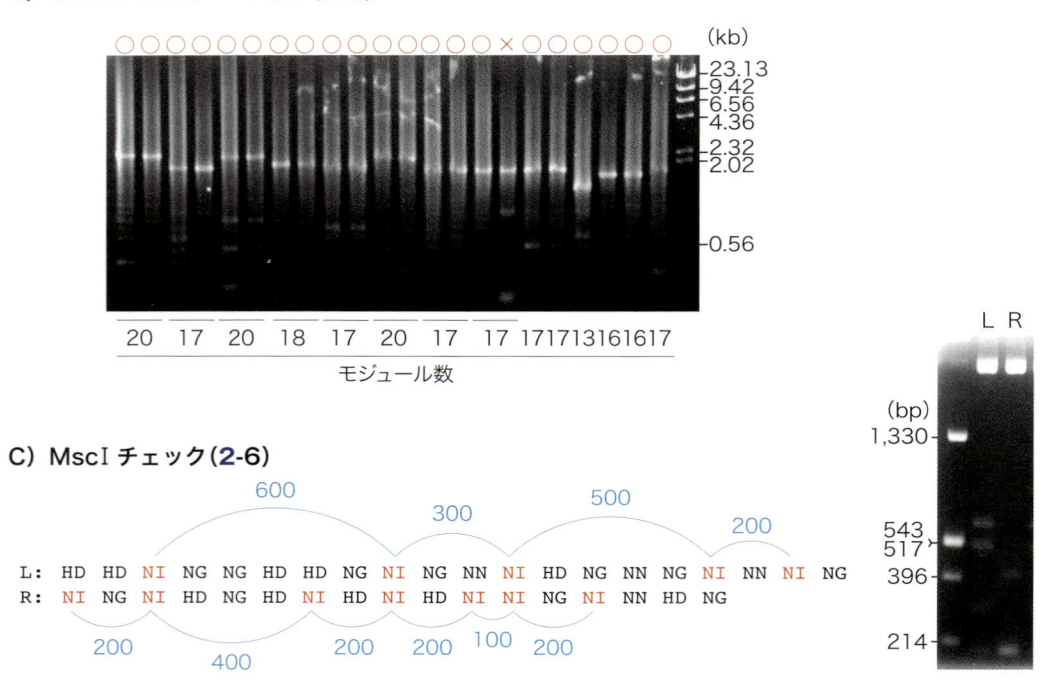

```
              600                    300              500
                                                              200
L: HD HD NI NG NG HD HD NG NI NG NN NI HD NG NN NG NI NN NI NG
R: NI NG NI HD NG HD NI HD NI HD NI NI NG NI NN HD NG
      200           400          200    200   100   200
```

図4　TALEN作製の実施例
STEP1，2のコロニーPCR産物およびMscI消化産物のアガロースゲル電気泳動像とMscI消化のイメージ図を示す．**A，B**）では○印で正しく連結されたクローンを，×印で誤って連結されたクローンを示している．**C**）のイメージ図（左）では，MscIによって切断されるNIモジュールの位置を赤色で示し，切断によって現れるフラグメントのサイズを数字で表している（単位はbp）．L：*HPRT1*_B Left TALEN，R：*HPRT1*_B Right TALEN

図4B：STEP2のコロニーPCR像．DNA結合モジュールが約100 bp単位のリピート配列となっているため，目的のバンドより高分子側がスメアになり，低分子側にはラダー状のバンドが現れる．図に示すように，このラダーバンドは不均質なパターンになることが多く，この不均質性はHD/NG/NI/NNの各モジュールがどのような配置で連結されているかに依存する．そのためラダーバンドの濃さにムラがあっても気にしなくてよいが，図中で×をつけたクローンのように，マイナーなバンドが1本だけ特に強く出る場合は，異なるサイズに繋がったクローンが混在している可能性があるため，排除するべきである．またTALE-F/TALE-Rプライマーは，インサートが入った状態ではじめて増幅されるように設計してあるため，空のベクターをPCRのコントロールとして用いることはできない．

図4C：Msc Iによるアセンブリーチェックのイメージ図と泳動像．Msc I処理によって，NIモジュールが組込まれている位置で切断されるが，最終リピートのNIにはMsc Iサイトは存在しないので注意されたい．泳動像は，分離能の関係で100 bpのバンドは見えない．また泳動パターンとしては，サイズだけでなくフラグメントの数を反映したバンドの濃さになっているかどうかも確認するとよい．本実施例では200 bpのバンドの濃さがLよりRのほうが数段濃くなっており，フラグメント数の違いと一致している．

CRISPR/Cas9の設計法と作製法

　CRISPR/Cas9の作製法は，合成オリゴのアニーリングとベクターへの挿入である．設計が確定し，合成オリゴを発注した日を0日目とすると，届くのが翌日（1日目）であり，アニーリングからベクターへの挿入，大腸菌への形質転換までをその日のうちに済ませれば，プラスミドが得られるのは最短で3日目である．扱うプラスミドの数もTALENのように多くなく，pX330ベクターを用いる場合はたったの1種類である．この圧倒的なまでの手軽さが，CRISPR/Cas9の最大の魅力と言えよう．

準備

大腸菌コンピテントセル
- [ ] XL1-BlueあるいはXL10-Gold
　　TALENのようなくり返し配列は含まないため，一般的なコンピテントセルであれば何でもよい．

プラスミド
- [ ] pX330-U6-Chimeric_BB-CBh-hSpCas9（Plasmid ID：42230, Addgene）
　　SpCas9に2A-GFPを融合させたpX458（Plasmid ID：48138）や2A-Puroを融合させたpX459（Plasmid ID：48139）も利用可能である．

合成オリゴDNA
　標的とするゲノム配列に応じて毎回注文する必要がある．

酵素・キット類
- [ ] DNAリガーゼ：Quick Ligation Kit（#M2200S, New England Biolabs社）
　　TALENの場合と同様に，バッファーは付属の2×バッファーではなく，10×T4 DNA Ligaseバッファーを使用している．
- [ ] 制限酵素：Bpi I（#ER1011, サーモフィッシャーサイエンティフィック社）
　　New England Biolabs社のBbs I（Bpi Iと同様の切断様式を示す）は，活性が低下しやすいため，われわれはこちらの酵素の使用を推奨する．
- [ ] プラスミド抽出キット：GenElute HP Plasmid Miniprep Kit（#NA0160-1KT, シグマアルドリッチ社）

その他試薬類 （以下は分子生物学グレードであればメーカーは問わない）
- [ ] Tris-HCl（pH8.0）
- [ ] 塩化マグネシウム（$MgCl_2$）
- [ ] 塩化ナトリウム（NaCl）
- [ ] 抗生物質（アンピシリン）
- [ ] LB（Luria-Bertani）培地

プロトコール

1. CRISPR/Cas9 の設計

　　CRISPR/Cas9 の設計は，PAM（基本編1参照）の 5′-NGG-3′（あるいはアンチセンス鎖の 5′-CCN-3′）の配列があればよく，それ以外の塩基の組成と DNA 切断活性あるいは認識特異性との関係性は明らかになっていないため，目視での設計で充分である．またゲノム情報が整備されている種では，あらかじめオフターゲット切断の候補配列を検索し，切断リスクの低い箇所を選別するとよい．詳細は実践編5を参照されたい．

2. CRISPR/Cas9 の作製

　　本稿で紹介する CRISPR/Cas9 の作製法は，いわゆる一般的な制限酵素消化とライゲーションによるクローニング法とは異なり，Golden Gate 法の変法ともいうべき手法を採用している[*1]．すなわちベクターとなる pX330 プラスミドをあらかじめ制限酵素処理・電気泳動・抽出精製するのではなく，未処理の pX330 プラスミドとアニーリングした合成オリゴを混合した溶液中に，制限酵素とリガーゼを同時に加え，消化とライゲーションを一括で行う手法である．この手法を用いれば，pX330 の下処理の必要がなく，大腸菌に形質転換するまでの全作業を PCR チューブ内で済ませられる．作業内容は TALEN の構築と類似しており，成功率も非常に高い．

> [*1] 一般的な手法による CRISPR/Cas9 の作製法については，実践編5に詳しく記載されているため，そちらを参照されたい．

1）合成オリゴの設計

　　1 で設計したゲノム配列に対応する合成オリゴ DNA を設計し，任意の受託合成業者に発注する．合成オリゴを設計する際には，PAM（5′-NGG-3′）の 5′側に隣接する 20 塩基に，BpiI

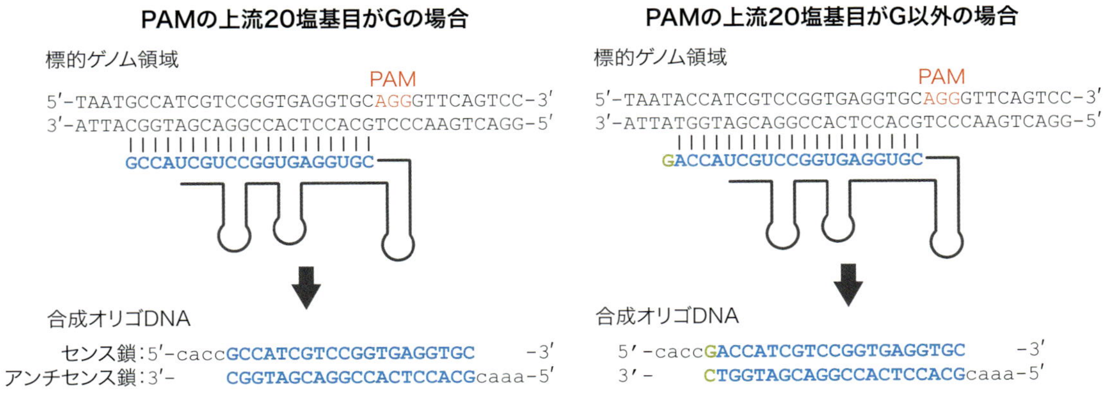

PAMの上流20塩基目がGの場合

標的ゲノム領域
```
5′-TAATGCCATCGTCCGGTGAGGTGCAGGGTTCAGTCC-3′
3′-ATTACGGTAGCAGGCCACTCCACGTCCCAAGTCAGG-5′
                        |||||||||||||||||||||
         GCCAUCGUCCGGUGAGGUGC
```

合成オリゴDNA
```
センス鎖　　：5′-caccGCCATCGTCCGGTGAGGTGC    -3′
アンチセンス鎖：3′-    CGGTAGCAGGCCACTCCACGcaaa-5′
```

PAMの上流20塩基目がG以外の場合

標的ゲノム領域
```
5′-TAATACCATCGTCCGGTGAGGTGCAGGGTTCAGTCC-3′
3′-ATTATGGTAGCAGGCCACTCCACGTCCCAAGTCAGG-5′
         GACCAUCGUCCGGUGAGGUGC
```

合成オリゴDNA
```
5′-caccGACCATCGTCCGGTGAGGTGC    -3′
3′-    CTGGTAGCAGGCCACTCCACGcaaa-5′
```

図5　合成オリゴDNAの設計法
赤文字で示したPAM配列の5′側20塩基分（青文字）＋付加配列が基本となるが，標的配列によってはGの付加が必要となる（右パネル，緑文字）．

の突出末端に合うようにアダプター配列を付加すればよい(PAMを含めないよう注意する).また,PAMの上流20塩基目がG以外である場合には,U6プロモーターからの転写に必要なGを標的配列の5′側(PAMの上流21塩基目に相当する位置)に付加する必要がある(図5).

2) 合成オリゴのアニーリング

❶ 合成したセンス鎖,アンチセンス鎖の2本のオリゴDNAを,PCRチューブ内で以下の組成で混合する

10×アニーリングバッファー*2	1 μL
センスオリゴ(50 μM)*3	1 μL
アンチセンスオリゴ(50 μM)*3	1 μL
滅菌水	7 μL

*2 400 mM Tris-HCl (pH8), 200 mM $MgCl_2$, 500 mM NaCl.
*3 TEまたは滅菌水に溶解.

❷ チューブをサーマルサイクラーにセットし,以下のプログラムを実行する

95℃,5分 → (25℃まで90分かけて冷ます) → 25℃,∞

3) pX330ベクターへの挿入

2)で調製したアニーリング済オリゴを用いて,TALENの作製と同様の手順でCRISPR/Cas9の発現ベクターを作製する.

❶ PCRチューブ内で以下の組成の反応液を調製する.まず四角で囲った3種類の溶液以外を,全サンプル分チューブに加えていき,最後に四角内の酵素・バッファーについて必要量分のプレミックスを作製し,1.2 μLずつ各サンプルに添加するとよい

変法Golden Gate反応(CRISPR/Cas9)

pX330ベクター(25 ng/μL)	0.3	
アニーリング済オリゴ	0.5	
10×T4 DNA Ligaseバッファー	0.2	
BpiI	0.1	プレミックス
Quick Ligase	0.1	
滅菌水	0.8	
Total	2 (μL)*4	

*4 この条件でうまく動かない場合は,4〜10 μLにスケールアップする.

❷ 上記の反応液を含むPCRチューブをサーマルサイクラーにセットし,以下のプログラムを実行する

(37℃,5分 → 16℃,10分)×3*5 → 4℃,∞

*5 この条件でうまく動かない場合は,サイクル数を増やす.

❸ チューブを取り出し,下記のプレミックスを作製して各サンプルに加える.バッファーはBpiIに付属する

```
10×Gバッファー     0.2 μL
BpiⅠ              0.1 μL
```

❹ 再びサーマルサイクラーにチューブをセットし，以下のプログラムを実行する
37℃，1時間 → 80℃，5分 → 4℃，∞

❺ チューブを取り出し，反応産物の一部（0.5〜1 μL程度でよい）を直接大腸菌（XL1-BlueやXL10-Goldなど）に形質転換し，アンピシリンプレート上で一晩培養する

❻ 各サンプルにつきコロニーを2つ程度ずつ拾い，一晩ミニカルチャー後，プラスミドを抽出する

4）BpiⅠによるオリゴの挿入の確認

オリゴの挿入によるpX330ベクター上の塩基長の変化はごくわずかであり，コロニーPCRなどによってカルチャー前にオリゴの挿入の有無を確認することは困難である．よってわれわれは目的のオリゴが挿入されているかどうかをプラスミド抽出後の制限酵素処理によって確認している．オリゴが挿入されると，pX330上のBpiⅠ認識配列が取り除かれるため，BpiⅠで切断されなくなる．これによって簡易的にオリゴの挿入を確認できる．**実験例**の項に実際の泳動像を示す．挿入配列をシークエンシングにより確認する場合には，**実践編5**に示されているプライマーを使用するとよい．

■ 実験例

合成オリゴ挿入後のBpiⅠによるチェック（**2**-4）の実施例を**図6**に示す．合成オリゴを挿入したベクターはBpiⅠによる切断を受けないため，移動度の異なる複数のバンドが現れる．本実験を行う際には，BpiⅠがきちんと活性を有するかどうかを確認するため，コントロールとして必ずオリゴ挿入前のpX330ベクターを同時にBpiⅠ処理し，完全消化されることを確認する必要がある．

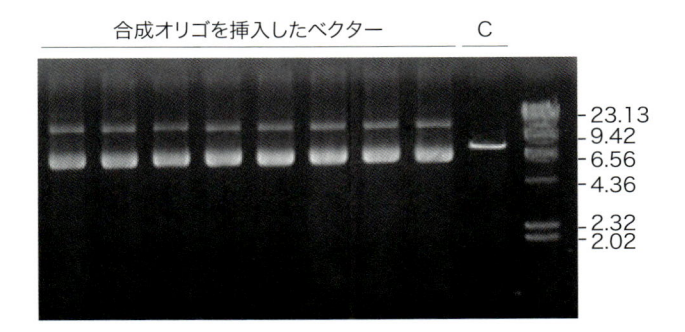

図6　CRISPR/Cas9作製の実施例
完成したCRISPR/Cas9の発現ベクターとコントロール（C）のpX330ベクターをBpiⅠ処理し，アガロースゲル電気泳動によって分離した．コントロールでは消化されて1本のバンドが得られるのに対し，オリゴを挿入したベクターでは無傷のプラスミドを泳動したパターンとなっている

おわりに

　本稿では，Platinum Gate TALEN Kitを用いたPlatinum TALENの作製法と，pX330ベクターを用いたall-in-oneタイプのCRISPR/Cas9発現ベクターの作製法について記載した．Platinum TALENは，基本編3にも記したように，さまざまな動物種や培養細胞で使用された実績のあるTALEN作製システムである[5]．またpX330ベクターも，培養細胞だけでなくマウス個体でも直接使用できることが示されており（実践編5）[6]，汎用性は高い．しかしながら，使用する生物種や細胞種によっては，プロモーターの違いやコドン頻度の違いなどから，これらのシステムをそのまま使用することができない場合もあるので，次稿以降の実践編や文献情報と照らし合わせ，目的の生物材料に適したTALENやCRISPR/Cas9を作製するよう心掛けていただきたい．

◆ 文献

1) Sakuma, T. et al.：Sci. Rep., 3：3379, 2013
2) Ran, F. A. et al.：Nat. Protoc., 8：2281-2308, 2013
3) Doyle, E. L. et al.：Nucleic Acids Res., 40：W117-122, 2012
4) Streubel, J. et al.：Nat. Biotechnol., 30：593-595, 2012
5) Sakuma, T. & Woltjen, K.：Dev. Growth Differ., 56：2-13, 2014
6) Mashiko, D. et al.：Sci. Rep., 3：3355, 2013

羊土社おすすめ「遺伝子工学」関連書籍

実験医学別冊
目的別で選べる 遺伝子導入プロトコール

仲嶋一範，北村義浩，武内恒成／編

細胞へのDNA・RNA導入プロトコールを学ぶのに最適な1冊！

■ 定価（本体5,200円＋税）　■ B5判　■ 252頁　■ ISBN 978-4-7581-0184-4

無敵のバイオテクニカルシリーズ
マウス・ラット実験ノート

中釜　斉，北田一博，庫本高志／編

動物実験の心得から系統の選択や入手，繁殖・交配までをしっかり解説．はじめてのマウス・ラット実験にぴったりの1冊！

■ 定価（本体3,900円＋税）　■ A4判　■ 169頁　■ ISBN 978-4-89706-926-5

実験医学別冊
改訂第5版 新遺伝子工学ハンドブック

村松正實，山本　雅，岡﨑康司／編

核酸の取り扱いから個体レベルの解析までを網羅した決定版！

■ 定価（本体7,600円＋税）　■ B5判　■ 366頁　■ ISBN 978-4-7581-0177-6

基礎から学ぶ遺伝子工学

田村隆明／著

豊富なカラーイラストとわかりやすい解説で，遺伝子工学実験に必須の知識が無理なく身につく！

■ 定価（本体3,400円＋税）　■ B5判　■ 253頁　■ ISBN 978-4-7581-2035-7

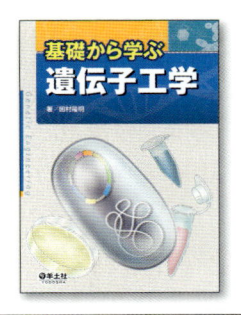

発行　羊土社 YODOSHA
〒101-0052　東京都千代田区神田小川町2-5-1　TEL 03(5282)1211　FAX 03(5282)1212
E-mail : eigyo@yodosha.co.jp
URL : http://www.yodosha.co.jp/

ご注文は最寄りの書店，または小社営業部まで

実践編 2　培養細胞でのゲノム編集

哺乳類培養細胞における TALEN を用いた遺伝子改変
マウス ES 細胞における遺伝子ターゲティングを例に

落合　博

　人工ヌクレアーゼの登場により，さまざまな哺乳類培養細胞において迅速かつ簡便なゲノム編集が可能となってきた．本稿では，マウスES細胞における遺伝子ターゲティングを例として，哺乳類培養細胞における人工ヌクレアーゼ（TALEN）を利用したゲノム編集法と，培養細胞特有の考慮すべき点について述べる．

はじめに

　哺乳類培養細胞は in vitro の実験系として分子生物学や細胞生物学など広範囲で利用され，さまざまな生命現象の理解に貢献してきた．特にヒト胚性幹（ES）細胞や人工多能性幹（iPS）細胞は分化または脱分化機構の解明といった基礎研究だけでなく，再生医療，創薬や疾患の原因解明などへの応用が期待される．近年の人工ヌクレアーゼの出現により，これまでマウスES細胞に限られていたゲノム編集がさまざまな哺乳類培養細胞においても可能となってきた．哺乳類培養細胞における人工ヌクレアーゼを利用した遺伝子改変には薬剤選抜非依存的な遺伝子破壊[1]，一塩基置換の導入[2,3] の他に，薬剤選抜を利用した遺伝子ターゲティング[4,5]，一塩基置換の導入[6] などが報告されており，アイディア次第でさまざまなゲノム編集が可能な時代となってきた．

　人工ヌクレアーゼは標的配列に DNA 二重鎖切断（DSB）を導入し，細胞がもつ DSB 修復機構を利用してゲノム編集を促進させる（基本編1参照）．しかし，人工ヌクレアーゼは研究者が意図した標的配列（オンターゲット配列）とは異なる配列（オフターゲット配列）にも結合し，DSBを導入する可能性がある[7]．オフターゲット配列へのDSB導入（オフターゲット効果）は人工ヌクレアーゼ濃度依存的に増加し，細胞毒性の増加に加えて，意図しない領域への変異導入の原因となる[7]．このため，オフターゲット効果を最低限に抑えたい場合には，個々の細胞における人工ヌクレアーゼ導入量を適切な量に留める必要がある．しかし，ここで問題となるのは，哺乳類培養細胞におけるプラスミドベクターの主な導入法であるリポフェクション，エレクトロポレーションあるいはウイルスベクターは，細胞間で導入量に大きなばらつきが認められる点である（図1）．このため，非相同末端結合（NHEJ）による修復エラーを利用した遺伝子破壊を狙う場合，遺伝子改変効率（生存細胞中における遺伝子改変細胞の割合）を高める目的で導入核酸量を増やしたとすると，多数の細胞で大過剰の人工ヌクレアーゼが発現し，オフターゲット効果による細胞毒性，意図しない変異導入が生じる可能性が高まる（図1）．この問題を克服するための1つの方法として，蛍光タンパク質発現ベクターと適量の人工ヌクレアー

A）人工ヌクレアーゼ導入量が少〜中程度の場合

細胞間で導入量にばらつきがある

	変異導入効率	オフターゲット効果
	+	+/−

哺乳類培養細胞

B）人工ヌクレアーゼ導入量が過剰の場合

オフターゲット効果による意図しない変異導入の可能性，および細胞毒性の増加

	変異導入効率	オフターゲット効果
	+++	++

C）人工ヌクレアーゼ導入量が少〜中程度で，非導入細胞を除いた場合

導入量

FACSあるいは一過的な薬剤選抜による導入細胞のみを回収

	変異導入効率	オフターゲット効果
	+++	+/−

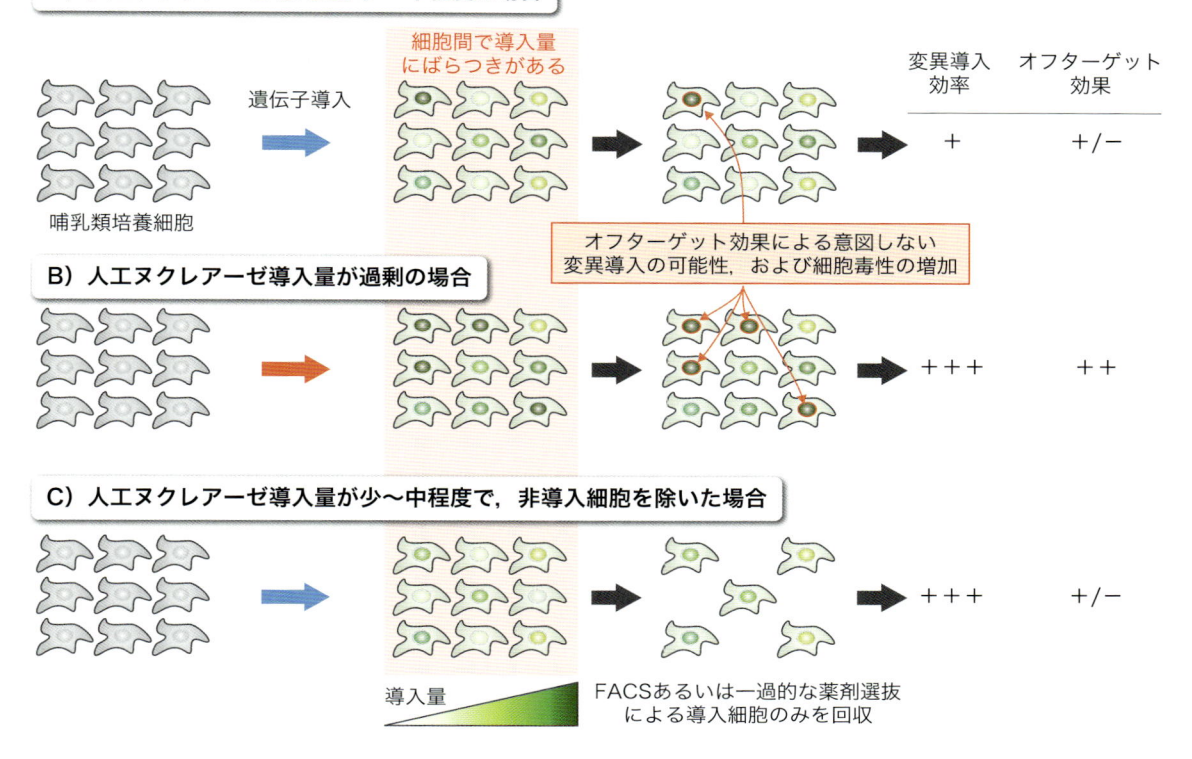

図1　哺乳類培養細胞における遺伝子改変（遺伝子ターゲティングを伴わない場合）

哺乳類培養細胞にTALEN発現ベクターを導入した際の模式図を示す．哺乳類培養細胞では基本的に細胞間で導入核酸量がばらついてしまうため，注意が必要である．**A）**細胞に導入する人工ヌクレアーゼ発現ベクター量を少〜中程度に抑えた場合，充分な量の人工ヌクレアーゼを発現しない細胞が大部分を占めるため，最終的な変異導入効率はそれほど高くない．**B）**一方で，導入核酸量を過剰にした場合は，大部分の細胞に導入されるものの，多くの細胞で大量の人工ヌクレアーゼが発現し，オフターゲット効果により意図しない領域への変異導入や細胞毒性の増加が認められる．そのため，結果的には変異導入効率は高くなるが，オフターゲット効果も有意に認められる可能性が高い．**C）**これらの問題を解決するために，適量の発現ベクターを導入し，FACSまたは一過的な薬剤選抜により非導入細胞を除くことにより，最終的な変異導入効率を高めることができる

ゼ発現ベクターを同時に導入し（あるいは人工ヌクレアーゼ発現ベクターに蛍光レポーター遺伝子を組み込んでおき），FACSで導入された細胞を分取することにより，高効率に遺伝子改変が可能となる[1,3]．また，人工ヌクレアーゼ発現ベクター上に薬剤耐性遺伝子があれば，一過的に薬剤処理し，人工ヌクレアーゼ導入細胞のみを選抜するという手法も考案されている[5]．こういった手法は適度に導入された細胞を取得するだけでなく，導入効率の低い細胞にも有効である．

一方で，人工ヌクレアーゼを利用して相同組換え修復（HDR）を介した遺伝子ターゲティングを行う場合，特に選抜マーカーとして薬剤耐性遺伝子を利用する場合は，過剰の人工ヌクレアーゼを導入する必要はなく，遺伝子ターゲティングされたクローンを薬剤選抜により効率よく取得できる（**図2**）．この方法によって蛍光タンパク質遺伝子のノックインなどの高度な遺伝子操作が可能であり，人工ヌクレアーゼによる遺伝子破壊，あるいは人工ヌクレアーゼと一本

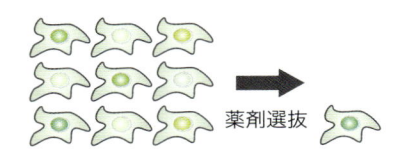

図2　哺乳類培養細胞における人工ヌクレアーゼを利用した遺伝子ターゲティング
ターゲティングベクター上に薬剤耐性遺伝子を導入しておくことで，人工ヌクレアーゼやターゲティングベクターが導入されていないもの，または導入されても相同組換え修復を介して遺伝子ターゲティングがうまくいかなかったものを薬剤選抜により除去することができる．ターゲティングベクター量を適切に加えていれば，生存した細胞のほとんどで遺伝子ターゲティングが成功している

鎖DNA（ssODN）を組み合わせた遺伝子改変とは区別される．導入する遺伝子カセットのサイズなどによって難易度は異なるが，適切にターゲティングストラテジーを設定すれば，遺伝子ターゲティングは多くの哺乳類培養細胞で可能である．しかし，相同組換え修復の効率は細胞種によって異なると考えられており，すべての細胞で高効率に遺伝子ターゲティングが利用できるわけではないようだ〔特に，相同組換えは細胞周期依存的（S期～G2期に最も盛ん）であると考えられており，また薬剤選抜によってクローン化し，細胞を増殖させることが必要であるため，盛んに分裂する細胞であることが望ましい〕．

　本稿ではマウスES細胞における遺伝子ターゲティング法のプロトコールを紹介する．マウスES細胞は人工ヌクレアーゼを使用しなくても遺伝子ターゲティングが可能であるが，一度に両対立遺伝子にターゲティングすることはきわめて困難である．一方，**人工ヌクレアーゼ（TALEN）を利用することによって非常に効率よく（選抜クローンのうち10～100％でターゲティングが成功）遺伝子改変ES細胞を樹立することが可能で，効率的な遺伝子改変マウスの作製へとつながり，研究進展速度の向上に直結する．**以下で示すプロトコールはマウスES細胞に特化したものであるが，基本的な考え方は他の細胞種でも同様である．

準備

- □ マウスES細胞（E14tg2a；理化学研究所バイオリソースセンター）
- □ TALEN発現ベクター（Platinum TALEN；基本編3，実践編1）
- □ pBSK（ストラタジーン社）などのクローニングベクター
- □ ES培地
    - ・GMEM（#G6148，シグマ アルドリッチ社）
    - ・10％ ウシ胎仔血清（FBS；#SH30910.03，サーモフィッシャーサイエンティフィック社）
    - ・1×NEAA（Non-Essential Amino Acids；#139-15651，和光純薬工業社）
    - ・1 mM ピルビン酸ナトリウム（#06977-34，ナカライテスク社）
    - ・0.1 mM 2-メルカプトエタノール（#198-15781，和光純薬工業社）
    - ・1,000 U/mL LIF（leukemia inhibitor factor；#195-16053，和光純薬工業社）
- □ 0.1％ ゼラチン溶液（#G1890，シグマ アルドリッチ社）

粉状試薬を超純水で溶解しオートクレーブで滅菌する．本溶液を用い，常法に従い培養ディッシュのコーティングを行う．

- [ ] PBS（−）（#14249-95，ナカライテスク社）
- [ ] トリプシン溶液
    - 0.25％ トリプシン（#15090-046，ライフテクノロジーズ社）
    - PBS（−）（上記）
- [ ] Lipofectamine 2000（#11668-019，ライフテクノロジーズ社）
- [ ] Opti-MEM（#31985-070，ライフテクノロジーズ社）
- [ ] ゲノム抽出液
    - 100 mM Tris-HCl（pH8.0）
    - 200 mM NaCl
    - 5 mM EDTA
    - 0.2％ SDS
    - 0.1 mg/mL Proteinase K
- [ ] エタノール
- [ ] 70％ エタノール
- [ ] TEバッファー
    - 10 mM Tris-HCl（pH8.0）
    - 1 mM EDTA
- [ ] KOD-Plus-Neo（#KOD-401，東洋紡社）
- [ ] KOD FX Neo（#KFX-201，東洋紡社）
- [ ] Gibson Assembly Master Mix（#E2611S，New England Biolabs社）
- [ ] U底96ウェルプレート（#262162，サーモフィッシャーサイエンティフィック社）
- [ ] 平底96ウェルプレート（#131680，サーモフィッシャーサイエンティフィック社）

プロトコール

1. ターゲティングベクターの設計（1〜3時間）

まず，調べたいことを明確にし，ゲノム上のどの位置に，どのようなターゲティングカセットを導入するのかを決定する．遺伝子ターゲティングの模式図を図3に示す．

ターゲティングベクターの設計にはUCSCゲノムブラウザー（http://genome.ucsc.edu）が便利である（図4）．UCSCゲノムブラウザーで対象となる種の情報を参照し，くり返し配列（Repeating Elements by RepeatMasker），および最終的にサザンブロットを行うことを見越して適切な制限酵素サイトの位置（Restriction Enzyme from REBASE）を事前に見極めておく（図3，4）．

くり返し配列を避け，ゲノム中できわめて類似した配列がないように適切な位置にTALENを設計し（実践編1参照），基本的にはTALEN標的配列の中央にターゲティングカセットを導入するようにターゲティングベクターを設計する（図3）．こうすることにより，遺伝子ターゲティング後にTALENによる再切断が起こることを防ぎ，改変効率の低下を避けることができ

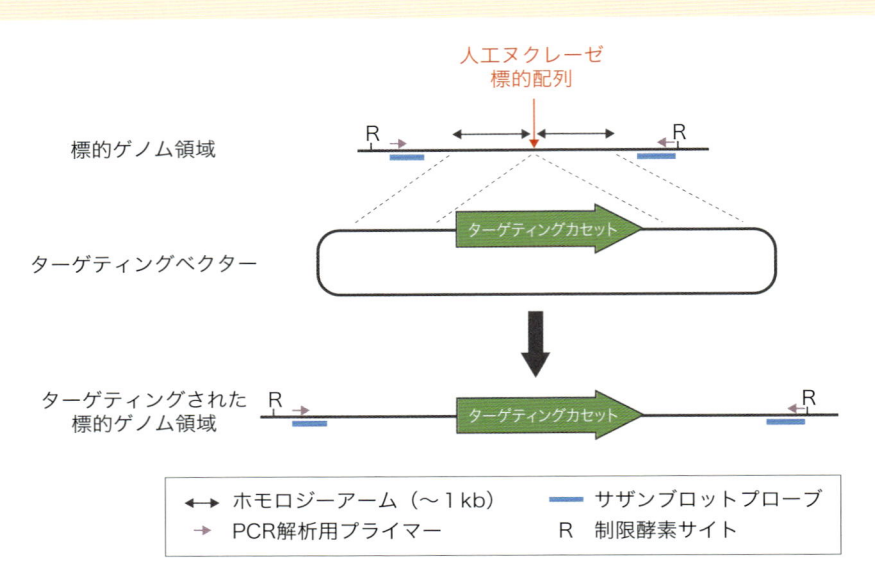

図3 遺伝子ターゲティングのイメージ図
人工ヌクレアーゼ標的配列の中心にターゲティングカセットが導入されるようにターゲティングベクターを設計する．ホモロジーアーム長は1 kb程度でよいとされている．最終的に必ずサザンブロットを行うため，くり返し配列を考慮して適切な位置にサザンブロットプローブを設計し，使用する制限酵素をあらかじめ決めておく．薬剤選抜後，簡易的に遺伝子ターゲティングが成功した細胞を選び出したい場合にゲノミックPCRを行うが，それにはサザンブロットプローブの作製に使用するプライマーを使用するとよい

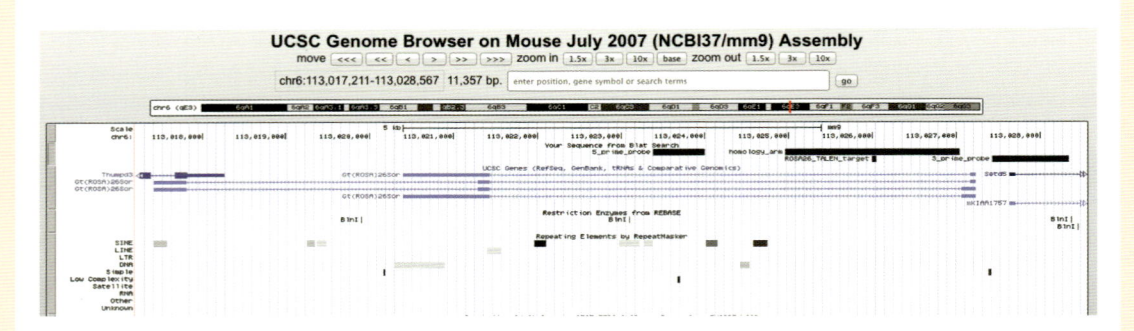

図4 UCSC Genome Blowserのスナップショット
ターゲティングベクターの設計にはUCSC Genome Blowserが非常に便利である．TALEN標的配列やホモロジーアーム，サザンブロットプローブはくり返し配列（Repeating Elements by RepeatMasker）を避けて設計する

る．やむなくTALEN標的配列と異なる位置にターゲティングカセットを導入したい場合は，ホモロジーアーム上のTALEN標的配列に塩基置換などを加えておき，TALENによる切断を避けることが重要である[*1]．ホモロジーアームの長さは1 kb程度あれば充分である．ターゲティングカセットの大きさに伴ってターゲティング効率が低下することが知られているが，少なくともプロモーター，マーカー遺伝子などを含んだ3 kb程度であれば効率よく遺伝子ターゲティ

ングが行える（図3，5）．

> *1 人工ヌクレアーゼ標的配列とターゲティングカセット挿入位置が離れれば離れるほどターゲティング効率は低下するため，極力TALEN標的配列に近い位置にターゲティングカセットを挿入するとよい

2. 目的とする哺乳類培養細胞におけるTALENの活性評価（3日）

作製したTALENはSSAアッセイ（基本編4参照）などで活性を評価することができる．しかし，ゲノム中の標的配列はメチル化修飾を受けていたり，クロマチン環境によってDNA結合タンパク質のアクセスのしやすさの度合いが異なったりするため，実際に目的とする哺乳類培養細胞中の標的配列にTALENがDSBを導入可能か否か評価する必要がある（基本編4参照）．Cel-Iアッセイなどの解析法があるが，多くの細胞に導入されていないと検出が難しく，導入効率の低い細胞では解析が困難なケースもある．また，「はじめに」で述べたように，培養細胞では導入量が細胞間で大きくばらつくという特徴がある．このため，実際に遺伝子ターゲティングを行う際の導入量とTALEN機能解析の際の導入量（導入効率を上げるために過剰のTALENを導入）は異なるので注意すること．遺伝子ターゲティングの際にTALEN発現ベクターの導入量を増やしすぎると，著しくコロニー形成率が低下する．

3. ターゲティングベクターの作製（5日）

ゲノムDNAなどを鋳型としてPCRでホモロジーアーム部分を増幅し，クローニング用プラスミド（pBSKなど）にサブクローニングし，塩基配列を確認する．その後，TALEN標的配列を中心にして高精度酵素（KOD-Plus-Neo）を利用してインバースPCR，ターゲティングカセットもPCR増幅，Gibson Assembly Master Mixなどを利用してクローニングすると便利である*2．適宜シークエンスにより塩基配列を確認する．トランスフェクショングレードのプラスミドを調製する．

> *2 ホモロジーアームを含んだベクターのインバースPCRおよびターゲティングカセットのPCR増幅の際に，増幅された断片の末端が20塩基ほど配列が重なるように設計されたプライマーを使用する．増幅されたDNA断片を精製し，Gibson Assemblyを行う．詳細はGibson Assembly master Mixのマニュアルを参照のこと．

4. TALENとターゲティングベクターの導入から薬剤選抜（18日）

目的とする哺乳類培養細胞や，使用するTALEN発現ベクターによって導入量を実験的に検討する必要がある*3．過去に人工ヌクレアーゼを使用して遺伝子ターゲティングが行われた細胞のリストを表に示すので参考にされたい（http://eendb.zfgenetics.org/een.php も参照）．

> *3 まず，いくつかの量でターゲティングベクターのみを導入し，コロニー形成数を確認する．これによりランダムインテグレーションの起こりやすさがわかる（プロモーターを含まないトラップ型のターゲティングベクターではこれを見極めることは難しいので注意）．次に，コロニーが数個のみできる量のターゲティングベクターとともに，TALEN発現ベクターをいくつかの量で同時に導入し，コロニー形成数を確認する．ここでTALEN発現ベクター量依存的にコロニー数が増えていればターゲティングがうまくいっている可能性が高い．またコロニー数が飽和するTALEN量が最適TALEN量である．

表 哺乳類培養細胞における人工ヌクレアーゼを利用した遺伝子改変例

種	細胞名	細胞種	人工ヌクレアーゼ	文献
ヒト (*Homo sapiens*)	iPS cell	人工多能性幹細胞	TALEN	8)
	ES cell	胚性幹細胞	ZFN	9)
	primary myoblast	初代ヒト骨格筋筋芽細胞	ZFN	10)
	primary CD4$^+$T cell	初代ヒトCD4$^+$T細胞	ZFN	11)
	CD34$^+$hematopoietic stem/progenitor cell	ヒトCD34$^+$造血幹/前駆細胞	ZFN	12)
	K562	白血病細胞株	ZFN	13)
	HCT116	ヒト大腸がん細胞	ZFN	14)
	HeLa	ヒト子宮頸がん由来の細胞	ZFN	14)
	U2OS	ヒト骨肉腫細胞	ZFN	14)
	293T	ヒト胎児腎細胞	ZFN	14)
	MCF7	ヒト乳腺がん細胞	ZFN	14)
	PA-TU-8988T	膵管腺がん細胞	TALEN	15)
マウス (*Mus musculus*)	ES cell	マウス胚性幹細胞	TALEN	5)
	NIH3T3	マウス線維芽細胞様細胞	TALEN	16)
	C2C12	マウス筋芽細胞株	TALEN	16)
ラット (*Rattus norvegicus*)	S16	ラットシュワン細胞株	TALEN	17)
	Rat-1	ラット線維芽様細胞株	TALEN	18)
	ES cell	ラット胚性幹細胞	TALEN	19)
ブタ (*Sus scrofa*)	fetal fibroblast	ブタ胚性線維芽細胞	TALEN	20)

❶ トランスフェクション前日に，1×10^5 cells/500 μL ES培地をゼラチンコートした24ウェルプレートの各ウェルに撒く

❷ トランスフェクション当日，180 μLのOpti-MEMに0.25 μgずつのTALEN発現ベクター*4と1 μgのターゲティングベクター*5を加え，混ぜる

> *4 2つで1セットであることに注意すること．ここではCAGプロモーターをもつPlatinum TALEN（基本編3，実践編1参照）の使用を想定している．使用する人工ヌクレアーゼ，発現プロモーター，細胞種によって発現人工ヌクレアーゼ量，有効人工ヌクレアーゼ量が異なっているため，最適量を求める必要がある．
>
> *5 ターゲティングベクターも同様で，細胞種によって導入量，ランダムインテグレーションの起きやすさなどが異なるため，最適ターゲティングベクター量は異なる．

❸ 2 μLのLipofectamine 2000を混ぜ，よく撹拌し，室温で20分間放置する

❹ DNA-Lipofectamineミックスを細胞入りのウェルに加え，ピペッティングでよく混ぜる．37℃，5% CO_2 で5時間培養する

❺ 事前に37℃に温めておいたES培地に交換する．24時間後に，一度PBS（－）で洗い，トリプシン処理，ゼラチンコート済み10 cmディッシュに撒き直す

❻ トランスフェクションから72時間後から薬剤選抜を行う（マウスES細胞であれば，ハイグロマイシン150 μg/mL，G418 200 μg/mL，ピューロマイシン0.5 μg/mL）．2日ごとに培地を交換する．コロニーが形成されるまで2週間ほど選抜を行う

5. コロニーピックアップ（2時間）

本稿ではマウスES細胞を使用しているが，ほとんどの培養細胞で以下の手法が利用できる（少なくともヒト大腸がん細胞HCT116，ヒト骨肉腫細胞U2OSでは可能）．

❶ U底96ウェルプレートに8 μLトリプシン溶液を入れ，37℃に温めておく

❷ ゼラチンコートした平底96ウェルプレートに200 μL，100 μLを1セットとしてES培地を入れ，37℃に温めておく．ここでは前者をウェルA，後者をウェルBとする[*6]

> [*6] ウェルAはゲノミックPCRに，ウェルBはエクスパンジョン後サザンブロット解析および保存に供するためのウェルとなる．

❸ 位相差顕微鏡で覗きながらチップの先端でコロニーを回収（8 μL），トリプシン溶液に入れ，よくピペッティングする．最大で48コロニー分回収する

❹ 37℃で2分間インキュベートする

❺ 50 μLにセットした8連ピペットでウェルAから培地を吸い，トリプシン処理した細胞をピペッティングにより懸濁し，ウェルAに戻し，よくピペッティングする．さらに，そこから50 μLをウェルBに移す

6. ゲノムDNA抽出，ゲノミックPCR（1～2日）

❶ 37℃，5% CO_2で2～7日ほど培養し，ウェルAのうち，培地が黄色くなりつつあるものが認められたら，培地を捨て，ゲノム抽出液を50 μLずつ加える

❷ 37℃で5分間インキュベートし，8連PCRチューブに移す．55℃で1時間インキュベートし，50 μLのイソプロパノールを加えてよく撹拌，4℃，12,000 rpmで15分間遠心する

❸ 上清を捨て，70%エタノールを加えて，タッピングにより軽く撹拌する．12,000 rpmで5分間遠心し，上清を捨て，5分間真空乾燥する

❹ 20 μLのTEバッファーを加え，65℃で1時間インキュベートし，溶解する

❺ 以下の条件でKOD FX Neoを使用したゲノミックPCRによって，簡易的にターゲティング成否の確認を行う

プライマーをホモロジーアームの外側に設定することにより，ターゲティングの成否だけでなく，片対立遺伝子のみか，両対立遺伝子でターゲティングされたかを確認できる（図3）．新たにプライマーを設計してもよいが，サザンブロット用のプローブを増幅するため

に使用するプライマーセット（5′プローブのFプライマー，3′プローブのRプライマーなど）を使用するとよい（図3）．

	1反応	8反応分 master mix
2 × Buffer for KOD FX Neo	3 μL	25 μL
2 mM dNTPs	1.2 μL	10 μL
抽出DNA溶液	0.6 μL	(5 μL)
プライマーA（50 μM）	0.036 μL	0.3 μL
プライマーB（50 μM）	0.036 μL	0.3 μL
ddH$_2$O	1 μL	8.4 μL
酵素	0.12 μL	1 μL
Total	6 μL	50 μL

```
94℃         2分
 ↓
98℃         10秒  ┐
60℃         15秒  ├ 28サイクル
68℃         10分*7 ┘
 ↓
68℃         10分*7
 4℃          ∞
```

＊7　実験により伸長時間は変更してもよい．

❻ 0.8％アガロースゲルで電気泳動し，バンドサイズを確認する

❼ ウェルBの当たりクローンをエクスパンドし，さらにサザンブロットによりターゲティングの成否を検討する

実験例

以下にTALENを利用してマウス *Rosa26* 遺伝子座に構成的発現プロモーターをもつ核移行シグナル（NLS）-GFP遺伝子を導入した例を示す．使用したTALENの標的配列は図5Aに示す．マウスES細胞においてRosa26 TALENセットが標的配列にDSBを導入していることをCel-1アッセイによって確認した（図5A）．これらTALEN発現ベクターとターゲティングベクター（図5B）をマウスES細胞に導入し，G418処理によりクローンを選抜した．16クローンをピックアップし，ゲノミックPCRにてターゲティングの有無を調べたところ，半数以上で少なくとも片対立遺伝子でターゲティングが認められ，クローン5，6，15では両対立遺伝子でターゲ

ティングされていることが示唆された（図5C）．これらのうち5つのクローンをサザンブロットにて解析したところ，クローン5で，ランダムインテグレーションがなく，両アレルにカセットが挿入されていることがわかった（図5D）．このクローン5では核にGFPの蛍光が認められ，また，多能性幹細胞マーカーの発現が認められた．

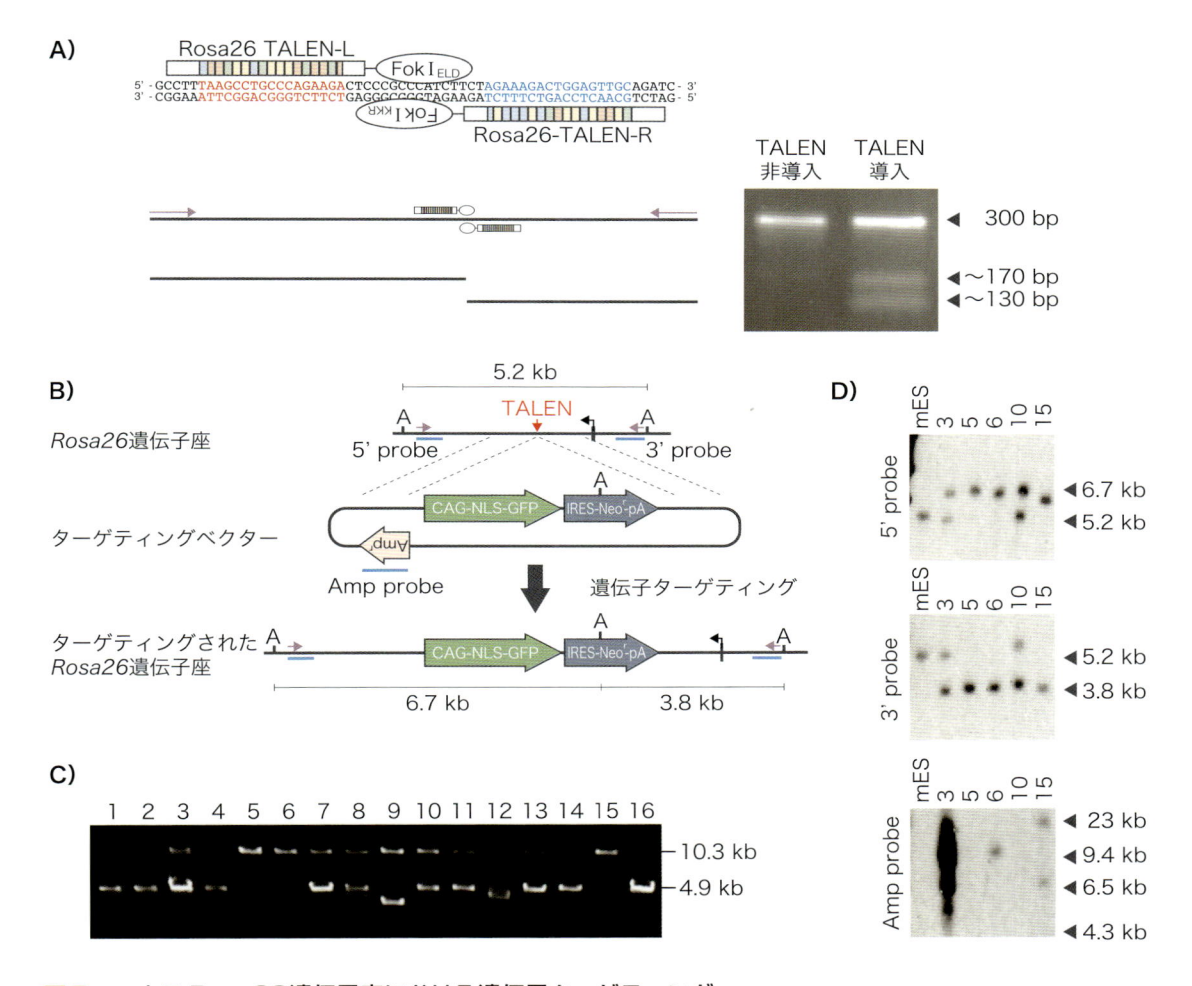

図5　マウス*Rosa26*遺伝子座における遺伝子ターゲティング

A) 本実験例で使用したRosa26 TALEN．パネル上部はRosa26 TALENとその標的塩基配列の模式図を示す．Fok Iはヘテロダイマータイプを使用している．パネル下部はマウスES細胞におけるRosa26 TALENの機能評価をCel-Iアッセイによって実施した例である．**B)** ターゲティングストラテジー．*Rosa26*遺伝子座とターゲティングベクター，またターゲティングがうまくいった対立遺伝子の構造を示す．青いバーはサザンブロットで使用するプローブを示す．紫の矢印はゲノミックPCR解析に使用するプライマーを示している．A：Avr IIサイト．**C)** ゲノミックPCRによるターゲティング成功クローンの簡易スクリーニング．半数近くのクローンで少なくとも片対立遺伝子でターゲティングが成功している．5，6，15では両対立遺伝子がターゲティングされている．**D)** サザンブロット解析．Cで解析したクローンの一部をサザンブロットで解析した．3，6，15ではターゲティングベクター上のAmp耐性遺伝子（うまくターゲティングされれば導入されない）に対応するプローブでシグナルが検出されることから，ターゲティングベクターがランダムインテグレーションされていることを示している．クローン5では両対立遺伝子，クローン10では片対立遺伝子でうまくターゲティングされていることがわかる

おわりに

　本稿ではマウスES細胞における遺伝子ターゲティングのプロトコールを示し，哺乳類培養細胞において人工ヌクレアーゼを利用する際に気をつけるべき事柄について述べた．哺乳類培養細胞では細胞ごとに均一量の人工ヌクレアーゼを導入することが困難なため，薬剤耐性遺伝子を利用した遺伝子ターゲティングを行わない場合は，適度に導入し，FACS[1)3)]や一過的な薬剤選抜[5)]などを利用して非導入細胞を除去することが理想的である．一方で，最近報告されたオフターゲット効果がきわめて低いとされるCRISPRニッカーゼ（**佐久間によるコラム**参照）[21)22)]を利用することで，より効率的に遺伝子改変が可能となることが期待される．

◆ 文献

1) Ding, Q. et al.：Cell Stem Cell, 12：238-251, 2013
2) Urnov, F. D. et al.：Nature, 435：646-651, 2005
3) Soldner, F. et al.：Cell, 146：318-331, 2011
4) Yusa, K. et al.：Nature, 478：391-394, 2011
5) Wang, H. et al.：Nat. Biotechnol., 31：530-532, 2013
6) Ochiai, H. et al.：Proc. Natl. Acad. Sci. USA, 111：1461-1466, 2014
7) Pattanayak, V. et al.：Nat. Methods, 8：765-770, 2011
8) Hockemeyer, D. et al.：Nat. Biotechnol., 29：731-734, 2011
9) Hockemeyer, D. et al.：Nat. Biotechnol., 27：851-857, 2009
10) Benabdallah, B. F. et al.：Mol. Ther. Nucleic Acids, 2：e68, 2013
11) Perez, E. E. et al.：Nat. Biotechnol., 26：808-816, 2008
12) Holt, N. et al.：Nat. Biotechnol., 28：839-847, 2010
13) Moehle, E. A. et al.：Proc. Natl. Acad. Sci. USA, 104：3055-3060, 2007
14) Fung, H. & Weinstock, D. M.：PLoS One, 6：e20514, 2011
15) Inaguma, S. et al.：Cancer Res., 73：7313-7323, 2013
16) Xu, L. et al.：Mol. Ther. Nucleic Acids, 2：e112, 2013
17) Tesson, L. et al.：Nat. Biotechnol., 29：695-696, 2011
18) Mashimo, T. et al.：Sci. Rep., 3：1253, 2013
19) Tong, C. et al.：J. Genet. Genomics, 39：275-280, 2012
20) Carlson, D. F. et al.：Proc. Natl. Acad. Sci. USA, 109：17382-17387, 2012
21) Ran, F. A. et al.：Cell, 154：1380-1389, 2013
22) Mali, P. et al.：Nat. Biotechnol., 31：833-838, 2013

実践編 培養細胞でのゲノム編集

3 TALENおよびCRISPR/Cas9を用いた染色体改変法
簡便迅速かつ高効率な次世代染色体工学

野村 淳, 内匠 透

> ヒトゲノム多型として，一塩基多型，さらに染色体レベルでの変異が報告されている．染色体レベルの変異を培養細胞に反映するには通常，染色体工学が適用されるが，成功例はいまだ数例にとどまる．今回，われわれはゲノム編集技術を応用した簡便かつ高効率，迅速に染色体操作が行えるプロトコールを開発したので以下紹介する．

はじめに

　近年，一塩基の変異（single nucleotide polymorphisms：SNPs）のみならず，キロベースからメガベースに至る染色体レベルでの変異（copy number variations：CNVs）がさまざまなヒト疾患と相関する可能性が示唆されている[1]．このため，染色体の重複，欠失といったCNVを反映した細胞・動物モデルの作製はヒト病態生理の理解，創薬のスクリーニングといったトランスレーショナルリサーチにおいて必須といえる．これまで，英国サンガー研究所のAllan Bradleyにより開発されたCre-loxP法に基づく「染色体工学」（chromosome engineering）が培養細胞での染色体操作を行う唯一の方法であった[2]．しかし染色体工学は技術的に難易度が高く，また作製プロセスも長期にわたることから，世界的にみても成功例はわずか数例にとどまっていた[3]．今回われわれは，マウス胚性幹（ES）細胞をもとに数百キロベースに及ぶ欠失を高効率，簡便かつ迅速に行うプロトコールを開発した（Nomura et al., 投稿中）．本手法は，標的染色体領域の両側に対しTALENもしくはCRISPR/Cas9で二重鎖切断を行い，切断領域に対し数キロベースの相同領域（ホモロジーアーム）をもつターゲティングベクターで相同組換え（ノックイン）を行う"One-step"の染色体改変操作である（図1）．特筆すべきは，本手法は，通常のジーンターゲティングに用いる一般的なターゲティングベクターより簡便なもの，具体的には相同領域が短い（1〜2キロベース）ベクターであっても数百キロベースにわたる長大な染色体領域を高効率で欠失することが可能，という点である．

　本稿ではわれわれの開発したTALEN，CRISPR/Cas9を用いたマウスES細胞での具体的な染色体操作，特に数百キロベースにわたる巨大な染色体領域の欠失細胞の作製法について紹介する．

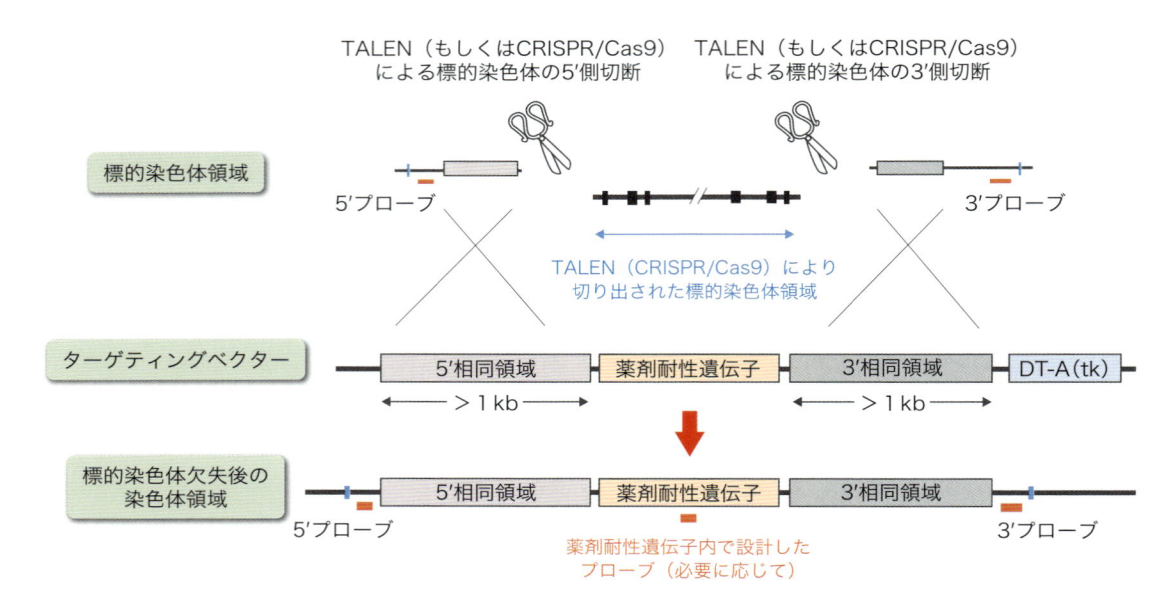

図1 TALEN, CRISPR/Cas9による"One-step"染色体改変

準備

機器

☐ Nucleofector 2b（#AAB-1001, Lonza社）

Nucleofectorは電気穿孔法（エレクトロポレーション）をベースにした機器であり（図2），電気パルスを用いて細胞膜に瞬時に微小な細孔を形成し，核内に外来遺伝子を直接導入する（＝Nucleofection）ことができる．実験に際しては，Lonza社からさまざまな細胞ライン，初代培養細胞におけるプログラムが提供されている（http://bio.lonza.com/resources/product-instructions/protocols/）ので参考にしていただきたい．Nucleofectorは，通常のエレクトロポレーション機器と異なり，電圧，抵抗，静電容量などの厳密な条件検討を行う必要がなく，あらかじめLonza社により検討された設定プログラムを実行するだけでよいため，初心者でも手軽に扱うことができる．また，プログラムにもよるが，遺伝子の導入効率は最高90％，生存率が最高99％と非常に高いことが利点といえる．さらにNucleofectionの

図2 Necleofector概観

特徴として，ベクターを核内に直接導入するため，他の遺伝子導入法と比較し，導入遺伝子の発現にかかる時間が短い（約2〜4時間）こともあげられる．

マウスES細胞および培養環境

☐ マウス胚性幹（ES）細胞EBRTcH3[4]*[1]

129/01aマウスに由来する細胞株．理化学研究所発生・再生科学総合センター（理研CDB）の丹羽仁史博士，升井伸治博士（現・京都大学iPS細胞研究所）により樹立された．理研バイオリソースセンター（http://brc.riken.jp）より入手可能．本細胞は，フィーダー細胞フリーで培養可能であるが，代わりに0.1％ゼラチンでの細胞培養ディッシュのコーティングが必要である．なお，本細胞は，Rosa26遺伝子領域にcDNAを容易に挿入することが可能であり，また挿入したcDNAはテトラサイクリンで発現を制御することができるよう遺伝子操作が行われている[4]．

GMEM（#G6148，シグマ アルドリッチ社；$NaHCO_3$でpH7.4に合わせる）で培養するが，サプリメントとして1×Non-Essential Amino Acids Solution（#11140-050，ライフテクノロジーズ社），1 mM sodium pyruvate（#11360-0700，ライフテクノロジーズ社），0.1 mM β-メルカプトエタノール，1,000 U/mL LIF（leukemia inhibitory factor；#ESG1106，メルク社），さらに10％FBS（fetal bovine serum）*[2]，抗生物質であるPenicillin/Streptomycinが必要である．

> *[1] われわれは，C57BL/6マウス由来のES細胞株CMTI-2（別名：BRUCE-4）でも良好な結果を得ている．CMTI-2は，フィーダー細胞としてマウス胚性線維芽細胞（MEF）が必要である．なお，Nucleofectorキットのプロトコールにはその他のマウスES細胞，R1，D3，E14でも確認済みとの記載がある．
>
> *[2] 通常の細胞培養用血清の検定と同様，血清は事前に細胞増殖能などのチェックの他，未分化維持能のチェックが必要である．

ターゲティングベクター

個々の実験によりデザインは異なる．一般的に，マウスES細胞を用いた遺伝子ターゲティングの場合，相同組換えを起こした細胞を選択するための薬剤（Neomycin，Puromycin，Hygromycinなど）耐性遺伝子を挟む形で，ゲノムDNAとの相同領域（ホモロジーアーム）を両末端に設計する．さらに非相同組換えを起こした細胞を除くために，ジフテリア毒Aサブユニット（DT-A），もしくはチミジンキナーゼ（tk）遺伝子を相同領域外に含むことが推奨される（図1）．なお，作製法は本稿でも述べるが，詳細は成書を参考にしていただきたい[5)6]．

TALEN，CRISPR/Cas9の作製

実践編1を参照．ES細胞では一般的にCAGプロモーター（CMVエンハンサーとchicken β-actinプロモーターのハイブリッド）を用いた発現ベクターを使用する．標的染色体領域の両側で二重鎖切断を行うため，5′側で2本，3′側で2本，計4本のTALENのコンストラクトが必要．CRISPR/Cas9を適用する場合は，5′側で1本，3′側で1本の計2本が必要である．エレクトロポレーションの都合上，発現ベクターの濃度は，1.5 μg/μL以上とする．

試薬

☐ マウスES細胞Nucleofectorキット（#VAPH-1001，Lonza社）

Nucleofector溶液，サプリメント，使い捨てピペット（プラスチックスポイト），Amaxa認定100 μLアルミニウム電極キュベット，pmaxGFPベクター（図3）を含む．

- 薬剤（ターゲティングベクター内に含まれる薬剤耐性遺伝子による）
  G418 disulfate salt（#09380-86, ナカライテスク社/#A1720, ライフテクノロジーズ社）など.
- 一般細胞培養試薬（PBS, トリプシン溶液など）
- ゼラチン（Gelatin from porcine skin；#2625, ライフテクノロジーズ社など）
  最終的には滅菌水もしくはPBSで溶解し，終濃度0.1％で使用する．オートクレーブ後に4℃で保存.
- TEバッファー：10 mM Tris-HCl（pH7.5），1 mM EDTA
- 制限酵素：New England Biolabs社，タカラバイオ社，東洋紡社など
- 核酸抽出・精製に用いる一般試薬：エタノール，フェノール/クロロフォルムなど

図3 Necleofectorキット（マウスES細胞用）

プロトコール

既存の「染色体工学」は，"Three-step"のターゲティングである．これに対し，われわれが開発した染色体操作は，ターゲティングベクターとTALEN（もしくはCRISPR/Cas9）の共導入により，一度に標的染色体の切り出し・改変（ノックイン）までを行う"One-step"ターゲティングである．このため，"One-step"染色体操作で行うターゲティングベクターの構築は，通常のターゲティングベクターと同様の手法で問題ない．遺伝子の導入にはNucleofectorを用いる.

1. ターゲティングベクターのデザイン，構築

遺伝子のターゲティングにおいて，最も重要かつ難易度が高いステップといえる．基本的に，（薬剤耐性遺伝子を挟む形で）ゲノムDNAとの相同領域を両側に設計する．相同領域の片側は5キロベース以上（ロングアーム），もう一方は3キロベース以上（ショートアーム）を有することが理想と考えられている．さらに非相同組換え体を除くためのネガティブセレクションマーカー（DT-A，もしくはtk）を含むことが望ましい．本稿では，ターゲティングベクターにDT-Aを導入していることを前提に解説する．

なお，われわれは相同領域長の異なる各種ターゲティングベクターを作製し，ES細胞において数百キロベースに及ぶ染色体領域の欠失が起こる確率（相同組換え）を解析した．この結果，驚くべきことに5′，3′それぞれの相同領域が1キロベースという長さでも1％程度の確率で組換えが起こることを確認している．ただ，組換えの効率は遺伝子領域に依存すること，さらにターゲティングベクターの相同領域長にも依存することがすでに知られていることから，実際の実験には長めの相同領域を設定することをお勧めする（図1）．

2. Nucleofection（ES細胞への遺伝子導入）

〈1日目〉

❶ ターゲティングベクターの線状化

デザインしたターゲティングベクター 20 μg を制限酵素処理により一晩消化する．

❷ 細胞の撒き直し

1回のNucleofectionで 5×10^6 cells が必要となる．Nucleofectionを行う数に応じて余裕をもって細胞を準備する．

〈2日目〉

❸ ターゲティングベクターの精製[*1, 2]

線状化したターゲティングベクターをフェノール/クロロフォルムで抽出し，続いてエタノール沈殿により線状化ターゲティングベクターのペレットを得る．

> [*1] 精製前に制限酵素反応液の一部を用い，アガロース電気泳動にてターゲティングベクターの線状化を確認することをお勧めする．
>
> [*2] 実験開始前にあらかじめ培養液を37℃で温めておく．またNucleofection後に用いる細胞培養ディッシュは0.1％ゼラチンでコートしておく．

❹ Transfection Mixture の準備

17 μL Supplement と 76.5 μL Mouse ES cell Nucleofector Solution を混合する（1反応あたり，93.5 μLのTransfection Mixture となる）．

❺ DNAとTransfection Mixtureの混合

DNA（線状化ターゲティングベクターのペレット，4本のTALENのコンストラクト各2 μg，CRISPR/Cas9の場合は2本のコンストラクト各2 μg）とTransfection Mixtureを混ぜる[*3]．総量が100 μLを超えないようにする．最終的にTEバッファーを用い，総量を100 μLに合わせてもよい．

> [*3] 遺伝子を細胞に導入するステップにおいて，導入遺伝子量の比率はきわめて重要である．われわれは，TALENを用いた場合，ターゲティングベクター20 μg，TALEN（4本）各2 μg（総量8 μg）の系で高い組換え効率を得ている．なお，CRISPR/Cas9を導入する場合，ターゲティングベクターを20 μg，CRISPR/Cas9（2本）を各2 μg（総量4 μg）の比率で良好な結果が得られている．

❻ 細胞の準備

細胞をPBSで洗った後，トリプシンで細胞をディッシュから剥がす．細胞数の計測後（1反応あたり，5×10^6 cells が必要）遠心してペレットにする．

❼ 細胞懸濁液の調製

❺で調製したDNA/Transfection Mixture溶液により細胞ペレットをピペッティングにより穏やかに懸濁し，アルミニウム電極キュベットに移す[*4]．

> [*4] 懸濁液がキュベットの底まで入っているか確認する．また電極間に泡が入らないようにする．

❽ Nucleofection

懸濁液が入ったキュベットの蓋を閉め，機器のキュベットホルダーに挿入しNucleofectionを行う．プログラムはA-023を指定する（図4）[*5]．"X"ボタンを押しEnter，再度"X"ボタンを押しStart（実行），終了後に"OK"が表示された場合には問題なくNucleofectionが完了したことを意味する．

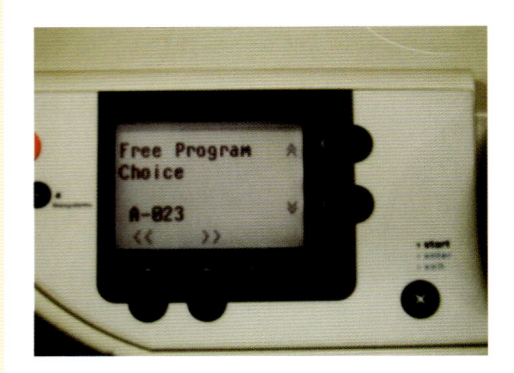

図4　Necleofectorの設定画面

[*5]　マウスES細胞に対するメーカーの推奨プログラムは，A-013，A-023，A-024のいずれか，とある．われわれは，GFP発現ベクター（pmaxGFP）を用いた細胞導入効率，Nucleofection後の細胞へのダメージ，死細胞数，形態観察などからA-023を選択した．少なくとも本稿で紹介するマウスES細胞（EBRTcH3，CMTI-2）では，A-023がベストと思われる．他の細胞ラインではプログラムの最適化の検討が必要である．

❾ Nucleofectionを行った細胞懸濁液をあらかじめ温めていた細胞培養液に戻す[*6]

キット添付の使い捨てプラスチックスポイトを用い，なるべく早く細胞培養液に戻す．キュベット内を培養液で共洗いすることで，細胞の回収率を上げる．

[*6]　15分を超えてキュベット内で放置した場合，細胞の生存率に影響を与えるので手早く行う．

❿ 培養の開始

10 cm細胞培養ディッシュにて培養を開始する[*7]．

[*7]　細胞培養ディッシュの枚数は薬剤培地選択後に生き残る細胞数に依存する．生き残る細胞数が多い場合は，後のシングルコロニーのピックアップの操作が難しくなる．通常は3～5枚に撒くのが適当と思われるが，本試験前に予備実験として，一通りの実験を行い，薬剤選択後の細胞数を把握しておくことをお勧めする．

〈3日目〉（Nucleofection翌日）

⓫ 培地（G418などの薬剤を含まない）交換[*8]

[*8]　主にDT-Aによる（非相同組換え）死細胞を除く．基本的にNucleofectionによる物理的ダメージに由来する細胞死は少ないと思われる．

〈4日目〉

以下は基本的に通常の遺伝子ターゲティングと同様の操作である[4)5)]．

⓬ 選択培地で培養開始

選択培地で用いる薬剤は，ターゲティングベクター内にデザインした薬剤耐性遺伝子により異なる．われわれはNeomycin耐性遺伝子をデザインしたためG418を使用し，終濃度

500 μg/mLで選択を行った．以降は1日おきに選択薬剤を含んだ培地で培養を行う*9．

> *9 あらかじめ，適切な数のコロニーが得られるような薬剤の濃度検討が必要．一般的にG418の適正濃度は，100〜800 μg/mLである．なお，G418を用いた場合，非相同組換え体が死にはじめるまでには4日程度かかる．

〈4日目以降〉（細胞培養）

⑬ シングルコロニーのピックアップ，増殖と凍結

Nucleofection後，約1週間でシングルコロニーはピックアップ可能な大きさになる．クリーンベンチ内，顕微鏡下でシングルコロニーをピックアップし，24〜96穴細胞用培養プレートで培養を行う．ピックアップしたシングルクローンは最終的には2枚のプレートに分けて培養を行う（1つはゲノムDNAを用いて陽性細胞のスクリーニングを行うために使用，もう1つはその後の解析用に–80℃で凍結保存する）．

⑭ ゲノムDNAの解析*10

フェノール/クロロフォルム抽出，エタノール沈殿によりゲノムDNAを得る．TEバッファーで溶解したゲノムDNAはPCRによるスクリーニングを行う．その後PCR産物を鋳型にしたシークエンス，最終的にはサザン解析により陽性ES細胞の同定を行う．

われわれの経験上，相同領域が5′と3′ともに1キロベースであっても1％程度は陽性細胞であった．なお，非常に低い確率ではあるが両アレルを欠損した変異細胞（null mutaion）が得られることがある．

> *10 本手法を適用し，標的染色体領域の欠失を行った場合，領域に含まれる各遺伝子群のコピー数は半減しているはずである．前記の手法（サザン解析，PCR，シークエンス）に加え，マイクロアレイCGH（comparative genomic hybridization），もしくはリアルタイムPCRによるコピー数解析は，サザン解析を補完する形で有効である．

実験例 (Nomura et al., 投稿中)

精神遅滞および神経発達障害と相関する新規のCNVとして報告された，"ヒト15q25領域"を対象に，マウスES細胞で当該染色体領域（chromosome 7）の欠失を試みた．本染色体領域は，ヒトで600 kb，マウスでは400 kbを超える7遺伝子を含む巨大な染色体領域であるが，ヒト・マウス間での保存性が高い．本稿で紹介したOne-step染色体工学手法を適用し，5 kbから1 kbにわたるさまざまな相同領域長のターゲティングベクターで解析を行った結果，1〜10％程度の確率で安定的に標的染色体領域を欠損した細胞を得ることができた．一般的に組換え効率は，ターゲティングベクターの相同領域長に依存するが，1 kbであっても相同組換えが誘導されたことはわれわれのシステムの特筆すべき点といえる．なお，TALENおよびCRISPR/Cas9，システムは異なるものの，どちらもDNA二重鎖切断を行うという点で同一であり，実際にわれわれの開発したシステムにおいては両方とも効率よく標的染色体領域を欠損することが確認できている．

おわりに

　以上，われわれが開発したTALEN，CRISPR/Cas9を適用した簡便かつ高効率，迅速に染色体操作が行えるプロトコールを紹介した．現在，ゲノム編集のツールとしてはTALEN，CRISPR/Cas9のみならず，ZFN（zinc finger nuclease）も同時に存在している．今回はTALEN，CRISPR/Cas9についての染色体操作を紹介したが，（TALEN同様にFok Iヌクレアーゼでゲノム DNAに二重鎖切断を誘導する）ZFNでも同様の染色体操作が可能と思われる．

　両アレルの欠損（ダブルノックアウト）細胞の作製を目的とする場合は，（本技術による両アレルを欠損する効率は非常に稀であるため）ターゲティングベクター内の薬剤耐性遺伝子を変えることで再度ターゲティングを実施することをお勧めする．

　また，最近，Jaenischのグループがゲノム編集技術を用い，ES細胞を介さずに直接受精卵で遺伝子改変を起こすことに成功した[7]．われわれが本稿で紹介した"染色体レベルの改変技術"が果たして受精卵で機能するかは現在不明である．しかし，ES細胞を介さない染色体改変モデル動物作製の技術開発は，染色体工学技術の次の焦点といえる．

　最後に，染色体工学の問題の1つに"変異ES細胞に由来するマウスが得られない（もしくは得られる効率がきわめて低い）"ということがあった．これは，遺伝子改変マウス作製において，ES細胞の継代数が増すほど生殖系列移行（GT：germline transmission）率が下降する，という経験則に基づくものと考えられる．しかし，本手法を適用することで，細胞継代数は劇的に減少するため，染色体改変マウスが得られる確率はかなり上昇するものと思われる．

　以上，これまで技術の難易度から停滞していたCNVsの研究は，われわれのプロトコールにより大きく進展すると思われる．本技術により，ヒトの染色体異常を再現した染色体改変細胞，動物モデルが次々に作出され，基礎医学の進歩，創薬に生かされることを望んでいる．

◆ 文献

1）Malhotra, D. & Sebat, J.：Cell, 148：1223-1241, 2012
2）Nakatani, J. et al.：Cell, 137：1235-1246, 2009
3）Nomura, J. & Takumi, T.：Neural Plast., 2012：1-9, 2012
4）Masui, S. et al.：Nucleic Acids Res., 33：e43, 2005
5）Bouabe, H. et al.：Methods Mol. Biol., 1064：337-354, 2013
6）van der Weyden, L. et al.：Methods Mol. Biol., 530：49-77, 2009
7）Wang, H. et al.：Cell, 153：910-918, 2013

◆ 参考図書

1）『ジーンターゲティングの最新技術』（八木 健/編），羊土社，2000
2）『ジーンターゲティング―ES細胞を用いた変異マウスの作製』（相沢慎一/著），羊土社，1995

Column ～先端的アプリケーション紹介～

染色体工学とゲノム編集の融合による医学・薬学研究への応用

香月康宏，押村光雄

染色体工学技術とゲノム編集技術

染色体工学技術とゲノム編集技術は，同じ意味に取られがちであるが，染色体工学技術は内在あるいは外来のゲノムを相同組換えやCre-loxPシステムなどを用いて染色体レベル（Mb単位）で改変し，その改変した染色体を任意の細胞に導入する技術である（図1A）．染色体工学技術の最大のメリットは改変した染色体を任意の細胞に移し替えることができる点である．一方，ゲノム編集技術は佐久間・山本による基本編にあるように，部位特異的ヌクレアーゼにより任意のゲノムを部位特異的に切断し，高頻度に変異を挿入したり，相同組換えを誘導する技術である．ゲノム編集技術がない時代には相同組換え頻度の高いニワトリDT40細胞やマウスES細胞などでしか染色体改変は利用できなかったが，ゲノム編集技術の発展により染色体レベルでの改変も任意の細胞で可能となってきた．本コラムでは，染色体工学技術について紹介し，ゲノム編集技術との融合例を紹介する．

人工染色体ベクターとは

従来の遺伝子導入には大腸菌/酵母を宿主としたクロー

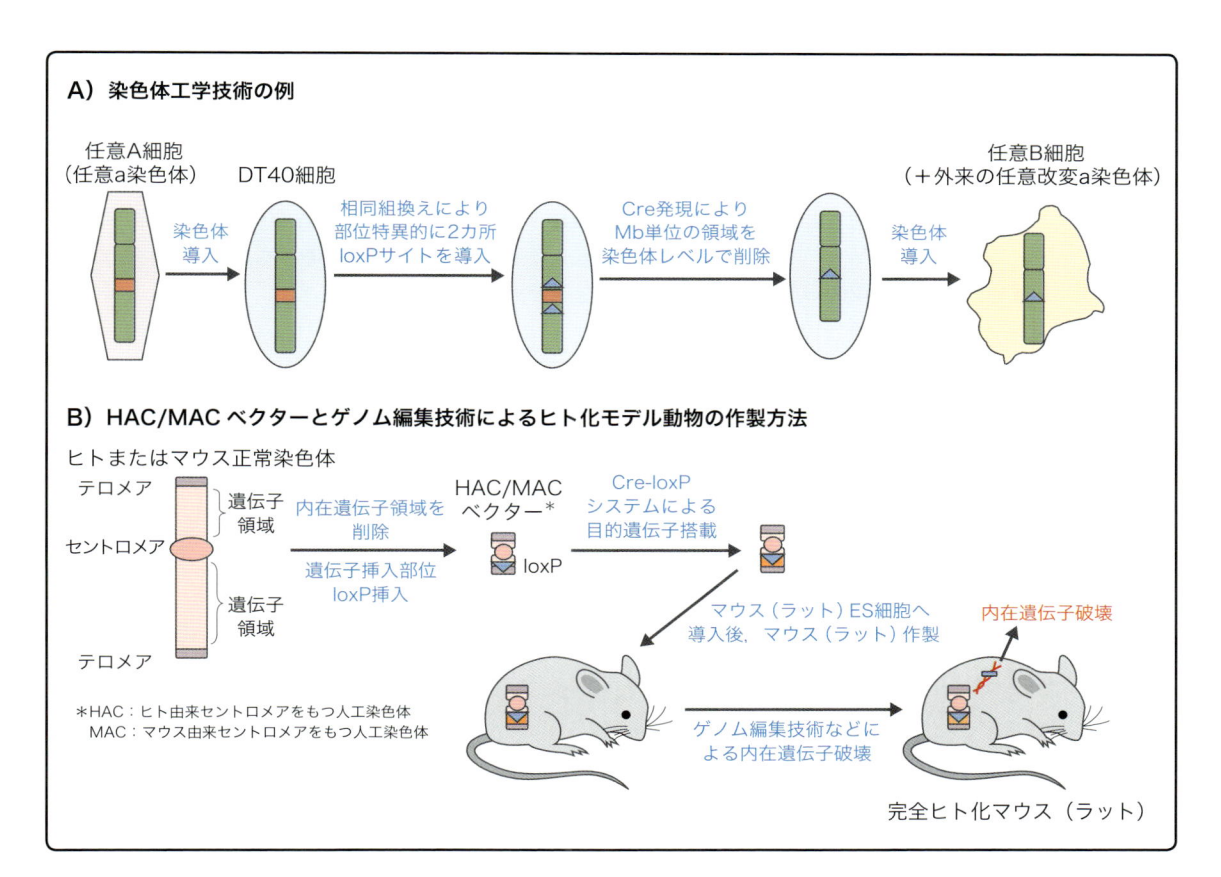

図1 染色体工学技術の例とHAC/MACベクターを用いたヒト化モデル動物の作製

ン化DNAが用いられているが，安定発現細胞株を取得しようとした場合，導入遺伝子は宿主染色体上にランダムに，多くの場合複数コピー挿入される．近年，染色体の特定部位（AAVS1部位やROSA26部位など）に，ゲノム編集技術を利用した相同組換えを用いて目的遺伝子を導入する方法も開発されているが[1]，必ずしも巨大な遺伝子，複数の遺伝子を同時に安定的に導入できないのが現状である．これらの課題を解決するために，本来のヒトあるいはマウス染色体からすべての遺伝子を取り除いて（染色体改変），自律複製・分配が可能なヒト人工染色体（human artificial chromosome：HAC）あるいはマウス人工染色体（mouse artificial chromosome：MAC）ベクターを構築した（図1B）[2][3]．

HAC/MACベクターの利点は以下の4つがあげられる．①宿主染色体に挿入されず独立して維持されることから，宿主遺伝子を破壊しない．②一定のコピー数で安定に保持され，自己のプロモーターを含む遺伝子領域を導入することにより宿主細胞の生理的発現制御を受けることから，過剰発現や発現消失が起きる可能性が低い．③導入可能なDNAサイズに制約がないことから，発現調節領域を含む遺伝子や複数遺伝子/アイソフォームの導入が可能となる．④任意の遺伝子を搭載したHAC/MACベクターを任意の細胞に移入することができる．以下に染色体改変を行う染色体工学技術とゲノム編集技術の融合による実施例を紹介する．

染色体工学技術とゲノム編集技術の融合

大腸菌人工染色体（BAC）ベクターにクローニングできない200 kbを超える巨大遺伝子あるいは遺伝子クラスターを導入することはゲノム編集技術などの従来技術を用いても不可能である．これまでにわれわれは薬物代謝に重要な代謝酵素群の1つであるヒトCYP3A遺伝子クラスター全長を含む約700 kbを染色体工学技術を用いてHAC/MACベクター上に搭載し，そのHAC/MACベクターをマウスに導入した「ヒト化CYP3Aマウス」の作製に成功している[4]．一方，薬物動態・毒性研究においてはマウスよりもラットがよく利用されている．そこで，広島大学・山本卓教授らとの共同研究によりPlatinum TALENを用いてラット内在性Cyp3a1/23を破壊し，同様にMACベクターを用いてヒトCYP3Aを導入することでヒト化ラットモデルも同様に作製している（図1B）．これらのヒト化薬物代謝モデル動物はヒトの薬物代謝を外挿するためのモデルとして利用できる．

このように内在性遺伝子をゲノム編集技術により破壊し，ヒト遺伝子クラスターをHAC/MACベクターを用いた染色体工学技術により導入することによりさまざまなヒト化モデル動物の作製が効率化できるものと期待できる．また，HAC/MACベクター上への遺伝子搭載やHAC/MACベクター上の遺伝子改変にゲノム編集技術を利用することも可能である．一例として，前記で作製されたようなCYP関連のヒト化モデル動物のヒト遺伝子領域にゲノム編集技術を用いてSNPを挿入して，poor metabolizer（酵素活性の欠損した患者）のモデルを作製することも可能である．また，染色体工学技術にはこれまで高頻度に相同組換えが誘導できるDT40細胞やES細胞が染色体改変の場として用いられてきたが，ゲノム編集技術により，細胞（場）を選ばずに染色体改変を行うことも可能である．

以上のように，HAC/MACベクターを用いた染色体工学技術とゲノム編集技術の融合はヒト化モデル動物の作製，遺伝子再生医療，遺伝子機能解析，などに有用な次世代遺伝子改変技術として期待される．

◆ 文献

1）Zou, J. et al.：Blood, 117：5561–5572, 2011
2）Kazuki, Y. & Oshimura, M.：Mol. Ther., 19：1591–1601, 2011
3）Takiguchi, M. et al.：ACS Synth. Biol., doi：10.1021/sb3000723, 2012
4）Kazuki, Y. et al.：Hum. Mol. Genet., 22：578–592, 2013

実践編　マウス・ラットでのゲノム編集

4 マウスにおける TALEN を用いた遺伝子改変
ノックインマウス作製を例に

相田知海，宇佐美貴子，石久保春美，田中光一

遺伝子改変マウスは遺伝子機能の解明に必須のツールであるが，その作製は容易ではない．近年，受精卵内でゲノムを改変する in vivo ゲノム編集法により，最短1カ月の短期間で，低コストかつ容易にノックアウト・ノックインマウスの作製が可能になった．ここでは TALEN を用いた簡便なヒト変異ノックインマウス作製を紹介する．

はじめに

　医学・生物学研究において，マウスは最も広く用いられるモデル動物である．これは長い間，マウスが ES 細胞を用いたジーンターゲティング技術による正確なゲノム改変が適用可能な唯一の動物であったためである．これまでノックアウトマウスを中心とした膨大な遺伝子改変マウスが作製され，個体レベルでの遺伝子機能や病態の解明，創薬に貢献してきた．近年はヒトゲノムの膨大な多様性が明らかにされ，これらの機能解釈手段としてヒト遺伝子多型／変異を挿入したノックインマウスの有用性が益々高まっている[1]．一方，これら遺伝子改変マウスの作製にはターゲティングベクター作製・ES 細胞スクリーニング・キメラマウス作製など，少なくとも1年以上の長期間，高い費用（外注した場合には数百万円），煩雑な多くの実験を要する．***in vivo*ゲノム編集法**[*1]の登場によりこの状況は一変し，およそ1カ月の短期間で気軽に遺伝子改変マウス作製が可能になった[1]．本稿では，ヒトの一塩基多型／変異（single nucleotide variant：SNV）を例に，われわれが確立してきた TALEN とオリゴ DNA を用いた，きわめて迅速・簡便・安価の高効率ヒト SNV ノックインマウス作製法を紹介する[1]．

>*1　受精卵に ZFN，TALEN，CRISPR/Cas9 などのゲノム編集ツールを注入して，直接，遺伝子改変を行う方法．ES 細胞を用いないため，きわめて短期間に遺伝子改変マウスを作製可能である．

準備

TALEN

　in vivo ゲノム編集による遺伝子改変マウス作製を成功させる**最大のポイントは，TALEN の DNA 切断活性**である．Voytas[*1]ベースの一般的な TALEN の活性は低く，標的 DNA 配列に大きく影響され，遺伝子改変マウスの作製効率はきわめて低い．そこでわれわれは広島大学・

山本教授が開発したPlatinum TALEN[2]を強く推奨する（Platinum TALEN作製は**実践編1**を参照されたい）．**Platinum TALENは，標的DNA配列に依存せず，きわめて高い活性を発揮する**．

　また，SSAアッセイあるいはCel-IアッセイによるTALENの活性チェックは必須である．**SSAアッセイでのネガティブコントロール比で30倍程度以上の活性があるTALENを推奨する**．

> *1 ミネソタ大学のVoytasらが発表した自作可能で最も一般的なTALENシステム．非営利のDNAバンクであるAddgeneから自作キットが入手可能．

オリゴDNA（ノックインマウス作製の場合のみ）

　一塩基多型/変異などごく短い配列の挿入・置換には，従来のターゲティングベクターは不要である．合成一本鎖オリゴDNA（いわゆるプライマー）をノックインドナーDNAとして用いる．われわれは未修飾のオリゴDNA合成を北海道システムサイエンス社に依頼している．ファスマック社やIDT社などが200塩基まで合成可能で，タグやloxPなどのノックインに有用である．**精製方法はPAGEを推奨する**．精製の必要性については議論があるが，オリゴDNAの合成エラーに由来する想定外の変異をもつマウスができたという報告もある[3)4)]．長鎖のオリゴDNA合成には1〜2週間かかるので早めの準備が必要である．

受精卵（マウス前核期受精卵）

　常法（参考図書1）に則り，あらかじめ体外受精で得られた受精卵を凍結保存しておく．これにより受精卵準備とインジェクションの日を分け，任意の時刻・数にてインジェクションすることが可能になる．

　マウス系統の選択は重要である．広く用いられるC57BL/6J系統（日本クレア社）は，バッククロス不要という大きな利点があるが，生存率が低く産仔数は少ない．これらはインジェクション前日の自然交配または当日の体外受精で得た新鮮受精卵の使用により改善されるが，作業負荷がきわめて大きくなる．予算があれば，当日プラグ確認マウス（日本クレア社）が非常に便利である．BDF1（C57BL/6J × DBA/2F1，日本クレア社）はバッククロスが必要であるが，生存率は高く，産仔数も多い．実験目的により選択するべきである．われわれはC57BL/6J凍結受精卵を用いて良好な成績を得ている．移植用の偽妊娠（レシピエント）マウスと里親マウスの準備も必要である．こちらも予算があれば日本クレア社から購入するのが便利である．とは言え，*in vivo*ゲノム編集によるマウス作製自体はきわめて低コストであるため，当日プラグ確認やレシピエントマウスを購入したとしても，トータルでみれば全く問題にはならない．

動物・試薬・器材

TALEN mRNA合成

- ☐ mMESSAGE mMACHINE T7 ULTRA Kit（#AM1345M，ライフテクノロジーズ社）
- ☐ MEGAclear kit（#AM1908，ライフテクノロジーズ社）
- ☐ Nuclease-Free Water（not DEPC-treated；#AM9938，ライフテクノロジーズ社）
- ☐ NanoDrop（サーモフィッシャーサイエンティフィック社）
- ☐ 2100 バイオアナライザ（アジレント・テクノロジー社）

- ☐ 0.1 TE バッファー〔10 mM Tris-HCl (pH7.4), 0.1 mM EDTA, in Nuclease Free Water〕
- ☐ サーマルサイクラー

受精卵インジェクション
- ☐ 採卵用マウス（C57BL/6J，日本クレア社）
- ☐ 偽妊娠（レシピエント）マウス，里親マウス（ICR，日本クレア社）
- ☐ M2 培養液（#M7167，シグマ アルドリッチ社）
- ☐ KSOM 培養液（アーク・リソース社）
- ☐ ミネラルオイル（#M8410，シグマ アルドリッチ社）
- ☐ 胚操作用ピペット一式（Drummond Scientific 社）
- ☐ インジェクション用ガラス管（G1，ナリシゲ社）
- ☐ ホールディングピペット用ガラス管（#B100-75-10，Sutter Instrument 社）
- ☐ FALCON ペトリディッシュ（#1006，BD Biosciences 社）
- ☐ マイクロローダーチップ（#94207，エッペンドルフ社）
- ☐ マイクロピペットプラー（#P-98/IVF，Sutter Instrument 社）
- ☐ マイクロマニピュレーションシステム（ライカ社/エッペンドルフ社）
- ☐ 実体顕微鏡（#MSZ1500，ニコン社）

DNA 抽出
- ☐ 抽出バッファー
  1×SSC, 10 mM Tris-HCl (pH7.5), 1 mM EDTA, 1% SDS, 200 μg/mL Proteinase K
- ☐ TE 飽和フェノール
- ☐ イソプロピルアルコール
- ☐ 70% エタノール

TA クローニング
- ☐ TOPO TA Cloning Kits（ライフテクノロジーズ社）

プロトコール

1. TALEN およびオリゴ DNA のデザイン（1日）（図1）

❶ スペーサー内に目的の SNV が位置するように TALEN を設計する

　　切断部位近傍が最もノックイン効率が高く，離れるほど低下するため，可能であれば，Fok I で切断されるスペーサー中央付近がよい．これまでの経験から，切断部位より40塩基以上離れるとほとんど入らない[5]．SSA アッセイまたは Cel-I アッセイによる TALEN の活性チェックは必須である．

❷（オプション）制限酵素部位の導入

　　制限酵素部位の導入は，マウスのスクリーニングや解析に非常に便利である．SNV により制限酵素部位が生成/破壊される場合はそれがベストであるが，大抵は使い難い制限酵素部

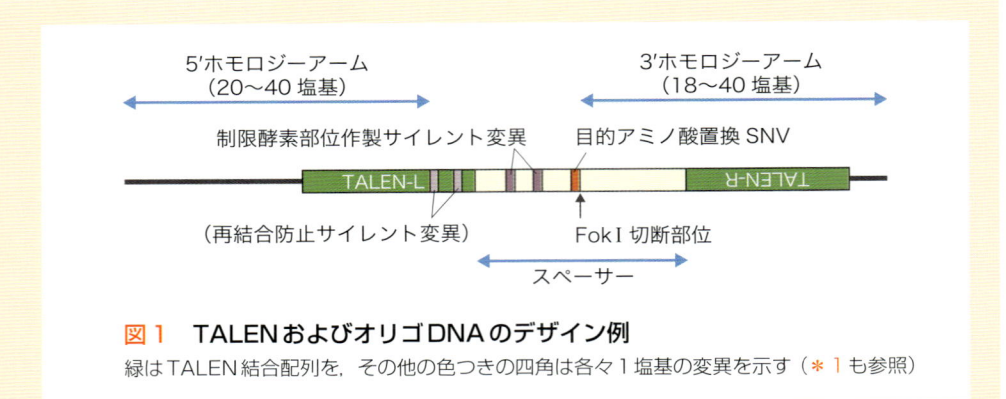

```
        5′ホモロジーアーム                    3′ホモロジーアーム
         (20〜40塩基)                      (18〜40塩基)
        制限酵素部位作製サイレント変異    目的アミノ酸置換SNV
              TALEN-L                         TALEN-R
         (再結合防止サイレント変異)      FokI切断部位
                                    スペーサー
```

図1　TALENおよびオリゴDNAのデザイン例
緑はTALEN結合配列を，その他の色つきの四角は各々1塩基の変異を示す（＊1も参照）

位なので，別途設計したほうがよい．❶同様，スペーサー内の切断部位近傍に設計することが重要である．タンパク質コード領域であればアミノ酸変化のないサイレント変異であることとコドンの使用頻度に注意する．サイレント変異による制限酵素サイト設計には「DNA sequence Design Supporter」（http://www.rs.noda.tus.ac.jp/~biost/OPFU/yama/public_html/test/ddsp.htm），コドンの使用頻度の確認には「Codon Usage Database」（http://www.kazusa.or.jp/codon/）が便利である．

❸（オプション）再結合防止変異の導入

　ノックイン後の再改変を防止するため，TALEN結合部位への再結合防止サイレント変異が有効とされる．われわれの経験では，この変異の有無はあまり結果に影響しないようである．入れる場合，前記❷と同様，アミノ酸変化，コドン使用頻度に注意する＊1．

> ＊1　目的SNV以外の置換のノックインは遺伝子発現に影響を与える可能性があり，❷，❸のオプションは慎重に検討する必要がある．

❹ホモロジーアームの設計

　SNV，制限酵素部位，再結合防止サイレント変異の外側に以下のホモロジーアームを付加する．われわれは20/18（5′アーム：20塩基，3′アーム：18塩基）か，40/40（5′，3′アームとも：40塩基）を用いる．20/18はHDR＊2効率がやや高いが，NHEJ＊3を高率に伴うモザイクになりやすく，40/40はHDRのみになる確率がやや高い印象である．オリゴDNAの作製は標的領域のセンス鎖，アンチセンス鎖のいずれに対してでもよい．SNVや制限酵素部位が切断部位の5′側に位置するように選択するとよい．複数の挿入塩基がある場合，切断部位をまたいで存在しないほうがよい．オリゴDNAの合成鎖長は通常130〜160塩基程度が上限（ファスマック社やIDT社などでは200塩基）であり，その範囲内に収まるようデザインする必要がある．

> ＊2　Homology-directed repair．ノックインアレルを生成する．
> ＊3　Non-homologous endo-joining．ノックアウトアレルを生成する．

2. TALEN mRNA調製（半日）

❶充分な活性を確認済みのTALENプラスミドを用いてmMESSAGE mMACHINE T7 ULTRA Kit，MEGAclear Kitのプロトコールに従ってmRNA合成・精製を行う．

　　　　Nuclease-Free Waterで溶出する
　　　　↓
❷ 前記の一部を用いて，NanoDropを用いた濃度測定とバイオアナライザを用いた電気泳動で目的産物を確認する[*4]．1回の使用量（数μL程度）ごとに分注して，-80℃で保存する

> [*4] mRNAの質が低い場合うまくいかない．

3. オリゴDNA調製（10分）

PAGE精製の高純度品を用いる．

❶ 100 μMとなるよう，Nuclease-Free Waterに溶解する．追加カラム精製などは必要ない．使用しない分は-20℃で保存する

❷ 150 ng/μLストック溶液を調製する

4. インジェクション溶液調製（10分）

❶ インジェクション当日，以下の溶液を調製する．事前に調製する場合は-80℃で保存しておく

TALEN mRNA

　SSAアッセイの結果を指標に，左右各々について適切な濃度となるよう調製する．高濃度ほど，改変効率が高いが，産仔数は低下する．C57BL/6J系統受精卵にノックインする場合，SSAアッセイでのネガティブコントロール比で30倍度以上の活性があるTALENを用いて，1〜4 ng/μL程度が確実な範囲である[*5]．

オリゴDNA

　150 ng/μLストックから最終液量の1/10量を取り，最終濃度が15 ng/μLとなるよう調製する．

> [*5] ノックアウトを目的として細胞質へインジェクションする場合は，50〜100 ng/μLでもよい．

↓

❷ 0.1 TEで50 μLに液量を合わせる[*6]

> [*6] TEは必ず0.1 mM EDTAとする．通常の1 mM EDTAは受精卵に毒性がある．Tris，EDTAとも専用の試薬を使用する．水はインジェクションに適したグレードを使用する．

↓

5. 受精卵へのインジェクション（1日半）

❶ 常法に則り，胚操作用ピペット，インジェクションピペット，ホールディングピペットを作製する（参考図書3）

❷ 凍結受精卵を常法により融解し，使用するまでミネラルオイルを重層したKSOM培養液のドロップで培養する（37℃/5% CO_2）

❸ インジェクションチャンバーを準備する
　FALCON 1006の蓋を使用．M2培養液ドロップを数個つくり，ミネラルオイルを重層する．

↓

❹ チャンバーを倒立顕微鏡のステージに乗せる

❺ ホールディングピペット,インジェクションピペットを倒立顕微鏡にセットし,チャンバーのミネラルオイルに降ろす

❻ インジェクションピペットの先端から注入液が出ていることを確認し,流量を調整する

❼ ステージ上のM2培養液ドロップに,培養中の前核期受精卵を移す(10〜20分で作業できる数)

❽ 雄性前核がホールディングピペットおよびインジェクションピペットと一直線の位置にくるよう前核期受精卵を保持する(図2A)

❾ 2段階でインジェクションを行う[3)〜5)]

　ゲノム編集ツールのmRNAは前核よりも細胞質へインジェクションしたほうが切断効率は高い[6)] *7.DNAドナーによる相同組換えを促進するため,前核にもインジェクションする.インジェクションピペットを前核期受精卵に差し入れ,前核が膨らむのを目視で確認する(図2B).インジェクションピペットを少し引いて先端を前核から細胞質に移動させ,細胞質が膨らむのを目視で確認できたら(図2C),インジェクションピペットを引き抜き,ドロップの端に放す(図2D).

> *7　ただしこれらの方法は一般的でないため,慣れないうちはトランスジェニックマウス作製で標準的な前核のみへのインジェクションでも構わない[7)].

❿ 次の前核期受精卵を保持して,同様にインジェクション操作を行う

⓫ チャンバー内のすべての前核期受精卵にインジェクションが終了したら,胚操作用ピペットでチャンバーからもとのKSOM培養液の新たなドロップに移動する

⓬ 融解した前核期受精卵すべてを同様にインジェクションし,翌日までKSOM培養液中で培養する

⓭ 里親マウスを準備する

　インジェクション当日夕方,発情期の雌ICRマウスを,1匹飼いの雄ICRマウスと交配する.翌朝プラグチェックする(日本クレア社からも購入可能).

⓮ レシピエント(胚移植親)マウスを準備する

　インジェクション当日夕方,発情期の雌ICRマウスを,1匹飼いの精管結紮した雄ICRマウスと交配する.翌朝プラグチェックする(日本クレア社からも購入可能).

⓯ 翌日,2細胞期に発生した胚をレシピエントマウスの卵管に移植する.帝王切開による分娩用に,出産予定日同日または前日に出産する里親マウスを準備する.出産予定日に分娩していないレシピエントマウスは帝王切開により産仔を得る

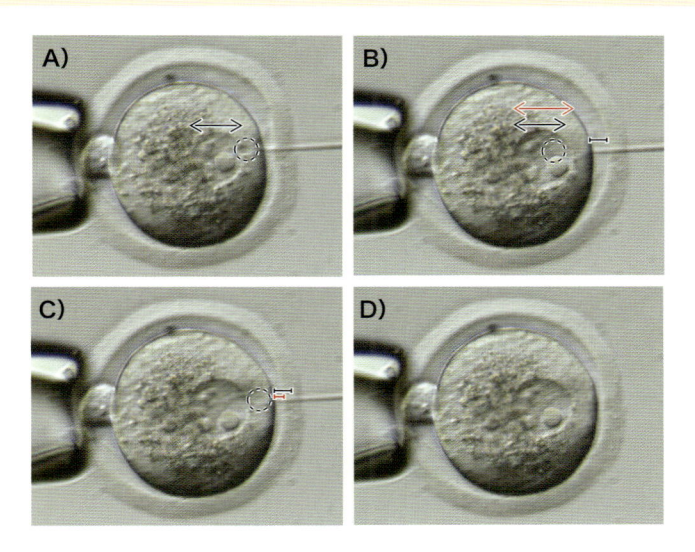

図2　2段階インジェクション法
A) インジェクションピペットの先端（黒丸）を雄性前核（黒矢印の下の円形部）に刺す直前．黒矢印：雄性前核の直径．左端はホールディングピペット．**B)** 先端が雄性前核内に達し，1段階目の前核内インジェクションにより雄性前核が膨らむ（赤矢印：インジェクション後の直径，黒矢印と比較）．黒線：透明帯と受精卵の距離．**C)** 先端を雄性前核から引き上げ，細胞質に保持する．2段階目の細胞質インジェクションにより受精卵が膨らみ，透明帯との距離が縮まる（赤線，黒線と比較）．**D)** インジェクションピペットを引き抜き，完了

6. 産仔DNAの抽出（PCR用）（2時間〜1日半）

❶ 出産時，または帝王切開時に産仔の個体識別と組織採取（尻尾や胎盤など）を行う

　出産時に行うことで，哺乳中に喰殺・育仔放棄された場合でもジェノタイプを知ることができる．適当な方法で個体識別を行ったほうがよい．

❷ 適量の組織に抽出バッファー1 mLを加え，37 ℃で一晩インキュベーションする

❸ ゲノムDNAをフェノール抽出し，7〜9のアッセイ系に供する．簡便な方法（13）も有用である

7. PCR（2時間〜1日半）

　切断部位を含めたPCR産物が300〜600 bp程度となるようプライマーをデザインしておく（通常，培養細胞で用いたCel-Iアッセイのプライマーを使う）．切断後に明瞭なバンドシフトが得られることがポイントである．一般的な方法に従ってPCR反応を行う．DNA濃度を測定し，濃度を合わせてPCRを行うと，明瞭なバンドが得られる．PCR産物はこの後のさまざまな反応に用いるため，ローディングダイを直接PCR産物に添加しないほうがよい．1 μLの電気

泳動で，明瞭なシングルバンドが見えることが，その後の実験にきわめて重要である．NHEJにより上下にシフトしたバンドが出ることもある．この場合クローニングが必要である．

8. Cel-I アッセイ（2時間）

NHEJ，HDRを問わず，改変された個体をスクリーニングする．この方法はうまく動けばシークエンスと同程度の感度できわめて有用である．ただしホモの場合には検出できない可能性に留意する．実験医学2013年1月号に掲載のプロトコールを参照されたい[*8]．

> *8　10 μLの系でPCR．精製は不要．2.5 μLのPCR産物を用いる．

9. PCR-RFLP（30分〜）

サイレント制限酵素部位の検出により，ノックインアレルをもつマウスをスクリーニングする．ただし制限酵素処理でバンドが出ても，目的SNVがノックインされているとは限らない．

❶ 以下の反応液を調製する

滅菌蒸留水	6 μL
PCR産物	2.5 μL
10×バッファー	1 μL
制限酵素	0.5 μL
計	10 μL

❷ 37 ℃で5分（FastDigest制限酵素の場合）から最大16時間インキュベートする

❸ ローディングダイを添加し，全量を2％アガロースゲルで電気泳動する．切断予想位置のバンドの有無を確認する

10. ダイレクトシークエンス（3時間〜）

❶ 7のPCR産物を滅菌蒸留水で10倍希釈する．このうち1 μLをシークエンス反応に用いる
　プライマーはPCR反応と同じものを使用できる．

❷ シークエンス結果から，HDR（ノックイン）個体，NHEJ（ノックアウト）個体を注意深く同定する

> コンパウンドヘテロやモザイク個体では両者が混在するので，波形を拡大し，NHEJのなかからHDRを探す．HDR部位での波形はプラス1ピークになる．ホモの場合には，一見すると野生型に見えるので注意する．後述の**実験例**も参照．

11. TAクローニングによるアレル分離とシークエンス解析（1日半）

❶ 前記の結果を総合的に検討し，クローニングにより詳細に解析する個体を決定する
　全個体について行ってもよい

❷ 7のPCR産物をTOPO TA Cloning Kitsのプロトコールに従いクローニングし，形質転換した大腸菌コロニーをテンプレートとしてコロニーPCRを行う

❸ コロニーPCR産物をさらに制限酵素処理することで，ノックインクローンを効率的にスク

リーニングできる（**9**参照）

❹ コロニーPCR産物を，滅菌蒸留水で10倍希釈し，この1 μLをシークエンス反応に用いる
プライマーはコロニーPCR反応と同じものを使用できる．マスタープレートからミニプレップを行い，プラスミドをテンプレートとしてもよい．

12. オフターゲット解析（2日）

ゲノム編集の最大の問題は，目的の配列だけでなく，意図しない別の配列までをゲノム編集ツールが認識して切断する，オフターゲットの可能性である．このため，作製したノックアウト，ノックインマウスに，目的部位以外での改変が起こっていないか調べることは重要である．TALENで作製されたマウスでは，オフターゲットは報告されていない[1]．CRISPR/Cas9は培養細胞での激しいオフターゲットが報告されているが，一方で*in vivo*ゲノム編集では確かに存在するものの，培養細胞ほどではないようである[1]．

❶ TALE-NT（https://tale-nt.cac.cornell.edu/）内のToolsにあるPaired Target Finderを用いて，オフターゲット候補サイトを検索する

❷ 上位5つ程度の候補サイトを対象に，Cel-I用のプライマーを設計する

❸ ノックインマウスのゲノムDNAから前記プライマーで候補サイトをPCR増幅し，Cel-Iアッセイにより変異の有無を解析する

❹ 前記PCR産物をシークエンスにより確認してもよい

13. Germline Transmission解析（3週間～）

*in vivo*ゲノム編集で作製された新生仔（F0）マウスのノックインアレルが次世代に伝達（germinal transmission）され，系統化できるか調べる．F0で迅速に解析することも可能であるが，安定した解析のためには必須のプロセスである．またオフターゲットが存在する場合も交配によりクリーニングすることができる．

❶ ノックインアレルをもつF0マウスと，野生型マウス（C57BL/6J）を交配してF1マウスを得る

❷ F1マウスの個体識別の際の耳片からゲノムDNAを抽出する
以下の簡易法が便利である．ただし長期保存には向かない．
① 8連PCRチューブに耳片を入れる
② 50 mM 水酸化ナトリウム70 μLを加える
③ 94 ℃，10～40分
④ 200 mM Tris-HCl（pH7.4）70 μLを加えて中和

❸ 上清1 μLをテンプレートに，PCRを行う
以下，Cel-Iアッセイ，PCR-RFLP，シークエンスを行い，F1マウスにアレルが伝達されたことを確認する．

実験例

図3にインジェクションにより産まれたF0マウスの解析例を示す．帝王切開時に得た産仔の胎盤や尻尾のゲノムDNAをテンプレートに，PCRを行い，種々の解析に用いる．ここではCel-Iアッセイの例を示す（図3A）．平均すると産仔の80〜100％で切断バンドが認められる．導入した制限酵素部位による解析では，産仔の10〜50％に同様の切断バンドパターンが認められる．次にPCR産物をダイレクトシークエンスした例を示す．NHEJが起こった個体では，途中から二重ピークの波形になっており，一目瞭然である（図3B）．図はヘテロ個体の例で，両アレルが同一パターンで改変されたホモ個体では，一見すると野生型のように見えるので注意が必要である．波形を注意して見ると，欠損または挿入のパターンが読み出せる．TAクローニングによりアレルを分離すると明確になる．HDRが起こった個体では，注意深く配列を見ていくと，目的のSNVのみがノックインされていることがわかる（図3C）．**制限酵素処理だけでなく，シークエンスで確認することが必須**である．ここではヘテロでノックインされた例を示しているが，実際にはもう一方のアレルにNHEJが起こったコンパウンドヘテロであることが多い．このため，HDRは特に慎重に確認したほうがよい．

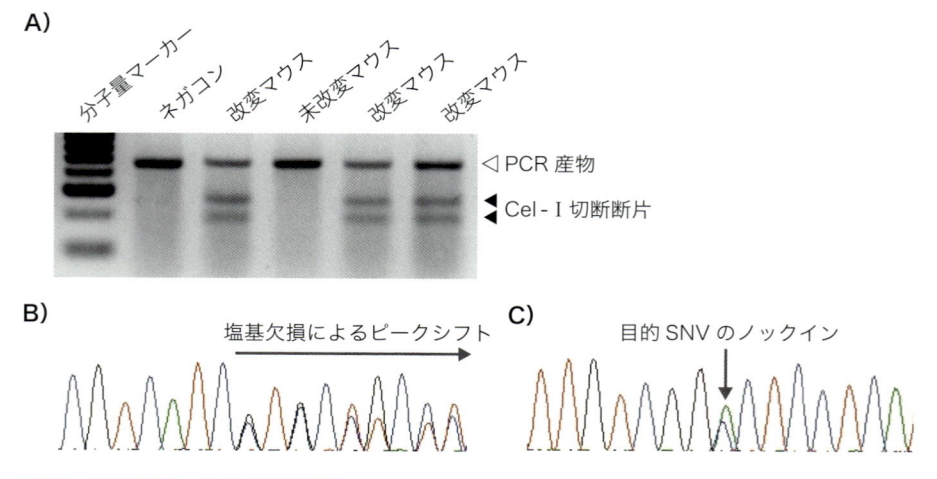

図3　F0産仔マウスの解析例
A) 産仔の尻尾DNAを用いたCel-Iアッセイの例．改変されたDNAに由来するPCR産物（白矢頭）の切断断片（黒矢頭）が高い効率で産仔にみられる．ネガティブコントロールは野生型マウス由来のゲノムDNA．B) NHEJ個体のシークエンス解析例．C) HDR個体のシークエンス解析例

おわりに

本法を用いたわれわれの平均成績は，産仔の80％がノックアウト（NHEJ），20％がノックイン（HDR）アレルをもつマウスで，一度のインジェクションで複数のノックインマウスを得ている．このように*in vivo*ゲノム編集は**最短1カ月**の短期間で，低コストかつ容易にマウス作

製を可能にする革命的な技術である．TALENを用いた*in vivo*ゲノム編集は精度の高い改変を求める場合には特に有用である[1]．CRISPR/Cas9とあわせて，*in vivo*ゲノム編集がマウス作製の標準的な方法になりつつある．

　われわれは次世代シークエンサーIon PGM（ライフテクノロジーズ社）を用いて，多数の患者ゲノムDNAを高速に低コストにリシークエンスしている．同定したさまざまな変異は，*in vitro*での機能評価を経て，*in vivo*ゲノム編集によりシームレスにマウスにノックインされる．このシステムにより，同定した変異を迅速に*in vivo*で機能注釈することが可能である．これらの技術に，変異をノックインしたisogenic（遺伝的に均一な）ヒトiPS細胞およびこれに由来する臓器と組み合わせ，疾患ゲノムの統合的な機能解析が進展すると思われる．*in vivo*ゲノム編集はその中核をなす技術である．

◆ 文献
1) Aida, T. et al.：Dev. Growth Differ., 56：34–45, 2014
2) Sakuma, T. et al.：Sci. Rep., 3：3379, 2013
3) Wefers, B. et al.：Nat. Protoc., 8：2355–2379, 2013
4) Panda, S. K. et al.：Genetics, 195：703–713, 2013
5) Wefers, B. et al.：Proc. Natl. Acad. Sci. USA, 110：3782–3787, 2013
6) Geurts, A. M. et al.：Science, 325：433, 2009
7) Cui, X. et al.：Nat. Biotechnol., 29：64–67, 2011

◆ 参考図書
1)『マウス生殖工学技術マニュアル』（熊本大学生命資源研究・支援センター動物資源開発研究部門, http://card.medic.kumamoto-u.ac.jp/card/japanese/kenkyu/sigen/manuals.html）
2)『ジーンターゲティングの最新技術』（八木 健/編）， pp190-207, 羊土社, 2000

ゲノム編集技術用
カスタムDNA/遺伝子合成サービス

ゲノム内の特定の標的領域を改変する技術、すなわちゲノム編集技術として、昨今、ZFNやTALEN™、CRISPR/Casシステムが非常に大きな注目を集めております。これらは配列特異的に細胞内で2本鎖DNAを切断するヌクレアーゼを利用する技術で、ゲノム内へのエピトープタグ配列やloxP配列の挿入、ランダムな挿入欠失変異による遺伝子ノックアウト、1塩基あるいは複数塩基置換の遺伝子変異導入などに広く使われています。

特にCRISPR/Casシステムは、共通に利用できるヌクレアーゼCas9と、標的領域に対する核酸合成品とを用意するのみで実験が行えます。そのため、一旦このシステムを導入すれば、核酸合成品を新たに用意するのみで別の標的領域の編集が可能になります。このように簡易に設計及び材料を用意できる事が、このCRISPR/Casシステムが特に注目を集めている要因です。

弊社では、IDT社のUltramer® (45～200 basesの1本鎖DNA) やgBlocks® (125～1,000 bpの2本鎖DNA) を、TALEN™やCRISPR/Casシステムと併せて利用することで、より安価に、効率的に、且つ応用範囲を広げてゲノム編集を行っていただけるのではないか、と考えております。

Ultramer®
45～200 basesまで合成可能な、1本鎖DNA合成サービスです。

精製	合成可能塩基数	納品量	価格（税抜）	納期
PAGE	60～200	お問合せ	¥240/base	約10営業日
脱塩	45～200	4 nmole	¥120/base	5～10営業日
		20 nmole	¥240/base	5～10営業日

CPISPR/Casシステム用では、脱塩でのご注文が多いですが、より純度が高い1本鎖DNAが必要なプロトコール（マウス受精卵など）でご使用の場合は、PAGE精製がオススメです。

例) 160 basesのオリゴを注文した場合
- 脱塩・4 nmole　160 bases × ¥120/base = ¥19,200
- PAGE精製・0.5 nmole(※)　160 bases × ¥240/base = ¥38,400

※160 basesでPAGE精製を行なった際の納品量です。
長さ・配列次第で納品量は変わります。

参考論文（変異導入用1本鎖オリゴとして）
for TALEN™
　Nature, 2012 Nov; 491(7422): 114-8, Bedell VM, et al.
for CRISPR/Cas
　Nature Protocol, 2013 Nov; 8(11): 2281-308, Ran FA, et al.
　Cell, 2013 Sep 12; 154(6):1370-9, Yang H, et al.

gBlocks®
in-fusion®法やgibson assembly®法と非常に相性の良い直鎖状2本鎖DNAです。
合成後にクローニングを行わないため、異なる配列の断片が10～30%程度含まれます。

配列長(bp)	価格（税抜）	納期	納品量	5'末端のリン酸化	バイオハザードフォーム※
125～500	¥14,000	1～2週間	約200 ng	可（無償）	要提出
501～750	¥20,000	1～2週間			
751～1,000	¥24,000	2～3週間			

※ 毒素やウイルス断片など、危険性等がないことのご署名をお願いしております。

クローン化し、プラスミドに正しい配列を挿入する人工遺伝子合成サービスもございます。

参考論文（Cas9,gRNA発現系構築に）
Science, 2013 Feb; 339(6121): 823-6, Mali P, et al.

※ TALEN™はCellectis biosearch社の商標です。

MBL 株式会社 医学生物学研究所
http://ruo.mbl.co.jp/
◎基礎試薬グループ
〒460-0008 名古屋市中区栄四丁目5番3号 KDX名古屋栄ビル10階
TEL : (052) 238-1904　FAX : (052) 238-1441
E-mail : oligo@mbl.co.jp

詳細、注文方法はwebページをご覧下さい。
http://ruo.mbl.co.jp/custom/crispr_cas.html
MBL CRISPR 検索

実践編 マウス・ラットでのゲノム編集

5 マウスにおけるCRISPR/Cas9を用いた遺伝子改変

藤原祥高, 伊川正人

> 原核生物の獲得免疫系の1つとして働くCRISPR/Casシステムが, 哺乳類細胞においてもゲノムDNAを切断する活性をもつことが2013年はじめに報告され, 新たなゲノム編集ツールとして脚光を浴びている. 本稿では, CRISPR/Cas発現環状プラスミドを使ってわれわれが開発した遺伝子改変マウス作製法について, プロトコールおよび実際の実験例を含めて紹介する.

はじめに

　生命科学研究の発展において, 個体レベルでの遺伝子機能解析や遺伝子改変技術が果たしてきた役割は非常に大きい. 1981年にマウス胚性幹 (ES) 細胞が樹立され, 1989年に相同組換えにより特定の遺伝子を欠損させたノックアウト (KO) マウスが報告されたことで, ゲノムDNAを自在に操作・改変できる時代が到来した. しかし, ES細胞を使ったKOマウス作製にはターゲティングベクターの構築やES細胞の培養, キメラマウスの作製など, 効率・時間・コストなどの高いハードルが存在し, その恩恵を受けることができる研究者は限られていた[1].

　ところが, 近年さまざまな人工制限酵素 (ZFN, TALENなど) が開発され, 情勢が大きく変わりつつある. ZFNやTALENをコードするmRNAを受精卵に注入してゲノムDNAを切断すれば, ES細胞を使うよりも早くKOマウスを作製できることが報告された[2,3]. さらに2013年はじめに, CRISPR/Cas9システムを使った哺乳類細胞でのゲノムDNA切断と遺伝子破壊が報告されたことで[4~6], デザイン・作製の難しさやコストの問題も解決され, これらゲノム編集ツールを使った標的遺伝子改変 (ゲノム編集) が一躍注目を集めている.

　本稿では, CRISPR/Cas9システムを使った遺伝子改変マウス作製のための**「標的配列の選定からCRISPR/Cas9発現プラスミドの作製」**, **「GFPを指標にした標的配列のDNA切断活性評価系」**, **「CRISPR/Cas9発現環状プラスミド顕微注入による変異マウス作製とスクリーニング法」**について, 解説ならびに具体的な実験例を交えて紹介する.

準備

発現プラスミド

☐ **pX330**（図1A）
　ヒトU6プロモーターの制御下に標的遺伝子を認識するためのガイドRNA（gRNA）を発現し，さらにCBhプロモーターの制御下にgRNAと複合体を形成してDNA二本鎖を切断するhCas9（human codon optimized Cas9）酵素を共発現するプラスミド．BbsIサイトに挿入する20塩基により標的を特定する．Dr. F. Zhangらにより開発されたプラスミドで[4]，Addgeneより入手可（http://www.addgene.org/crispr/zhang/）．

☐ **pCAG-EGxxFP**（図1A）
　EGFPのcDNAを前半の約600 bpと，後半の約600 bpに分断し，CAGプロモーターの下流に挿入したプラスミド．EGFPが分断されているのでそのままでは緑色蛍光を発しない．EGFP配列の間に挿入した標的配列部分でDNA二本鎖が切断されると，EGFPの前半と後半で重複する約500 bp部分の相同性を利用してEGFP配列が修復され，緑色蛍光を発する．ヌクレアーゼ活性検定用プラスミドとして用いる．われわれが開発したプラスミドで[7]，Addgeneより入手可能（http://www.addgene.org/50716/）．

☐ **pX330-*Cetn1*#1**
　マウス*Cetn1*遺伝子を標的とする20塩基を挿入したpX330プラスミド．培養細胞アッセイのポジティブコントロールとして利用する．BbsIサイトに挿入した標的配列は図1Bに記載．Addgeneより入手可能（http://www.addgene.org/50718/）．

☐ **pCAG-EGxxFP-*Cetn1***
　マウス*Cetn1*遺伝子周辺のゲノム領域（約600塩基）を挿入したpCAG-EGxxFPプラスミ

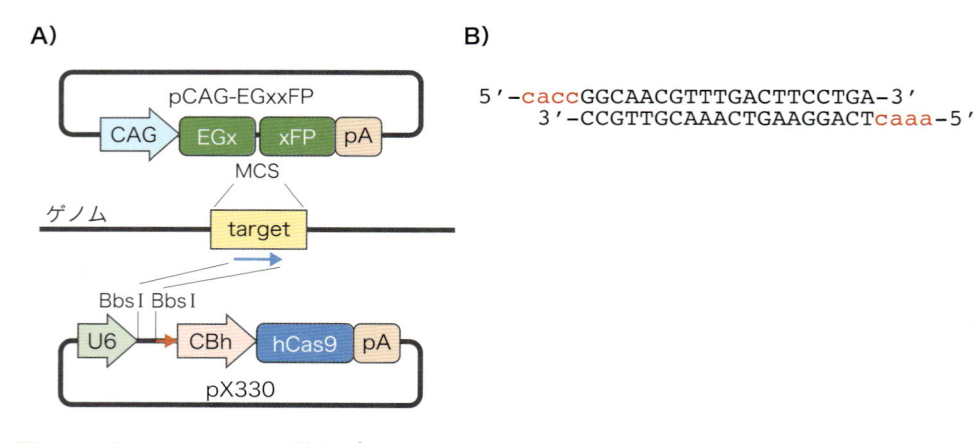

図1　CRISPR/Cas9発現プラスミドpX330とヌクレアーゼ活性検定用プラスミドpCAG-EGxxFPおよび挿入標的配列例

A）変異を導入したい領域（約600 bp）をpCAG-EGxxFPプラスミドの6種類の酵素サイトをもつマルチクローニングサイト（MCS）内に挿入し，HEK293T細胞へ導入してヌクレアーゼ活性の検定に用いる．
B）CRISPR/Cas9発現プラスミドpX330に20塩基の標的配列を挿入する．その際，両端にBbsIサイトをもつオリゴヌクレオチドをアニールさせた断片を作製する．赤字：BbsI切断配列，黒字：*Cetn1*#1の標的配列（Aは文献7を元に作成）

ド．前記，pX330–*Cetn1*#1と一緒に培養細胞へ遺伝子導入することで，培養細胞アッセイのポジティブコントロールとして利用する．Addgeneより入手可能（http://www.addgene.org/50717/）．

トランスフェクション試薬

培養細胞への遺伝子導入は，リン酸カルシウム法を紹介するが，リポフェクションなどでもよい．

- [ ] 2×BBS
  280 mM NaCl，50 mM BES，1.5 mM Na_2HPO_4，pH6.95へ調製
- [ ] 2.5 M $CaCl_2$

発現プラスミド構築・GFPアッセイ

- [ ] 標的配列をBbsⅠサイトに挿入するためのオリゴDNA
- [ ] 制限酵素BbsⅠ（#R0539S，New England Biolabs社）
- [ ] 標的配列を挿入したpX330プラスミドシークエンス用プライマー
  5′-TGGACTATCATATGCTTACC-3′
- [ ] 標的とする細胞のゲノムDNA
- [ ] 標的配列を含むゲノム領域を増幅するためのプライマー，PCR試薬，PCR機器
  ・PCR試薬：KOD FX Neo（#KFX-201，東洋紡社）
  ・PCR機器：Applied Biosystems Veriti 96-Well Fastサーマルサイクラー（Veriti Fast 100，ライフテクノロジーズ社）
- [ ] DNA操作に必要な試薬，大腸菌株
  ・プラスミド抽出・精製キット：Wizard Plus SV Minipreps DNA Purification System（#A1465，プロメガ社），NucleoBond Xtra Midi（#U0410A，タカラバイオ社）
  ・ライゲーション試薬：Ligation high Ver.2（#LGK-201，東洋紡社）
  ・大腸菌株：DH5α株
- [ ] 発現プラスミド導入細胞株（HEK293T細胞）
- [ ] 使用する細胞株の培養に必要な培地，器具，設備
- [ ] GFP蛍光観察に必要な顕微鏡セット，機器

顕微注入および変異マウス作製・スクリーニング

- [ ] 実験動物マウス
  雌マウスは8～10週齢，雄マウスは10週齢以上．偽妊娠ICR雌マウス，仮親ICR雌マウス
- [ ] 過排卵処理のホルモン
  ・PMSG（注射用血清性性腺刺激ホルモン，動物用セロトロピン，1,000単位/管，あすか製薬社）
  ・hCG（注射用胎盤性性腺刺激ホルモン，動物用ゴナトロピン，3,000単位/管，あすか製薬社）
- [ ] マウス受精卵への顕微注入に必要な顕微鏡，マニピュレータセット
- [ ] マウス胚操作に必要な培地・器具
  ・培地：体外培養用KSOM培地（#MR-020P-5F），体外操作用FHM培地（#MR-024-D），ともにメルクミリポア社
  ・器具：参考図書2を参照

- ☐ T₁₀E₀.₁（10 mM Tris-HCl（pH7.4），0.1 mM EDTA）
- ☐ Ampdirect Plus酵素セット（#241-08890-92，島津製作所）
- ☐ Wizard PCR Preps DNA Purification System（#A7170，プロメガ社）

プロトコール

　本項では，標的配列の選定からpX330プラスミドを用いた遺伝子改変マウス作製までの解説を行う．CRISPR/Cas9システムの原理・詳細については，本書基本編を参照していただきたい．

1. 標的配列の選定からCRISPR/Cas9発現プラスミドの作製

　目的の遺伝子が決まれば，ゲノムDNA配列情報をデータベース〔われわれはジャクソン研究所が提供するMGI（Mouse Genome Informatics：http://www.informatics.jax.org/）を活用している〕より入手し，標的配列のデザインを行う．Cas9はgRNAが認識する標的配列と，その直後のPAM配列（5′-NGG-3′）を合わせて認識してDNA切断することから，標的配列は，5′-NGG-3′の直前20塩基となる（5′-CCN-3′を検索してアンチセンス鎖で標的をデザインしてもよい）．

　図1に示すように，今回紹介するpX330プラスミドは標的配列を認識するgRNAとhCas9を同時に発現する．hCas9をコードする遺伝子コドンはヒト型に適正化されているが，他の哺乳類でも広く利用できる．目的以外の遺伝子を誤って切断するリスクを減らすため，後述のツールなどを用いて標的配列と似たオフターゲット配列を検索する．

　所要時間：標的配列のデザインとオフターゲット検索に1日，pX330プラスミドとpCAG-EGxxFPプラスミド作製に3〜4日．

❶ 入手したゲノム配列情報から改変を行いたい領域を見つけ，その領域内にPAM配列（5′-NGG-3′）を探す

❷ PAM配列が見つかれば，その直上の20塩基を標的配列として選ぶ

　シンプルな遺伝子破壊であれば，翻訳開始点（ATG）のすぐ下流を選ぶが，in frameの（フレームの合う）ATGが近傍（60塩基程度）にある場合には，その下流に設定している．われわれは，8つ程度を選んでいる．転写停止シグナルとなる5′-TTTTT-3′を含む配列は選ばない．

❸ 見つけた標的配列のオフターゲット検索[*1]を行う

　われわれは，Bowtie（http://bowtie-bio.sourceforge.net/index.shtml）というフリーソフトを用いてオフターゲット検索を行っている[7]．CRISPR Genome Engineering Resources（http://www.genome-engineering.org/crispr/）なども活用できる．

> [*1] ゲノム上に存在する標的配列と類似する配列を意図せず切断してしまうオフターゲット効果を考慮したうえで，標的配列の選定を行う必要がある．他にも，Dr. F. Zhangが提供しているCRISPR Design Tool（http://www.genome-engineering.org/crispr/?page_id=41）ではオフターゲット検索だけでなく標的配列のデザインも可能である．

❹ オフターゲット検索の結果，ゲノム上に類似配列の少ない標的配列20塩基を4つ程度選び，それぞれのオリゴヌクレオチドを合成する

　　それぞれの標的について，図1Bに示すように，BbsIサイト（赤字）と結合する領域を両端に含むオリゴヌクレオチドとして，センス鎖・アンチセンス鎖の2種類ずつ合成する．

❺ 合成した2種類のオリゴヌクレオチドを0.1μMの濃度に調製し，チューブへ等量（10〜20μL）加えて95℃，5分でディネーチャー，60℃，5分でアニール，室温まで低下させる

❻ 制限酵素BbsIで切断したpX330プラスミド（50〜100 ng）と，アニールさせた標的配列の断片を混合してLigation high Ver.2を使ってライゲーションする．ライゲーション反応液を大腸菌（DH5α株など）へ導入し，LB（50μg/mLアンピシリン入り）プレートへ播種して37℃で培養する

❼ 14〜16時間培養後に大腸菌コロニーを確認し，ピックアップして液体培地（LB，2×YTなど）で培養する

❽ 14〜16時間培養後にWizard Plus SV Minipreps DNA Purification Systemで，標的配列が挿入されたpX330プラスミドを精製する[*2]

> [*2] われわれは，3 mLで液体培養を行い，翌日2 mLからプラスミドを抽出している．残った1 mLは短期間の保管であれば冷蔵保存，長期間であればグリセロールストックを作製している．

❾ 標的配列を挿入したpX330プラスミドのシークエンスチェックを行い（準備欄のpX330シークエンス用プライマーを使用），挿入配列が正しいことを確認する

2. GFPを指標にした標的配列のDNA切断活性評価系（GFPアッセイ）

　われわれはEGFPを用いることで，DNA切断活性を簡便に可視化するSSA（single strand annealing）アッセイ（GFPアッセイ）を構築した（図2）．そのためにレポータープラスミドとしてpCAG-EGxxFPが必要となる．標的配列を中心に前後300塩基を含むおよそ600塩基程度[*3]のゲノム領域をPCRで増幅し，pCAG-EGxxFPプラスミド内のマルチクローニングサイト（BamHI，NheI，PstI，SalI，EcoRI，EcoRV）を利用して挿入する．上記6種類のうちから適当な2つの（増幅配列を切断しない）酵素配列を選んで，プライマー5′側に付加する[7][*4]．なお，例えばNheI切断部はAvrII，SpeI，XbaIで切断部とライゲーションすることができる．他にも同様の酵素があるので，うまく利用すれば，選べる酵素が増える．

　以下に述べる培養細胞実験の詳細なプロトコールおよび試薬組成などについては，参考図書1（第6章）を参考に実験操作すること．今回はわれわれが行っているリン酸カルシウム法を紹介するが，その他にリポフェクション法やPEI（polyethylenimine）による遺伝子導入でも代用できる．

> [*3] サイズは1 kb程度であれば問題ないが，われわれはDNA操作の扱いやすさから600 bp程度で行っている．
> [*4] 酵素切断効率を上げるために，酵素配列の5′側に2塩基程度余分な配列をつけておくとよい．

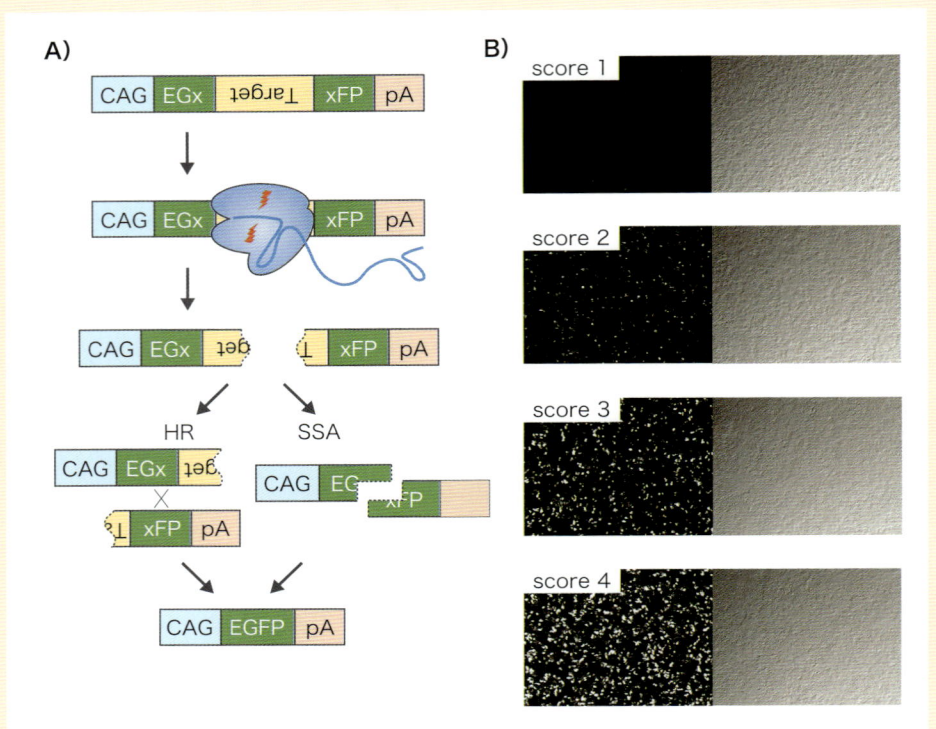

図2　GFPを指標にした標的配列のDNA切断活性評価系（GFPアッセイ）のHEK293T細胞の写真（左：GFP蛍光，右：明視野）

A） GFPアッセイの模式図．pCAG-EGxxFPプラスミド内に挿入したゲノム領域の標的配列をCas9が切断することで，相同組換え（HR）もしくは一本鎖アニーリング（SSA）によりGFP蛍光を発する．**B）** われわれは標的配列を挿入したpX330プラスミドのDNA切断活性を4段階評価により検討している．ポジティブコントロール用プラスミドとして用いるpX330-*Cetn1*#1プラスミドをscore 3としている（Aは文献7を元に作成，Bは文献8より転載）

1）トランスフェクションによるHEK293T細胞への遺伝子導入

全工程，クリーンベンチ内での操作．所要時間：細胞継代に約30分，遺伝子導入に約30分．

＜細胞継代＞

❶ HEK293T細胞が100 mmディッシュでコンフルエント*5になるように培養する

> *5　およそ2×10^7 cells．HEK293T細胞は約1/10量を継代して3日でコンフルエントになる．

❷ 培養液を除きPBS 3 mLで1回軽く洗った後，0.05％トリプシン溶液（0.05％トリプシン，1 mM EDTA in PBS）を1 mL加えて，ディッシュを37℃，5％CO_2インキュベータへ入れる（2〜3分後に軽く混ぜてやると均一に剥がれる）

❸ 約5分後にディッシュをCO_2インキュベータより取り出す．培養液を4 mL加えてピペッティングにより細胞をバラバラにし，新しい50 mLチューブへ全量を移す．1,000 rpm，

5分で遠心操作する

❹ 遠心操作後，細胞ペレットを確認してチューブ内の培養液をできる限り除き，新しい培養液を40 mL加える

❺ ペレットをしっかり懸濁して，3枚の6穴プレート[*6]に各ウェル2 mLずつ細胞懸濁液を入れて，底面全体に細胞をいきわたらせる．必要があれば，残った細胞を継代に利用する

> [*6] 初心者は付着性の弱いHEK293T細胞を底面へ接着させるために，0.001% Poly L-lysineで底面をコートしてから細胞を播種することをお勧めする．

❻ 6穴プレートをCO_2インキュベータへ入れて，細胞が生着するまで約5～8時間培養[*7]する

> [*7] われわれは，遺伝子導入当日の午前中に細胞継代を行い，その日の夕方以降に細胞の様子を観察してから遺伝子導入を行っている．

＜遺伝子導入（トランスフェクション）＞

❶ 標的配列を挿入したpX330プラスミド，標的配列周辺のゲノム領域を挿入したpCAG-EGxxFPプラスミド，ポジティブコントロール用プラスミドであるpX330-*Cetn1*#1とpCAG-EGxxFP-*Cetn1*プラスミドを用意し，それぞれのDNA濃度を測定する

> サンプル数が多いときは，事前に濃度を揃えることでミスが減る．

❷ サンプル数分の1.5 mLチューブを用意し，2.5 M $CaCl_2$溶液10 μLに，標的配列を挿入したpX330プラスミド1 μg，標的配列周辺のゲノム領域を挿入したpCAG-EGxxFPプラスミド1 μgを加え，さらに滅菌水を加えて100 μLとして，よく混ぜる

> ネガティブコントロールにpCAG-EGxxFP-target＋pX330を忘れないように．

❸ この溶液に，2×BBS 100 μLを混合して軽くボルテックスした後，10分間室温で静置し沈殿を生成させる

❹ DNA-リン酸カルシウム共沈殿物を少量ずつウェル全体へ滴下し，ゆっくり混和させてから37℃，3% CO_2[*8]インキュベータで培養する

> 培地に含まれる$NaHCO_3$濃度によりトランスフェクション効率が大きく左右される．われわれはライフテクノロジーズ社のDMEM培地（$NaHCO_3$濃度が3.7 g/L）を利用している．

> [*8] 3% CO_2が望ましいが，5% CO_2条件でも問題ない．

2）遺伝子導入したHEK293T細胞のGFP蛍光観察

所要時間：約30分．

❶ トランスフェクション翌日に，培養液を一度交換して再び37℃，5% CO_2インキュベータで培養を続ける

❷ トランスフェクション後48時間で，GFP蛍光が観察可能な顕微鏡で観察・撮影を行う

❸ ポジティブコントロールとして使用したpX330-*Cetn1*#1とpCAG-EGxxFP-*Cetn1*の組

み合わせの蛍光写真と比較して，GFP 陽性細胞の割合から 4 段階評価をつける（詳細は次の実験例を参照）

↓

❹ GFP 蛍光が強く，かつオフターゲットの少ない標的配列を入れた pX330 プラスミドを 2 つ程度選び，前述のグリセロールストックなどから大量培養（50〜100 mL）を行う．NucleoBond Xtra Midi キットでプラスミドを抽出し，1 mg/mL に濃度を調整して変異マウス作製（次項）で使用するまで冷凍保存しておく

標的配列選定の際に，PAM 配列を見つけることが第一条件であることを前述したが，gRNA 発現に使う U6 プロモーターの転写開始には G が好ましいと考えられてきた（つまり標的配列の 5′末端が G に制限される）．しかし，われわれが行った 50 遺伝子以上（300 配列以上）の GFP アッセイ実験によると，標的配列の 5′側に必ずしも G が存在するようにデザインする必要はないという結果が得られた[8]．ただし 5′末端に G のない標的配列を選んで GFP アッセイによる活性が低かった場合には，5′側に G を 1 塩基付加した配列（$5'-G+N^{20}-3'$）をデザインすることで，活性が改善されることもある．

3. CRISPR/Cas9 発現環状プラスミド顕微注入による変異マウス作製とスクリーニング法

これまでの報告では，hCAS9 をコードする mRNA と，gRNA をマウス受精卵へ顕微注入（マイクロインジェクション）する方法が主流である[6]．しかし，RNA 合成には RNA 合成用プラスミドへの載せ替えや，RNase などのコンタミネーションによる分解の恐れもあることから，RNA 操作にはある程度の習熟が必要となる．われわれは，hCas9 と gRNA を同時に発現する pX330 を環状プラスミド DNA のまま，マウス前核期胚へ顕微注入することで，簡便かつ効率よく変異マウスを得ることに成功しており，本稿ではそちらを紹介する[7,8]．マウスの取扱い，飼育法，胚操作，その他の実験手技の詳細に関しては，参考図書 2，3 を参考に実験を進めること．

1） CRISPR/Cas9 発現環状プラスミド顕微注入による変異マウス作製

所要時間：過排卵ホルモン処理（PMSG/hCG）と交配，採卵に約 1 時間，顕微注入に約 1〜4 時間，偽妊娠マウスへの胚移植に約 1〜2 時間（使用するマウス匹数や技量により大きく変動）．

＜前核期胚の回収＞

❶ ホルモン（PMSG および hCG）を，成熟雌マウスにそれぞれ 5 単位/匹，48 時間間隔で腹腔内投与して過排卵処理を施し，成熟雄マウスと同居させる＊9

> ＊9　われわれは次のスケジュールで実験を行っている．月曜 13：00 PMSG ／水曜 13：00 hCG ＆交配／木曜 10：00 採卵開始，14：00 インジェクション開始／金曜午後 胚移植．

❷ 交配翌日午前中に（hCG 投与後約 20 時間），膣栓を確認した雌マウスから卵管を摘出する＊10

> ＊10　交尾後の時間が経つと膣栓が外れて見落とすこともあるので，指標程度に考えている．

↓

❸ 摘出した卵管より受精卵を取り出し，ヒアルロニダーゼ溶液（最終濃度300 μg/mL）で37℃，3〜5分培養し，周りに付いている卵丘細胞を取り除く[*11]

> [*11] ヒアルロニダーゼ溶液の処理時間は5分以内とし，処理後はKSOM胚培養液で複数回置換すること．処理時間が長くなると，発生異常を引き起こす原因となる．

❹ 洗浄した受精卵をKSOM胚培養液中で，雌雄前核がはっきり確認できるまで37℃，5% CO_2条件下で培養する（約2〜3時間培養）

＜CRISPR/Cas9発現環状プラスミドの顕微注入と胚移植＞

❶ CRISPR/Cas9発現プラスミド（標的配列を挿入したpX330プラスミド）を最終濃度5 ng/μLになるように$T_{10}E_{0.1}$溶液（pH7.4）で希釈する[*12]

> [*12] 受精卵へDNAを注入する際に，不純物が混入すると胚発生へ悪影響を与える．われわれはDNA抽出で使用したスピンカラムを通している．

❷ 調製したプラスミドDNAをインジェクション針に充填し，マニピュレータにセットする．受精卵をFHM培地に移し，マイクロインジェクション装置を用いてプラスミドDNAを前核に注入する（図3）[*13]

> [*13] 図3Bのように，DNAの注入により前核が少し大きくなることを確認する．

❸ インジェクション操作後に，再びKSOM胚培養液中に受精卵を戻してインキュベータで培養する

❹ 翌日（インジェクション後約16〜20時間），2細胞期胚へ発生している胚を選別して，移植当日に膣栓を確認した偽妊娠マウスの卵管へ移植する（10〜13個/卵管）

❺ 移植日から19日後に，自然分娩もしくは帝王切開により仔マウスを得る．分娩予定日の前日に出産するICRマウスを準備しておき，仮親として利用する

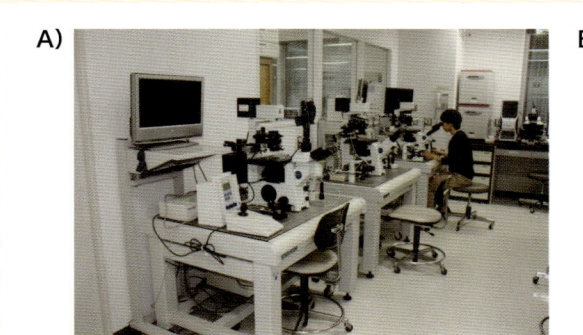

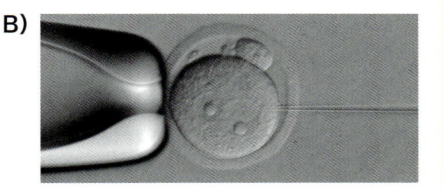

図3　マウス受精卵への顕微注入（マイクロインジェクション）
A) マウス胚操作を行うマイクロインジェクション装置一式の写真．B) マウス受精卵前核への顕微注入の写真．本稿で紹介した環状プラスミドDNAは前核へ注入する．前核が少し大きくなるまで，DNAを注入する

胚操作については，高価な設備，高度な技術を要するため，一般の研究者が行うことは難しい．われわれは共同研究として支援を実施しているので，興味があればウェブサイトをご覧いただきたい（http://www.egr.biken.osaka-u.ac.jp/information/index.html）．

2）変異マウスのスクリーニング法

所要時間：2〜3日．

❶ 産まれた仔マウスが2〜3週齢になったら，個体識別して尻尾の断片（約3 mm）を採取し，1.5 mLチューブへ入れる

❷ 各チューブへサンプル溶解液（Ampdirect Plus酵素セットに記載のものを使用）を200 μLずつ加えて，55〜60℃のインキュベータで組織を溶解させる

通常はローテーターにセットしてオーバーナイト処理しているが，急ぐ場合は破砕装置などを活用してもよい．

❸ 溶解液をサンプルとして，Ampdirect Plusを用いてPCR反応を行う

用いるプライマーは，GFPアッセイの際に標的配列を含むゲノム領域を増幅する目的で設計したプライマーでよい．サンプル溶液中に毛などの不純物が残っている場合は，遠心操作により分離してから使うこと．

❹ PCR反応後，電気泳動により個体ごとのバンドの存在とサイズを確認する

野生型マウスDNAをポジティブコントロール，サンプルDNAなしをネガティブコントロールとしてPCR反応させ電気泳動の際に一緒に泳動しておくと，トラブルシューティング[*14]に役立つ．大きな欠損はPCRバンドの大きさで確認できるが，小さい欠損の判別は難しい．

> [*14] PCRバンドが確認できなかった場合は，2つの可能性が考えられる．1つは標的配列周辺のゲノム領域が両アレルとも大きく欠失した場合，もう1つはPCR反応そのものがうまくいかなかった場合である．前者の場合は，さらに大きいサイズを増幅するプライマーを再設計してPCRを行う．後者の場合は，組織溶解液からゲノムDNAを抽出・精製してからPCR反応を行うとよい．

❺ 電気泳動後にバンドが確認できたPCR反応液をWizard PCR Preps DNA Purificationキットで精製し，精製したPCR断片をPCRに用いたプライマーでダイレクトシークエンスする

❻ 得られたシークエンス結果から，欠失・挿入部位を野生型配列と比較して調べる．詳細は実験例に示す[*15]

> [*15] 綺麗に読めない場合は，内側にプライマーを設定し直すとよい．

実験例

われわれは，前述のGFPアッセイを用いて（図2），DNA切断活性を4段階で分類し，スコア（活性）の高い配列を受精卵への顕微注入に用いている（図3）．なお提供可能なポジティブコントロール用プラスミドpX330-*Cetn1*#1とpCAG-EGxxFP-*Cetn1*の組み合わせで得られる

活性をスコア3としている．実際に，pX330-*Cetn1*#1を顕微注入して得られた変異マウスゲノムの標的配列周辺をシークエンスしたところ，図4のような結果が得られた．これまでの報告の通り[4)～6)]，Cas9がDNA切断するといわれているPAM配列より上流3塩基の場所を中心に変異が導入されていることがわかった．得られた仔マウスの約半数で変異[*1]が導入され，その中にはホモ型変異[*2]をもつ個体も得られた[7)]．さらに，デザインした一本鎖オリゴヌクレオチドをpX330プラスミドと一緒に受精卵へ注入すれば，デザインした一塩基変異をゲノム上へ導入することも可能であった（図5）．

このようにCRISPR/Cas9システムを使えば，**pX330プラスミド作製とGFPアッセイに1週間，マウス作製（誕生まで）に3週間，つまり最短1カ月で遺伝子破壊マウスや点変異導入マウスが作製できる．**

A)

```
  wt : ATGGCGTCCACCTTCA/GGAAGTCAAACGTTGCCTCTACCAGCT
 em1 : ATGGCGTCCACCTTCAaGGAAGTCAAACGTTGCCTCTACCAGCT
 em2 : ATGGCGTCCACCTTCc/-GAAGTCAAACGTTGCCTCTACCAGCT
 em3 : ATGGCGTCCACCTTC-/GGAAGTCAAACGTTGCCTCTACCAGCT
 em4 : ATGGCGTCCACCTTCA/--------AACGTTGCCTCTACCAGCT
 em5 : ATGGCG-----------/-----TCAAACGTTGCCTCTACCAGCT
```

B)

Cetn1[wt/wt]

wt : ATGGCGTCCA**CCT**TCAGGAAGTCAAACGTTGCCTCTACCAGCT

Cetn1[wt/em4]

em4 : ATGGCGTCCA**CCT**TCAAACGTTGCCTCTACCAGCTACAAGAGA

Cetn1[em4/em4]

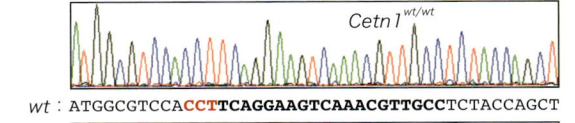

図4　*Cetn1*遺伝子変異マウスのスクリーニング
A) pX330-*Cetn1*#1プラスミドの顕微注入により得られた仔マウスのシークエンス結果．青矢印を標的配列とした（赤字がPAM配列）pX330プラスミドを受精卵前核へ顕微注入して遺伝子改変マウスを作製した．その結果，Cas9によるDNA切断位置（斜線で示すPAM配列より3塩基上流）を中心に変異が導入されていることがシークエンス結果よりわかった．**B)** *Cetn1*-em4マウスより得られたシークエンス結果の波形図（8塩基欠失．上段：野生型，中段：em4のヘテロ型欠失，下段：em4のホモ型欠失）．ヘテロ型欠失の場合（中段），欠失部分の配列がずれて野生型配列と重なるため，わかりにくいが波形のピークが低くなって2本が重なる．ホモ型欠失の場合（下段），両アレルに同じパターンの欠失が起こった結果，欠失塩基数だけずれた配列および波形[*3]を示す．変異スクリーニングには，標的配列周辺を注意深く調べる必要があり，多くの時間と労力を要する作業になるケースもある（A，Bともに文献7より転載）

[*1] 変異にもいくつかあり，欠失，挿入など個体ごとにより異なる変異が導入される．
[*2] 両アレルに同じ変異が導入される場合や，アレルごとに異なる変異が導入される場合もある．
[*3] 稀に波形が3本以上確認できる個体が得られることもある．これは複数の変異パターンをもつ細胞がモザイクとなってできた個体と考えられる．変異部位の同定には増幅したPCR断片をサブクローニングするなどして単一の配列を読むことを勧める．このようなモザイク個体が得られた場合でも，交配により次世代へ伝わったアレルを調べることで変異を固定することができる．また，近交系以外のマウス系統を使用すると，SNPsをCRISPR/Cas9による変異導入と勘違いしやすいので，調べる配列には注意を払う必要がある．

A)

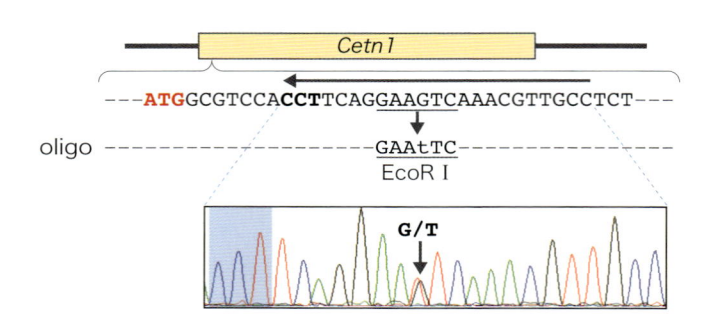

B)

oligo (100 ng/μL)	pX330- Cetn1#1DNA濃度	注入受精卵数	2細胞期胚数 /注入後生存卵数	変異マウス数 /産仔数	一塩基置換導入マウス数 /変異マウス数
AS 130-mer	10 ng/μL	43	27/27 (100%)	2/3 (66.7%)	1/2 (50%)

図5 一本鎖ヌクレオチド（130-mer）を用いたCetn1遺伝子への一塩基置換の導入
A) Cetn1遺伝子の一塩基を置換して（G→t），EcoRⅠサイトをつくった．その際，pX330-Cetn1#1と一本鎖ヌクレオチド（oligo）を一緒にマウス受精卵へ注入した．片アレルに一塩基置換が起こったため，野生型（G）と置換型（T）の両方の波形がみられた．赤字はCetn1遺伝子の開始コドンを示す．**B)** 43個の受精卵に環状pX330-Cetn1#1（10 ng/μL）と130-mer oligo（100 ng/μL）を一緒に注入したところ，得られた変異マウス2匹のうち，1匹で塩基置換が起こり，EcoRⅠサイトが導入された．われわれはgRNAと同じ向きの一本鎖ヌクレオチドを用いており，DNA濃度5 ng/μLでも，同様に一塩基置換を導入できた

おわりに

　本稿では，従来法であるRNA（gRNAとhCas9 mRNA）を使った遺伝子改変法ではなく，両者を同時に発現するpX330プラスミドを環状DNAの状態で，マウス受精卵へ顕微注入することにより遺伝子改変マウスを作製する方法を紹介した．顕微注入するプラスミドDNAを環状にすることで，マウスゲノムへの非特異的な挿入を最小限に抑えることができる．実際に，われわれの実験でもpX330プラスミドのゲノムへのランダムな挿入が起こっていたが，それは標的遺伝子破壊したマウスの約3％と，直鎖DNAを注入したときの約30％に比べて1/10程度に抑えることができた．また，仮に変異を導入できたマウスのゲノム上にpX330が挿入されたとしても，その変異マウスと野生型マウスとの交配により次世代を得る際にpX330が挿入されていない個体を選ぶことで問題は解消されると考えている．

　ZFNやTALENなどの人工制限酵素を用いたゲノム編集の際も問題となった標的配列と類似した配列を切断してしまうオフターゲット効果については，CRISPR/Cas9システムでも問題視されている．その主な原因は，20塩基程度しかない認識配列の短さによる．しかし，他のグループからの報告[9]と同様に，われわれの実験からもオフターゲット検索を行ったうえで標的配列を選んでいれば，オフターゲット切断はそれほど多く認められなかった（調べた382カ所のうちの3カ所で切断を確認した）[8]．しかし，点変異やノックインなど標的配列の選定が限られる場合，オフターゲット効果の影響を避けることはできない．その解決策の1つとして注目

を集めているのが，Cas9のヌクレアーゼ活性を不活化したCas9 D10Aニッカーゼ（Cas9n）である[4)5)]．ニッカーゼ（nickase）はDNA二本鎖の片側のみを切断するため，欠損や挿入が起こらず，オフターゲット効果は格段に低くなると言われている．最近では，Cas9nを用いて目的遺伝子近傍の両アレルを狙うことで，オフターゲット効果を下げつつゲノム編集を行うダブルニッキング（double nicking）という方法も報告されている（**佐久間によるコラム**も参照されたい）[10)]．今後，Cas9nを使ったゲノム編集が中心となってくるかもしれない．この他にも，ヌクレアーゼドメイン2カ所（D10AとH841A）に変異導入しヌクレーゼ活性を不活化したdCas9を使って，RNA干渉のように目的遺伝子の発現を抑制するCRISPR干渉（CRISPR interference）の報告もある[11)]．研究者の目的に応じたCRISPR/Cas9システムを利用してゲノム編集を活用し，研究に役立てていただきたい．

◆ 文献

1）Fujihara, Y. et al.：Transgenic Res., 22：195–200, 2013
2）Carbery, I. D. et al.：Genetics, 186：451–459, 2010
3）Sung, Y. H. et al.：Nat. Biotechnol., 31: 23–24, 2013
4）Cong, L. et al.：Science, 339：819–823, 2013
5）Mali, P. et al.：Science, 339：823–826, 2013
6）Wang, H. et al.：Cell, 153：910–918, 2013
7）Mashiko, D. & Fujihara, Y et al.：Sci. Rep., 3：3355, 2013
8）Mashiko, D. et al.：Dev. Growth Differ., 56：122–129, 2014
9）Yang, H. et al.：Cell, 154：1370–1379, 2013
10）Ran, F. A. et al.：Cell, 154：1380–1389, 2013
11）Qi, L. S. et al.：Cell, 152：1173–1183, 2013

◆ 参考図書

1）『実験医学別冊 改訂培養細胞実験ハンドブック』（黒木登志夫/監，許 南浩，中村幸夫/編），羊土社，2008
2）『マウス胚の操作マニュアル＜第三版＞』（Andras Nagy 他/著，山内一也 他/訳），近代出版，2005
3）『無敵のバイオテクニカルシリーズ マウス・ラット実験ノート』（中釜 斉 他/編），羊土社，2009

米国 Addgene プラスミド分譲サービス

お問合わせ先
住商ファーマインターナショナル株式会社
ATCC事業グループ
SPI Summit Pharmaceuticals International
TEL：03-3536-8640
FAX：03-3536-8641
E-mail：addgene@summitpharma.co.jp

ゲノム編集用 CRISPR/Cas
www.addgene.org/CRISPR

Plasmid 1点：¥20,600 円（税抜）
2～5点：¥18,600 円（税抜）
6～20点：¥16,100 円（税抜）
21点～：¥12,600 円（税抜）

各研究室の技術、Plasmid（CRISPR/Cas）一覧は こちらから！

寄託研究室	
George Church, Harvard Med School	http://www.addgene.org/crispr/church/
Jennifer Doudna, UC Berkeley	http://www.addgene.org/crispr/doudna/
Keith Joung, MGH	http://www.addgene.org/crispr/jounglab/
Feng Zhang, MIT	http://www.addgene.org/crispr/zhang/
Luciano Marraffini, Rockefeller Univ	http://www.addgene.org/crispr/marraffini/
Jennifer Doudna, UC Berkeley	http://www.addgene.org/crispr/doudna/

ゲノム編集用 TALEN
www.addgene.org/TALEN

キット製品名	詳細	寄託研究室	型番／価格（税抜）
Golden Gate TALEN 2.0	Validated in multiple organisms. Golden Gate cloning method.	Dan Voytas, University of Minnesota	Cat# 1000000024 ¥84,000-
TALE Toolbox	Optimized for human expression. PCR/Golden Gate cloning method.	Feng Zhang, MIT	Cat# 1000000019 ¥52,340-
Hornung Lab TALEN	Validated in human cells. Assembly by Ligation Independent Cloning (LIC).	Veit Hornung, University of Bonn	Cat# 1000000023 ¥72,000-

【重要】Addgene プラスミドは、宿主菌に形質転換されてご提供される商品です。
日本国内でのご利用においては「遺伝子組み換え生物」*、及び「第二種使用等を目的とした遺伝子組換え生物」*として扱う必要がございます。
* 遺伝子組換え生物等の使用等の規制による生物の多様性の確保に関する法律（生物の多様性に関する条約のバイオセーフティに関するカルタヘナ議定書：2004年2月19日施行）

【輸入代理店】住商ファーマインターナショナル株式会社　ATCC事業グループ　**SPI**
〒104-6223　東京都中央区晴海1丁目8番12号晴海トリトンスクエア　オフィスタワーZ棟
TEL：03-3536-8640　FAX：03-3536-8641　E-mail：addgene@summitpharma.co.jp　Web：http://www.summitpharma.co.jp/

実践編 マウス・ラットでのゲノム編集

6 ラットにおける TALEN および CRISPR/Cas9 を用いた遺伝子改変

吉見一人, 金子武人, 真下知士

> ZFN や TALEN, CRISPR/Cas9 により, 遺伝子改変ラットを自由に作製できるようになった. この技術はあらゆる系統に対して低コストかつ短期間でノックアウト・ノックインを行うことができるため, 新たなヒト疾患モデルラットの作出や遺伝子機能解析に有用である. 本稿では, ゲノム編集技術を用いた遺伝子改変ラットの作製方法について紹介する.

はじめに

　ラットは, マウスと同じ実験用哺乳動物であり, 優れたヒト疾患モデル動物としてさまざまな医学・生物学研究に用いられてきた. マウスに比べて約10倍の大きさで, 扱いやすくサンプル採取量も多いため, 臓器移植や脳に対する処置といった難易度の高い外科的処置を伴う実験や, 連続採血といった経時的な解析に有用である. そのため, 脳科学, 行動学実験から薬理学, 生理学実験まで幅広い分野で利用されている.
　近年, 新たに開発された人工ヌクレアーゼ ZFN, TALEN, あるいは CRISPR/Cas9 システムといったゲノム編集技術を用いることで, ラットにおいても標的遺伝子を改変することが可能になった[1)2)]. すなわち, ヒト疾患モデルとして従来から用いられてきた自然発症モデルラット・トランスジェニックラットに加え, これらのゲノム編集技術を用いることで新たなヒト疾患モデルラットを生み出すことができる. われわれがこれまでに開発してきた遺伝子改変ラットが, マウスに比べて免疫系や神経系などヒトにより近い病態特性を示すこともわかってきており, 今後, ラットは病因・病態の遺伝子機能研究や医薬品の開発研究などにますます有用なモデル動物となることが期待されている.
　ここでは, 実際にわれわれが成功している TALEN および CRISPR/Cas9 を用いた遺伝子改変ラットの作製方法, 作製成功に向けたポイントについて示す.

準備

TALEN, Cas9 および gRNA 発現プラスミドの入手, 設計

　TALEN 発現プラスミドはライフテクノロジーズ社, Cellectis 社など複数の企業から販売されている. また Addgene から, さまざまな TALEN 発現プラスミド作製キットが入手できる.

現在，われわれは広島大学より新たに開発されたPlatinum TALENを利用している[3]．

　Cas9およびgRNA発現プラスミドはSystem Biosciences社，ライフテクノロジーズ社，シグマ アルドリッチ社などから購入できる．またAddgeneを通しても複数の研究室から，Cas9およびgRNA発現プラスミドが提供されている．われわれは，ラット線維芽細胞で利用する場合，Church's LabのCMVプロモーターCas9発現プラスミド（hcas9，#41815）とU6プロモーターgRNA発現プラスミド（gRNA_Cloning Vector，#41824）を用いている[4]．*in vitro*転写によりRNAを調製する場合は，T7プロモーターが存在するKeith's LabのCas9発現プラスミド（MLM3613，#42251）とgRNA発現プラスミド（DR274，#42250）を用いている[5]．

　TALENの標的配列の設計方法には，TAL Effector Nucleotide Targeter 2.0（**https://tale-nt.cac.cornell.edu/**），gRNAの標的配列の設計方法には，CRISPR Design Tool（**http://www.genome-engineering.org/crispr/**）をそれぞれ用いている．

ラット線維芽細胞の培養および遺伝子導入

　遺伝子改変ラットを作製する前に，設計したTALEN発現プラスミドもしくはCas9およびgRNA発現プラスミドを用いてラット細胞株に導入することで，ラットゲノムに対する遺伝子変異導入効率を確認することができる．われわれは，増殖速度が速く，トランスフェクション効率の高いラット線維芽細胞株Rat-1を用いている．Rat-1は理研バイオリソースセンターのCell Bankより入手できる（**http://www.brc.riken.jp/lab/cell/**）．

　TALENおよびCas9，gRNA発現プラスミドのトランスフェクション法はエレクトロポレーション法，リポフェクション法など複数あるが，各細胞系によってDNA導入効率の条件検討が必要である．われわれはライフテクノロジーズ社のNeon Transfection Systemおよびネッパジーン社のNEPA21を用いたエレクトロポレーション法を行っている．Rat-1に対し約9割のプラスミド導入効率を示している．

☐ TALEN，Cas9，gRNA発現プラスミドDNA溶液
☐ ラット線維芽細胞Rat-1
☐ 細胞培養用ディッシュ（BD Biosciences社）
☐ 培地（DMEM＋10％FBS）
☐ トリプシン-EDTA溶液（ライフテクノロジーズ社）
☐ Neon Transfection System（ライフテクノロジーズ社）
☐ NEPA21（ネッパジーン社）

*in vitro*転写によるRNA合成および精製

　TALEN mRNA，Cas9 mRNAおよびgRNAは，T7プロモーターを利用して*in vitro*転写を行った後，ポリA付加反応およびRNA精製を行う．TALEN mRNAやCas9 mRNAを転写する場合と，gRNAのように短いRNAを転写する場合は，異なるキットを使う必要があるので注意したい．なお，gRNAは翻訳反応には利用しないため，ポリA付加反応の必要はない．各々の工程に用いるキットは複数の企業から販売されているが，ここではわれわれが実際に使用しているキットを紹介する．

☐ mRNA転写キット：The MessageMAX T7 ARCA-Capped Message Transcription Kit（CELLSCRIPT社）

- ☐ gRNA転写キット：MEGAshortscript T7 Transcription Kit（ライフテクノロジーズ社）
- ☐ ポリA付加キット：A-Plus Poly(A) Polymerase Tailing Kit（CELLSCRIPT社）
- ☐ RNA精製キット：MEGAclear Kit（ライフテクノロジーズ社）

受精卵採取およびRNA導入

　　TALENおよびCRISPR/Cas9は，あらゆるラット系統に対して，遺伝子改変が可能である．われわれは，通常，F344/Stm系統をバックグラウンド系統として推奨している．F344/Stmは，毒性試験，安全性試験などに汎用される近交系で，ナショナルバイオリソースプロジェクト「ラット」（NBRP-Rat；http://www.anim.med.kyoto-u.ac.jp/NBR/）においてBACクローンや全ゲノムシークエンスが公開されている．また，PMSGとhCGによる効率的な過排卵誘起法も確立されている[6]．動物は，NBRP-Ratから入手することができる（NBRP-Rat No.0140）．

　　RNAは，マイクロマニピュレーターを用いて前核期胚の前核あるいは細胞質内に導入する．受精卵移植用ラットには温厚で哺育に適したWistar系統を用いている．ラット受精卵の操作用培養液にはクレブス-リンガー重炭酸緩衝液（mKRB液）を用いている．mKRB液は調製後，フィルター濾過滅菌し，冷蔵保存で約1～2カ月使用できる．

- ☐ マイクロマニピュレーターシステム：オリンパス社/ナリシゲ社
- ☐ ホールディングピペット
- ☐ インジェクションピペット：Femtotips（エッペンドルフ社）
- ☐ 100 mm，35 mmプラスチックディッシュ：BD Biosciences社
- ☐ PMSG溶液：動物用セロトロピン（あすか製薬社）を生理食塩水で調製後，−20℃で保存
- ☐ hCG溶液：動物用ゴナトロピン（あすか製薬社）を生理食塩水で調製後，−20℃で保存
- ☐ クレブス-リンガー重炭酸緩衝液（mKRB液；以下の組成にて調製し4℃で保存）

成分	濃度
NaCl	94.6 mM
KCl	4.78 mM
$CaCl_2$	1.71 mM
KH_2PO_4	1.19 mM
$MgSO_4$	1.19 mM
$NaHCO_3$	25.1 mM
D-(+)-Glucose	5.56 mM
Sodium Pyruvate	0.5 mM
Sodium Lactate	1.31 g/mL
Potassium Penicillin G	75 μg/mL
Streptomycin	50 μg/mL
Bovine serum albumin	4 mg/mL

　滅菌蒸留水でメスアップし，フィルター濾過滅菌をする

遺伝子変異導入解析

　　エレクトロポレーション後の培養細胞のDNA抽出は，少量の細胞数からPCRに必要な量のDNAを抽出する必要があるため，われわれはNucleoSpin Tissue XSをDNA抽出キットとして用いている．

　　2細胞期胚からゲノムDNAを回収する場合は，ゲノムDNAをWhole Genome Amplification Kitによって一度増幅してから，PCR反応後，シークエンス解析に用いている．

　　ラット産仔の場合，FTAカードに採取した血液をテンプレートとしてAmpdirect Plus酵素

キットを用いることで簡便にジェノタイピングができる．方法の詳細についてはわれわれのウェブサイトに掲載されている（http://www.anim.med.kyoto-u.ac.jp/serikawas%20Lab/08_Protocol.htm）．オフターゲット解析など，複数のPCRを行う必要がある場合は，尾切りをしてDNA抽出キットなどを用いてDNA溶液を調製する．

- Tris-EDTA（TE）溶液：10 mM Tris-HCl，0.1 mM EDTA，pH8.0
- 標的配列を含む領域のPCR用プライマー
- 細胞DNA抽出キット：NucleoSpin Tissue XS（タカラバイオ社）
- 2細胞期胚DNA増幅キット：GenomePlex Single Cell Whole Genome Amplification Kit（シグマ アルドリッチ社）
- Cel-Iアッセイキット：SURVEYOR Mutation Detection Kits（Transgenomic社）
- FTAカード：GEヘルスケア社
- Ampdirect Plus酵素キット：島津製作所
- ラット尾DNA抽出キット：NucleoSpin Tissue（タカラバイオ社）

プロトコール

1. ラット細胞株における標的遺伝子への変異導入

標的遺伝子のノックアウトラットを作製する場合，はじめに設計したTALENもしくはgRNAが二本鎖切断を誘導することを確認する必要がある．ここでは，ラット細胞株における標的遺伝子への変異導入方法について，われわれが行っているCel-Iエンドヌクレアーゼを用いたラット線維芽細胞株Rat-1でのDNA切断効率の評価方法について紹介する．

1）エレクトロポレーション法を用いたラット細胞株へのプラスミド導入

❶ トランスフェクションに必要数のラット線維芽細胞株Rat-1を培養する

❷ Rat-1細胞をトリプシン処理により回収し，細胞濃度を測定する

❸ 1 μg/mLプラスミドDNAを含むエレクトロポレーションバッファーで，1.0×10^7 cells/mLになるよう調製する

❹ Neonシステム10 μL系を用いてエレクトロポレーションを行い，24穴プレートへ移す*1

*1 ポジティブコントロールとしてGFP発現プラスミドを導入し，エレクトロポレーションが正常に行われていることを毎回確認する．NEPA21を用いる場合は，100 μL系で行う．

❺ 37℃，5% CO_2 条件下で2〜3日培養後，培養細胞を回収する

❻ NucleoSpin Tissue XSを用いて回収細胞からDNA溶液を抽出する

2）Cel-Iヌクレアーゼを用いた変異導入効率の解析

❶ 標的領域をPCRにより増幅できるプライマーを設計する

❷ 回収した細胞DNA溶液をテンプレートとしてPCRを行い，4％アガロースゲル電気泳動により標的配列の増幅を確認する*2

> *2 PCR産物が単一のバンドを示すよう，PCR反応条件を正確に設定しておく．

❸ PCR産物10μLをチューブへ移し，95℃で10分インキュベートしたのち，25℃まで徐冷する

❹ Cel-Iアッセイキットに含まれるCel-Iヌクレアーゼを加えて42℃で1時間インキュベートする

❺ 電気泳動により切断バンドを確認する（図1）

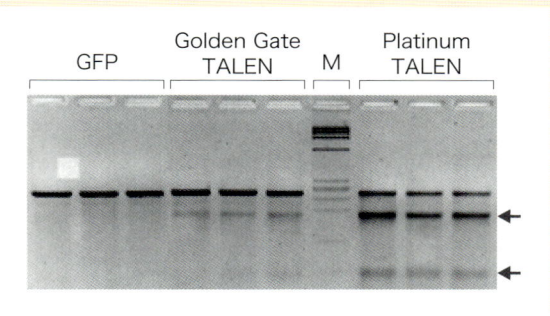

図1 Rat-1細胞におけるCel-Iヌクレアーゼアッセイによる標的遺伝子の変異導入検出法
TALENの導入により遺伝子変異が導入されたサンプルでは，Cel-Iヌクレアーゼにより切断されたPCR産物が観察される（矢印）

2. ラット2細胞期胚を用いた変異導入効率の解析（2-cell embryoアッセイ）

遺伝子改変ラット作製にTALENもしくはCRISPR/Cas9を用いる場合，DNAのランダムインテグレーションを避けるため，プラスミドDNAではなくRNAを用いるのが一般的である．*in vitro*転写したRNAをラット受精卵に導入した後，ラット2細胞期胚のゲノムDNAをPCR増幅して解析することで，RNAによる変異導入効率を直接確認することができる．

1）*in vitro*転写によるマイクロインジェクション用RNAの調製

❶ T7プロモーターTALEN，またはCas9，gRNA発現プラスミドDNA溶液を調製する*3

> *3 クローンからプラスミド溶液を抽出する場合は，エンドトキシンフリーで調製する．

❷ プラスミドDNAを制限酵素処理により直鎖化し，フェノール・クロロホルム抽出およびエタノール沈殿により精製する*4

> *4 TEまたは滅菌蒸留水に溶解する．この段階で−80℃でストックしておくことができる．

❸ ❷で得られたDNA溶液をテンプレートとし，各々に適した*in vitro*転写酵素と混合する

❹ 37℃で30分以上インキュベートする*5

> *5 RNAの最終生成量が少ない場合，インキュベーション時間を3時間以上に延長すると生成量が増加することが多い．

❺ TALENおよびCas9 mRNAの場合，ポリAポリメラーゼを加え，37℃で30分以上インキュベートする

❻ 得られた反応液をRNA精製キットカラムへ移し，洗浄後，溶出する

❼ 濃度を測定する[*6]

> *6 RNAは非常に分解されやすいため，なるべくマイクロインジェクション当日に調製する．凍結保存する場合は，凍結融解のくり返しを避けるため，分注して−80℃に保存しておく．

2）マイクロインジェクション法による受精卵へのRNA導入

❶ 成熟雌ラットにPMSG（150～300 IU/kg）を腹腔内投与し，48時間後にhCG（75～300 IU/kg）を投与して過排卵誘起を行う

❷ hCG投与後の雌ラットは同日に成熟雄ラットと交配させる

❸ 翌日，膣栓（プラグ）の有無により交配を確認し，これら雌ラットから卵管を取り出す

❹ 卵管内の受精卵を採取し，ミネラルオイルで被覆したmKRB液に移す．卵丘細胞が付着している場合は0.1％ヒアルロニダーゼ溶液を用いて卵丘細胞を剥離する

❺ 氷上で，10 μg/mL TALEN溶液，または100 μg/mL Cas9 mRNAおよび50 μg/mL gRNA混合溶液をRNase free waterで調製する

❻ 100 mmディッシュに10 μL程度のmKRB液のドロップを数個作製してミネラルオイルで被覆し，受精卵を移す

❼ マイクロマニピュレーターにホールディングピペット，RNA溶液を先端内に導入したインジェクション用ピペットを装着する（図2A）

❽ ホールディングピペットで受精卵を固定し，受精卵の雄性前核あるいは細胞質へ約2～3 pLのRNA溶液を注入する（図2B）

❾ RNA注入後の受精卵は新しいmKRB液へ移し，37℃，5％ CO_2 条件下で一晩培養する（図2C）

3）シークエンス解析によるラット2細胞期胚の変異導入解析

❶ 一晩培養して得られた2細胞期胚をTE溶液4 μLが入った96穴プレートの各ウェルへ，1個ずつ移す

❷ 各ウェルにさらに滅菌蒸留水を5 μL加えたものをサンプル溶液とし，GenomePlex Single Cell Whole Genome Amplification Kitに従い，細胞DNAを抽出する

❸ 細胞DNAをランダムプライマーにより増幅し，電気泳動にて細胞のDNAが増幅されていることを確認する

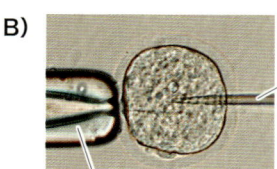

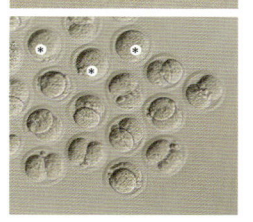

図2　ラット受精卵へのTALEN，Cas9 mRNAおよびgRNAの導入法
A) マイクロマニピュレーターシステム．**B)** ホールディングピペットで受精卵を保定し，インジェクションピペットから雄性前核あるいは細胞質内へRNAを注入する．**C)** 一晩培養して得られた2細胞期胚．発生が進んでいないもの（＊）は除外する

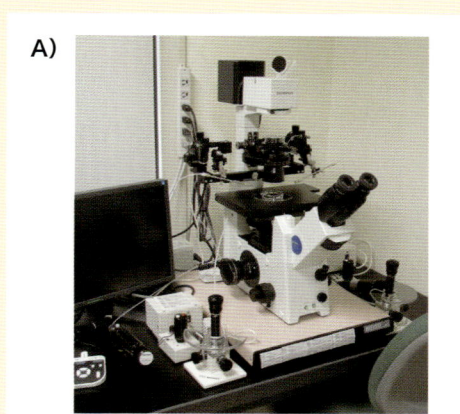

❹ 標的領域をPCRして4％アガロースゲル電気泳動でバンドを確認後，Cel-Iアッセイ（1-2）参照）およびシークエンス解析により変異導入を確認する[*7]

> [*7] ゲノムDNAは断片化されているため，PCR産物のサイズが大きい場合は標的領域が増幅しない場合がある．この場合，サイズを小さく設定してプライマーを設計し直すことで改善されることが多い．われわれは200〜300 bpほどのサイズの場合，8割以上の細胞でPCR増幅を確認している．

3. 遺伝子改変ラットの作製

前述の方法により，変異導入が確認されたTALEN mRNA，またはCas9 mRNA，gRNAを用いて実際に遺伝子改変ラットを作製する．ここでは，2細胞期胚の偽妊娠雌ラットへの移植，得られた産仔から遺伝子改変ラットを選抜する方法，オフターゲットおよびgermline transmissionの解析法を記す．

1) 偽妊娠雌ラットへの卵管内受精卵移植

❶ 卵管内受精卵移植の前日に，発情前期の雌ラットを精管結紮した雄ラットと交配する

❷ 翌日プラグを確認したものを偽妊娠誘起と判断する

❸ 2-1, 2) と同様にマイクロインジェクション後，一晩培養して得られた2細胞期胚を準備し，新しいmKRB液へ移す[*8]

> [*8] マイクロインジェクション操作により発生が停止する受精卵が存在するため，移植にはなるべく2細胞期胚にまで発生しているものを移植することが望ましい．

❹ 麻酔下で，背側から卵巣-卵管-子宮の接合部位を露出させ，卵管膨大部を確認する

❺ ガラスキャピラリーに2細胞期胚を8〜10個程度吸引する

❻ 卵管膨大部の上流側を切開し，そこからガラスキャピラリーを卵管内に導入し，2細胞期胚を移植する（図3A〜C）

❼ 組織を腹部内に戻し，縫合した後，反対側の卵管も同様の方法で2細胞期胚の移植を行う

❽ 移植後の雌ラットは，約21日で分娩する（図3D）

2）産仔のジェノタイピング

❶ 3週齢程度の産仔の尾部からの採血，あるいは尾切りなどにより組織を採取し，各個体のサンプルDNAを抽出する

❷ サンプルDNAを用いて標的領域のPCRを行い，電気泳動にてDNA増幅を確認する

❸ ダイレクトシークエンス解析を行い，遺伝子変異が導入された個体（ファウンダー）を選抜する（図3E）[*9]

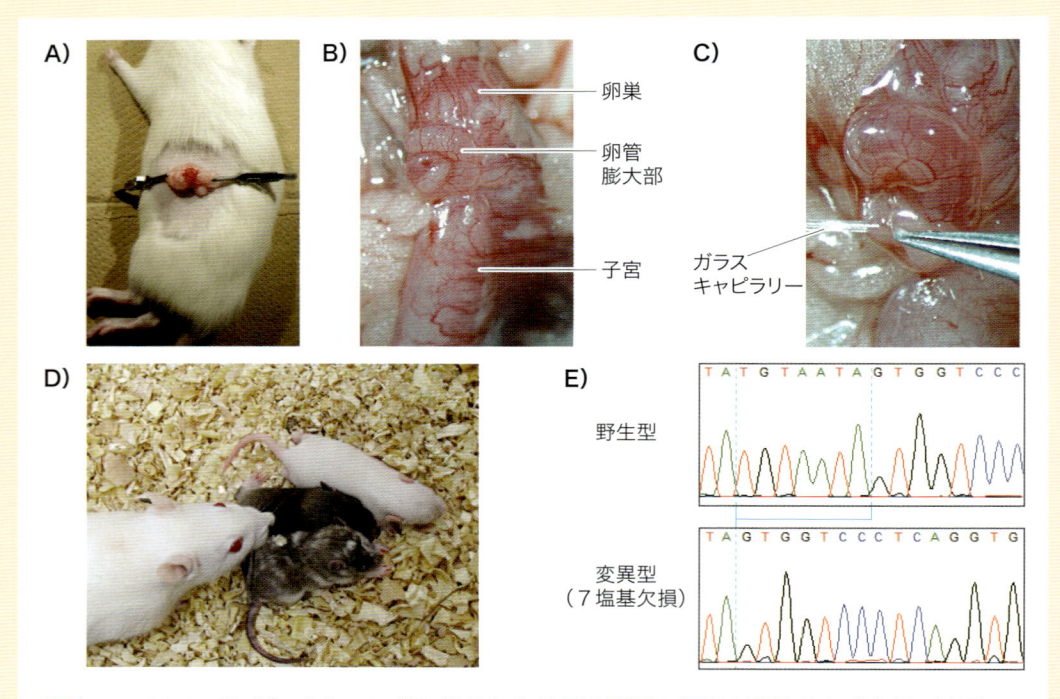

図3　マイクロインジェクション後に得られた2細胞期胚の卵管内移植および産仔の確認
A） 偽妊娠雌ラットの背側から卵巣‑卵管‑子宮の接合部位を露出させる（**B**，拡大図）. **C）** ガラスキャピラリーを用いて2細胞期胚を卵管膨大部の上流から移植する．**D）** 移植により得られた産仔例．**E）** 野生型に比べて7塩基欠損が導入された産仔のシークエンス例．DNAシークエンス解析によりファウンダー個体の遺伝子変異を同定する

*9 標的遺伝子によっては胎仔が致死に至る場合がある．一般的にPCRダイレクトシークエンスでファウンダー個体を選抜することができるが，モザイクやヘテロに変異が入っている場合，波形が重なり，変異パターンの解読が困難な場合がある．このときは，PCR産物をサブクローニングし，複数の配列を解読する．

3）オフターゲット解析，Germline transmission解析

❶ 標的配列と類似のオフターゲット配列領域を増幅するPCRプライマーを設計する*10

*10 ラットゲノムにおける標的配列のオフターゲット領域は，NCBIのBLASTまたはFeng Zhang's研究室ウェブサイトのCRISPR Design Toolより検索が可能である．

❷ 得られたファウンダー個体のゲノムをテンプレートにしてPCRおよびシークエンス解析を行い，オフターゲット切断の有無を確認する

❸ ファウンダー個体を野生型個体に戻し交配をする

❹ 得られた産仔のシークエンス解析により，遺伝子変異が安定して仔へ伝達すること（germline transmission）を確認する

実験例

1. TALENおよびExo1を用いた効率的なノックアウトラットの作製

ラットチロシナーゼ（Tyr）遺伝子はメラニン色素の合成に関与する遺伝子で，チロシナーゼの欠損により，動物の体毛や皮膚が白くなる色素欠乏症，いわゆるアルビノを示す．TALENプラスミドを前述の方法でRat-1細胞およびラット胚に導入することで，Tyr遺伝子への変異導入を確認した．さらにエキソヌクレアーゼ1（Exo1）mRNAを共導入することでその変異導入効率を上昇させ，Tyr遺伝子KOラットを作出することに成功した（表1）．この方法により，TALEN単独の導入に比べて遺伝子改変動物作製効率が約5倍に上昇した[7]．

2. Platinum TALENを用いたノックアウトラットの作製

広島大学・山本卓研究室は，従来のTALENと比べて切断効率の高いTALEN，Platinum TALENを新たに開発した[3]．Platinum TALENはExo1なしでも非常に高い切断効率を示す．われわれは，これまでにPlatinum TALENを利用したすべての遺伝子で，高効率なノックアウトラットの作製に成功している（表1）．今後，安定的に遺伝子改変ラットを作製するうえで，Platinum TALENは非常に有用なツールになると考えている．

3. CRISPR/Cas9を用いたノックアウト，ノックインラットの作製

CRISPR/Cas9技術に用いるgRNA発現プラスミドは，オリゴヌクレオチドを設計，入手するだけで非常に簡単に作製することができる．われわれは，CRISPR/Cas9技術についてもRat-1

表1 ゲノム編集技術を用いた主な遺伝子改変ラット作製実績

標的遺伝子	インジェクション	導入胚	2細胞期胚 (%)	産仔数 (%)	ノックアウト産仔数 (%)	ノックイン産仔数 (%)	参考文献
Tyr	TALEN	201	86 (43)	20 (23)	0 (0)	−	7
	TALEN + Exo1	68	29 (43)	12 (41)	3 (25)	−	
$Il2rg$	ZFN	93	41 (44)	9 (22)	3 (33)	−	3
	Platinum TALEN	52	20 (39)	6 (30)	6 (100)	−	
$Rag2$	Platinum TALEN	44	14 (41)	3 (21)	2 (67)	−	8
Tyr	CRISPR/Cas9 + ssODN	19	10 (53)	3 (30)	3 (100)	−	8
$Asip$	CRISPR/Cas9 + ssODN	195	91 (47)	33 (36)	5 (15)	6 (18)	8
Kit	CRISPR/Cas9 + ssODN	104	43 (41)	25 (58)	9 (36)	1 (4)	8

細胞およびラット胚において Tyr 遺伝子の変異を確認した．さらには Tyr 遺伝子KOラットの作出にも成功した[8]．オフターゲットによる変異は検出されず，germline transmissionについても確認している．

また，Cas9 mRNA，gRNAに加えて1本鎖オリゴヌクレオチド（ssODN）をラット受精卵に共導入することで，一塩基置換，数十bpの挿入，数kbの欠失変異を効率的に導入する，いわゆるノックインラットの作製にも成功している（表1）[8]．

おわりに

ZFN，TALEN，CRISPR/Cas9を用いた遺伝子改変動物の作製法は，ベクター作製開始から約2〜4カ月でホモ・ヘテロ個体が作製できる．ベクターの入手，設計も低コストかつ容易に行うことができ，あらゆる遺伝子背景をもつ系統に遺伝子変異を導入することができる．また，RNAを受精卵にマイクロインジェクションするだけで変異個体を獲得することができるため，これまでES細胞を用いた遺伝子改変動物の作製が困難であったマウス以外の動物にも応用することができる．さらには単純なノックアウトだけでなく，複数の遺伝子を同時に欠損させる多重遺伝子ノックアウト，1塩基置換や特定の配列を挿入するノックイン，特定遺伝子の発現を制御することも報告されており[9)10]，ゲノム編集技術はここ数年で格段に進歩している．ゲノム編集技術を用いた効率的な遺伝子改変動物作製法は今後ますます拡大するであろう（図4）．

われわれは，研究者の要望に応じて，ゲノム編集技術を用いた遺伝子改変ラットの作製を支援する体制をすでに整えている．詳細は遺伝子改変ラット作製支援のウェブサイトを参照していただきたい（**http://www.anim.med.kyoto-u.ac.jp/gma/**）．本稿では，TALENおよびCRISPR/Cas9を用いた遺伝子改変ラットの作製法およびその評価法について紹介した．これらゲノム編集技術を用いることで，ラットのみならず多くの遺伝子改変動物が作製され，ヒト疾患に対する先進的医学研究・創薬研究・再生医療研究などの発展に貢献できることを期待している．

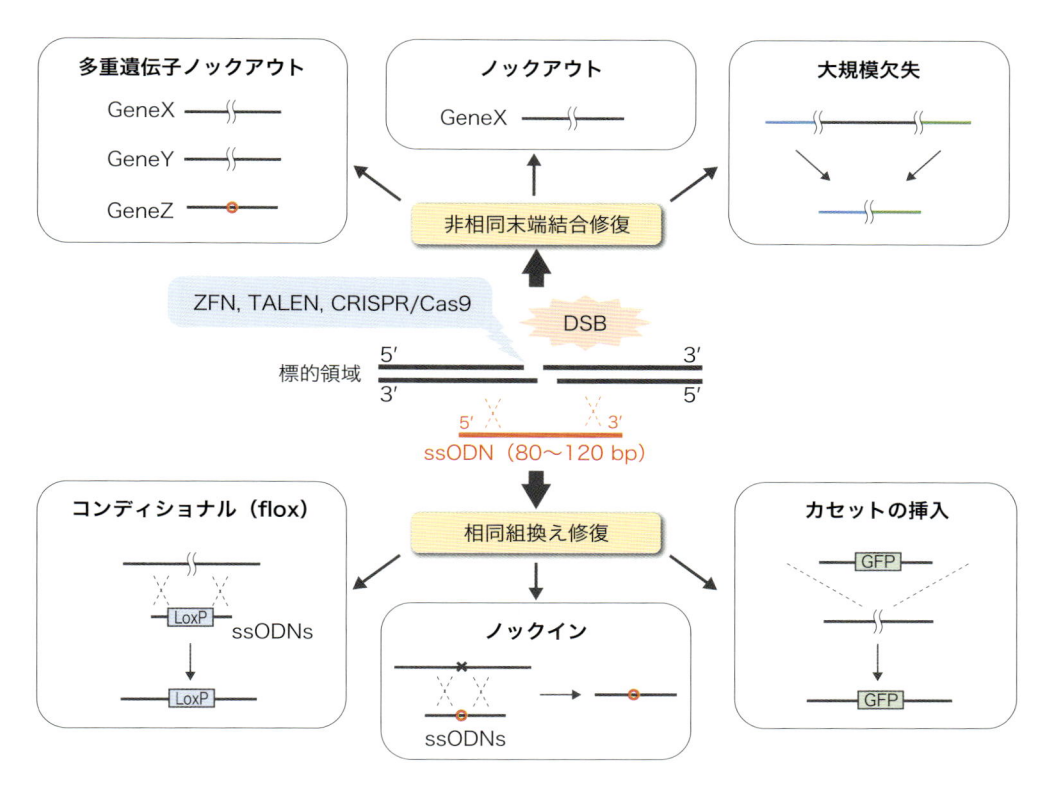

図4　ゲノム編集技術を用いた遺伝子改変動物作製基盤技術

◆ 文献

1) Mashimo, T. : Dev. Growth Differ., 56 : 46-52, 2014
2) 真下知士，金子武人：細胞工学, 32 : 564-569, 2013
3) Sakuma, T. et al. : Sci. Rep., 3 : 3379, 2013
4) Mali, P. et al. : Science, 339 : 823-826, 2013
5) Hwang, W. Y. et al. : Nat. Biotechnol., 31 : 227-229, 2013
6) Taketsuru, H. & Kaneko, T. : Cryobiology, 67 : 230-234, 2013
7) Mashimo, T. et al. : Sci. Rep., 3 : 1253, 2013
8) Yoshimi, K. et al. : Nat. Commun, 5 : 4240, 2014
9) Mali, P. et al. : Nat. Methods, 10 : 957-963, 2013
10) Yang, H. et al. : Cell, 154 : 1370-1379, 2013

Column
～先端的アプリケーション紹介～

CRISPR/Cas9ダブルニッカーゼを用いた遺伝子改変法

佐久間哲史

ヌクレアーゼとニッカーゼ

現在，ゲノム編集の主たる方法論は，部位特異的ヌクレアーゼを用いて特定のゲノム領域へDSB（DNA二本鎖切断）を導入することが前提となっている．しかしながらこの手法を適用する限り，常に問題になりうるのがオフターゲット切断である．ZFNやTALENにおいては，FokⅠのヘテロダイマー化などにより，オフターゲット切断を低減する試みもなされてきたが，いずれにせよDSBを引き起こす以上抜本的な解決にはなりえない．そこで考え出されたのが，ニッカーゼ（nickase）を用いたゲノム編集法[※1]である．ニッカーゼとは，二本鎖DNAにニック（一方のヌクレオチド鎖のみの切断）を入れることで，NHEJを誘導することなく相同組換えを促進させる手法である．この手法は，ZFNやTALENで先行して開発が進み，後述するようにCRISPR/Cas9にも応用可能であることが示されている．

Cas9のニッカーゼ化

ZFNやTALENをニッカーゼに変換する場合には，ペアで用いるZFN/TALENの片方のヌクレアーゼドメインに点変異を入れ，失活させる．一方CRISPR/Cas9の場合は，ヌクレアーゼがCas9一種類であり，Cas9が2つのDNA切断ドメインを有するため，その片方だけを点変異（D10A[※2]）により失活させればよい[1]．これにより，図1のようにPAMの5'-NGG-3'配列が存在する鎖での切断が起きなくなり，その逆鎖のみが切断される．

ダブルニッカーゼによるNHEJの誘導

部位特異的ニッカーゼが開発された経緯としては，すでに述べたようにオフターゲット切断の回避が目的であったが，ゲノム編集効率でヌクレアーゼを上回ることは難しく，また単純にNHEJのエラーによる挿入・欠失を導入したいケースでは使えないという不便さもあった．そこで考えら

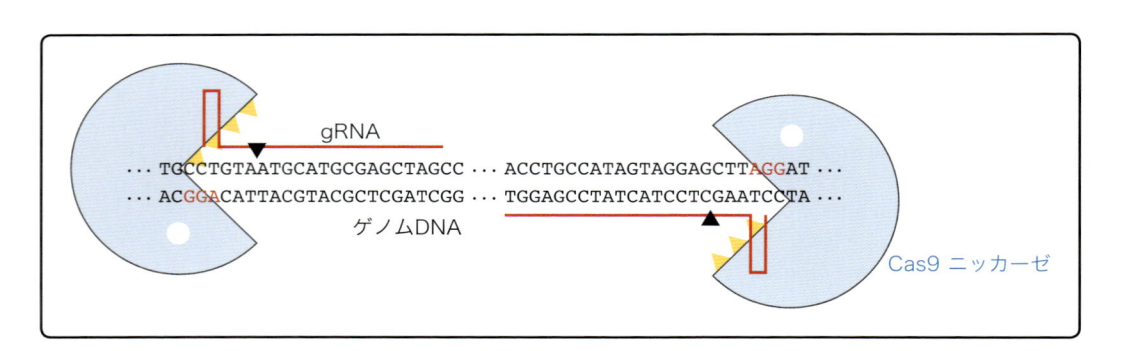

図1 CRISPR/Cas9ダブルニッカーゼの概略図
赤字でPAMを，黒三角でニックが入る位置を示す

※1 ニッカーゼによるゲノム編集
ニックの導入による相同組換えの促進は，DSBを介した組換え促進と比較すると，やはり効率が低下する．またニッカーゼ化によってNHEJを100％抑えられるわけではなく，厳密にはこの手法を用いても完全にオフターゲット効果を無視できるとは言えない．

※2 D10A
Cas9のRuvC-likeドメインに導入する変異（Asp→Ala）．この変異を有するCas9はニッカーゼとなり，さらにもう1つのヌクレアーゼドメインであるHNHドメインにH840A変異を導入すると，不活性型のCas9となる．

れたのが，近接する2カ所にニックを入れることでDSBと同じ効果を得るダブルニッカーゼ（double nickase）のシステム（図1）であった[2,3]．この方法を用いれば，gRNAが近接する2カ所に結合しない限りDSBが導入されないため，CRISPR/Cas9のシステムをあたかもZFNやTALENのように使用することができ，オフターゲット切断のリスクを低下させることができる．ただし「近接する2カ所」と言いつつも，最近の報告ではペアを形成させるgRNAの認識部位がおよそ1 kb離れていても変異導入を引き起こすことがわかっており[4]，オフターゲット部位を予測することはきわめて困難である．

このように，ダブルニッカーゼを用いることで予期せぬ変異導入をどの程度軽減できるかについては未知数な部分もあるが，少なくとも通常のCas9ヌクレアーゼを用いる場合と比べれば，比較的安全にゲノム編集を実行できることは確実である．本稿を執筆している時点では，CRISPR/Cas9ダブルニッカーゼを用いた報告は3例に留まっているが，すでにマウスの受精卵において機能的であることも証明されており[3]，今後のゲノム編集研究において有力な選択肢の1つとなりうるポテンシャルを秘めている．

◆ 文献

1) Jinek, M. et al.：Science, 337：816-821, 2012
2) Mali, P. et al.：Nat. Biotechnol., 31：833-838, 2013
3) Ran, F. A. et al.：Cell, 154：1380-1389, 2013
4) Cho, S. W. et al.：Genome Res., 24：132-141, 2014

実践編 7

その他のモデル生物でのゲノム編集

線虫における TALEN を用いた遺伝子改変

杉 拓磨

体長約1 mmの線虫は，たった959個の体細胞からなるきわめてシンプルな動物であるにもかかわらず，哺乳類にみられる多くの高次生命機能を示すことから，究極のモデル生物とも称される．この利点を活かすうえで，ゲノム編集による逆遺伝学的手法は不可欠であることから，本稿ではそのプロトコールを紹介する．

はじめに

　従来，線虫変異株を得るためには，化学薬品を用いたランダムな変異誘発により作製した変異株群の凍結ライブラリーから，目的変異株のみをスクリーニングする必要があり，1カ月程度の実験量を要した．一方，TALENを用いた本方法の場合，わずか10日程度の実験量で，目的変異株を得られる．

　本方法では，従来通り，線虫の雌雄同体株を用いる．雌雄同体株の生殖腺では，卵と精子の両方がつくられるため，P0世代の生殖腺に，TALENをコードするmRNAを導入（インジェクション）した場合，ある程度の確率で卵母細胞にTALENが取り込まれた後，精子との自家受精を経て，約300個体のF1世代が産まれる．TALENの効果がある場合，F1世代の個体のなかに，数％の確率で，ヘテロジェニックな変異株が含まれる．つまり，線虫においては，インジェクションの際，雌雄同体の自家受精を利用するため，卵などにTALENをインジェクションする他のモデル生物とは異なり，**P0世代の生殖腺へのインジェクション**を行う必要がある．

　本稿では，線虫のP0, F1の各世代に対して行う実験操作に焦点を当て，解説する．TALENを用いた場合，通常，目的変異株の単離にかかる時間は，1世代のライフサイクルの時間に大きく依存するが，線虫では，1世代のライフサイクルが，他のモデル生物に比べ，圧倒的に短いという利点がある．そのため，TALENを用いた変異株単離法を研究室内で確立すれば，従来法に代わる，非常に有用な変異株単離法になると期待される．

準備

- ☐ 線虫 *Caenorhabditis elegans* の雌雄同体の野生株
- ☐ 線虫飼育用 Nematode Growth Medium（NGM）プレート 200 枚

NaCl	6 g
Agar	40 g
Peptone	5 g
MilliQ	1,950 mL

    以上をオートクレーブ後，60 ℃まで冷却し，以下の試薬を追加する．

1 M $CaCl_2$	2 mL
1 M $MgSO_4$	2 mL
1 M KPO_4 溶液	50 mL

    直径 6 cm のシャーレに分注し，寒天が固まった後に，線虫の餌となる大腸菌OP-50株を塗布する（1 M KPO_4 溶液：KH_2PO_4 108.3 g，K_2HPO_4 35.6 g を Mill-Q 水で 1 L にメスアップ後，オートクレーブ）．

- ☐ 制限酵素 EcoR V（サーモフィッシャーサイエンティフィック社）
- ☐ QIAquick PCR Purification Kit（#28104，キアゲン社）
- ☐ DEPC-Treated Water（ライフテクノロジーズ社）
- ☐ mMESSAGE mMACHINE Kit（#AM1340，ライフテクノロジーズ社）
- ☐ Poly(A) Tailing Kit（#AM1350，ライフテクノロジーズ社）
- ☐ MEGAclear Kit（#AM1908，ライフテクノロジーズ社）
- ☐ マイクロ冷却遠心機（久保田商事社）
- ☐ ヒートブロック
- ☐ NanoDrop 2000（サーモフィッシャーサイエンティフィック社）
- ☐ 線虫用マイクロインジェクター[1]
- ☐ KOD FX Neo（東洋紡社）
- ☐ TaKaRa PCR Thermal Cycler Dice Touch（タカラバイオ社）
- ☐ PCR チューブ
- ☐ Worm lysis buffer

1 M Tris-HCl pH8.0	50 mL
2 M NaCl	50 mL
0.5 M EDTA	20 mL
10 % SDS	100 mL

    Milli-Q 水で，1,000 mL にメスアップ

- ☐ Novex TBE Gels，6 %，12 well（ライフテクノロジーズ社）
- ☐ Novex Mini-Cell（ライフテクノロジーズ社）
- ☐ 5 × TBE Running buffer

TrisBase	53.9 g
Boric Acid	27.51 g
EDTA	0.585 g

    1 L にメスアップ後，pH8.8 に合わせる

- ☐ パワーパック Basic（バイオ・ラッド社）

プロトコール

1. TALEN発現ベクターの作製

TALENは，Platinum TALENキットにより，設計・作製を行った．詳しくは，文献2ならびに**実践編1**を参照されたい．生殖腺での発現を可能にするため，TALENをコードするDNAの両端には，以下に示す5′UTR配列と3′UTR配列を付加し，*SP6*プロモーターの下流に連結する．文献3，4を参照されたい．

5′UTR

ATTTAGGTGA CACTATAGAA TACACGGAAT TCTAGATGAT CCCCGCGTAC CGAGCTCAGA AAAA

3′UTR

GCCTGAGCTC ACGTCGACCG GGGCCCTGAG ATCTGCTGCA G

2. ポリA付加TALEN mRNAの作製

❶ **TALENを含むプラスミドの線状化処理を行う**

制限酵素EcoRVにより，一晩かけて，37℃で処理する*1．

> *1 筆者のグループでは12時間，処理する．

❷ **QIAquick PCR Purification Kitにより，EcoRV処理したDNAを精製する**

カラムからの溶出には，30 μLのDEPC-Treated Waterを用いて溶出する．−20℃で凍結保存可能．

❸ **mRNAの合成**

mMESSAGE mMACHINE Kitを使用して，mRNAの合成（5′キャップ付加あり）を行う*2．ポリA付加とその後の精製までは途中で休憩を挟まず，連続して行う．手順は，取扱説明書に従う．

> *2 以降の実験は，DNaseやRNaseなどの混入によるコンタミネーションを防ぐことに細心の注意を払い，DNaseおよびRNaseフリーのチップとPCRチューブ，DEPC-Treated Waterを利用する．

❹ **ポリAの付加**

Poly(A) Tailing Kitを使用し，合成したmRNAへポリAを付加する．手順は，取扱説明書に従う．

❺ **ポリA付加したRNAの精製**

MEGAclear Kitを使用して，ポリA付加されたmRNAの精製を行う．5 M酢酸アンモニウム処理後，DEPC-Treated Water 20 μLにmRNAを溶かす．

❻ **NanoDrop 2000によるmRNA濃度測定*3**

> *3 約30 μgほどのmRNAが回収される．

3. インジェクション

通常，TALENの濃度は高いほど，変異効率はよい[3]．**2**で得られた各TALENを，できる限り高濃度で，等量となるように混合し，インジェクション溶液とする[*4]．2～3個体のP0野生株に，**2**で作製したポリA付加mRNAをインジェクションし，それぞれ異なるNGMプレートで飼育する[*5]．線虫へのインジェクションの手順は，文献1を参照されたい[*6]．

> [*4] mRNA溶液は，粘性が高く，針が詰まりやすいため，mRNA濃度が高すぎると変異効率は高いが，インジェクションは難しくなる．したがって，通常，750 ng/μLのmRNAを調製し，インジェクション溶液として使用する．インジェクション時の圧力は350 psiくらいが望ましい．
>
> [*5] 線虫の扱いは文献1に従う．
>
> [*6] 筆者の経験上，mRNAが生殖腺にインジェクションされれば，確実にF1でヘテロ変異株を取得できる．

4. F1線虫のSingle worm lysis

P0野生株の1個体に対して，図1に示した手順でヘテロ変異株の単離を行う．詳しくは，文献5を参照されたい．線虫は20℃で飼育する．

❶ インジェクション直後から24時間，同一のNGMプレート上において，P0野生株に卵を産

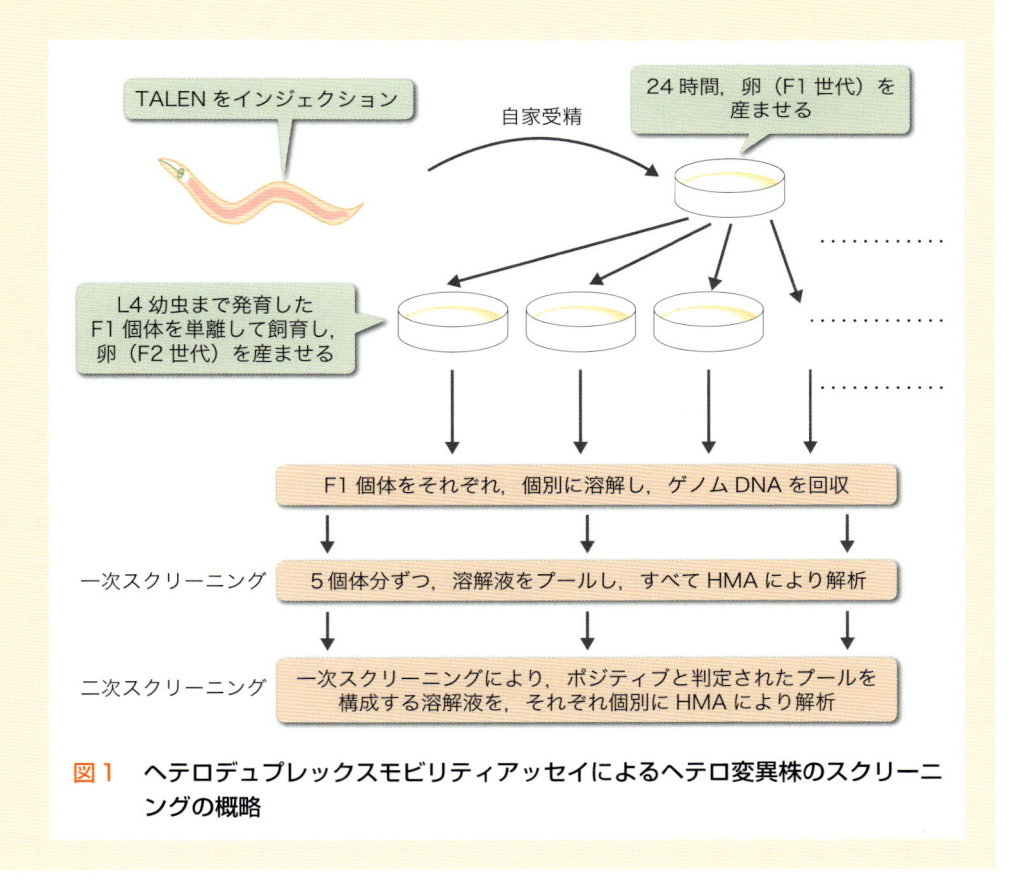

図1 ヘテロデュプレックスモビリティアッセイによるヘテロ変異株のスクリーニングの概略

ませる．24時間経過後，P0野生株を除去する

❷ L4幼虫まで発育したF1個体を，すべて個別のNGMプレートに移し替え，2日間，卵を産ませる

❸ F2世代が卵から産まれているのを目視により確認した後，F1個体のゲノムDNAを回収する

　　24時間で，1枚のNGMプレートあたり，100〜150個体のF1が産まれる．全個体を，個別に溶解し（以後，Single worm lysisという），ゲノムDNAを回収する．そのため，Single worm lysis用溶液を以下のように調製し，10 μLずつ，PCRチューブに分注する．各個体をピックし，PCRチューブに入れていく．

　　＜Single worm lysis用溶液＞
　　Worm lysis buffer　　　　　1.5 mL
　　20 mg/mL Proteinase K　　4.5 μL

❹ サーマルサイクラーを用いて，以下の条件にて，F1個体の溶解を行う

Single worm lysis	
60℃	1時間
95℃	15分
4℃	∞

5. HMAによるヘテロ変異株の一次スクリーニング

　　TALENによる変異効率は数パーセント程度と高くない．そのため，150個体のF1個体の各溶解液から，1回のヘテロデュプレックスモビリティアッセイ（HMA）で，ヘテロ変異株が溶解された溶解液を探しあてることは困難である．したがって，ここではまず，5個体分ずつの線虫溶解液をプールし，それぞれのプールをHMAにより解析し，ヘテロ変異株の溶解液が含まれるプールを絞り込む（図1）．HMAの詳細は基本編4を参照されたい．

❶ PCRチューブに，5個体の線虫溶解液を0.4 μLずつプールした溶液をつくる

❷ TALEN標的サイトを内側に含む200〜600 bpくらいの鎖長のDNAが合成されるように，標的サイトの両サイドにアニールするプライマーを設計する

❸ PCR反応を行う．サーマルサイクラーを使用する

　　＜Reaction mixture＞
　　線虫溶解液　　　　　　　　　　2 μL
　　2×PCR buffer　　　　　　　　5 μL
　　2 mM dNTPs　　　　　　　　2 μL
　　プライマー（10 μM each）　　0.6 μL
　　KOD FX Neo　　　　　　　　0.2 μL
　　Autoclaved, distilled Water　0.2 μL
　　　　　　　　　　　　　　　　　10 μL

```
PCR反応条件
94℃              2分
 ↓
98℃             10秒  ┐
55℃             30秒  ├ 35サイクル（400 bpの場合）
68℃             20秒  ┘
 ↓
4℃               ∞
```

❹ PCR反応を終えた溶液全量に対し，アニーリング反応を行う．サーマルサイクラーを使用する

```
アニーリング反応条件
95℃              3分
95℃から30分かけて20℃へ温度を下げる
```

❺ ポリアクリルアミド電気泳動による解析

　アニーリング後すぐに，反応液全量を，ポリアクリルアミドゲル（6% TBE Gel）電気泳動で解析する．Novex Mini-Cell，5×TBE Running buffer，パワーパックBasicを用いて，200 Vで，35分間泳動する．

6. HMAによるヘテロ変異株の二次スクリーニング

　ヘテロデュプレックスが検出された線虫溶解液のプール（5個体分）を構成している個々の線虫溶解液をHMAにより，再び解析する（図1）．この実験から，ヘテロ変異株を溶解した溶解液が特定されるので，ホモ化を行う．さらにホモ化の後，シークエンスによる確認を行う．

実験例

　一次スクリーニングにおいて，ヘテロ変異株の溶解液を含むプールの電気泳動で，ヘテロデュプレックスバンド（*，●，■，#）が確認される（図2）．一次スクリーニングにより絞り込まれた5個体分の溶解液を，二次スクリーニングによりさらに解析すると，ヘテロ変異株を含む溶解液を1つに特定できたことが確認できる（図2）．ヘテロデュプレックスモビリティアッセイ（HMA）においては，プライマーの質がきわめて重要である．非特異的な増幅が生じると，ポリアクリルアミド電気泳動において，ヘテロデュプレックスバンドと非特異的な増幅由来のバンドの区別がつかない．いくつかプライマーを準備し，最も非特異的な増幅のないプライマーを使用するのが望ましい．

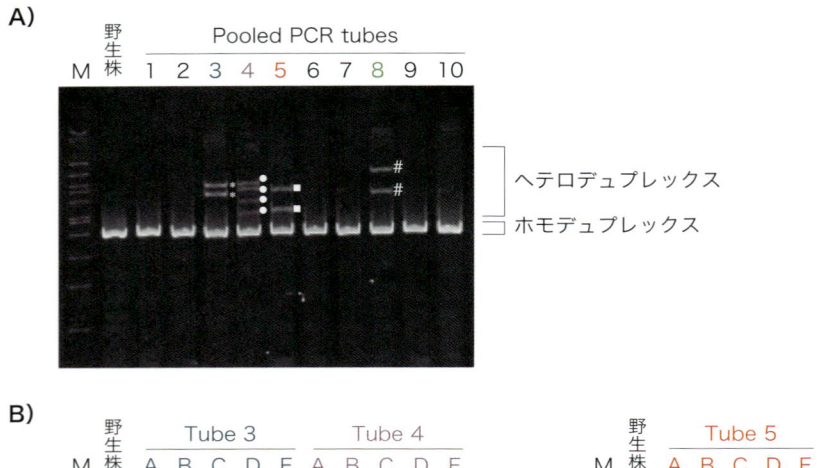

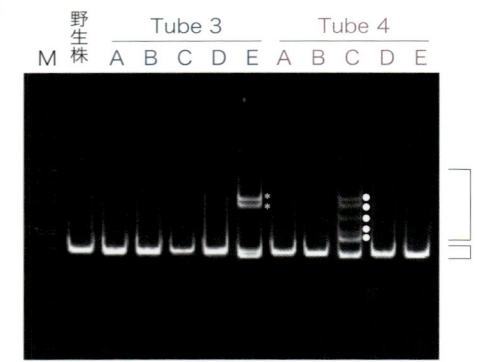

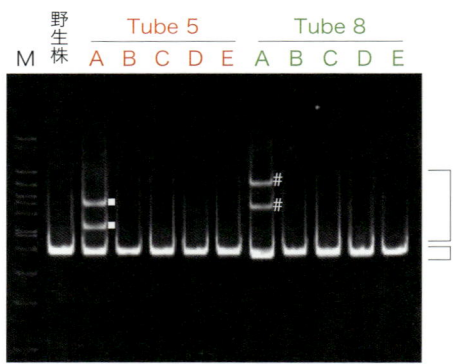

図2　TALENを利用した線虫の遺伝子改変実験例
A) 一次スクリーニングにおけるポリアクリルアミド電気泳動の代表的な結果．5個体分のF1個体の溶解液をプールし，その溶液を利用したPCR反応およびアニーリング反応後，各サンプルを電気泳動で解析．ヘテロデュプレックスバンドを，*，●，■，#で示す．**B)** 二次スクリーニングにおけるポリアクリルアミド電気泳動の代表的な結果．一次スクリーニングによりヘテロ変異株を含むことが示されたプールの線虫溶解液を，それぞれ個別に，PCR反応とアニーリング反応を行い，電気泳動を行う．*，●，■，#で示したヘテロデュプレックスバンドはAで示したバンドと対応

おわりに

　線虫は，他のモデル生物に比べ，ライフサイクルがきわめて短いため，TALENによる変異導入において，実験が問題なく進行すれば，わずか10日間で目的の変異株を得ることが可能である．本稿では，TALENを用いた変異導入の方法を紹介したが，最近，線虫においても，CRISPR/Cas9システムなどが利用されはじめており[6]，さらには変異導入に留まらず，遺伝子ターゲティングなどの事例も報告されている[4]．本稿で紹介したHMAを用いた線虫変異株のスクリーニング方法は，これらのCRISPRや遺伝子ターゲティングなどにも応用できることから，今後の線虫のゲノム編集のための1つのプロトコールとして，分子メカニズムの解明などに役立つことが期待される．

◆ 文献

1) 『線虫ラボマニュアル』（三谷昌平／編），シュプリンガー・フェアラーク東京，2003
2) Sakuma, T. et al.：Genes Cells, 18：315-326, 2013
3) Wood, A. J. et al.：Science, 333：307, 2011
4) Lo, T. W. et al.：Genetics, 195：331-348, 2013
5) Sugi, T. et al.：Dev. Growth Differ., 56：78-85, 2014
6) Friedland, A. E. et al.：Nat. Methods, 10：741-743, 2013

実践編 その他のモデル生物でのゲノム編集

8 ショウジョウバエにおけるTALENを用いた遺伝子改変

林　茂生，和田宝成，近藤武史

TALENを用いてキイロショウジョウバエゲノムに遺伝子変異を導入する手法を概説する．TALEN mRNAを受精卵にインジェクションし，その個体の子孫を相補性テストでチェックすることで，変異体を検索する．われわれの実例ではインジェクションを受け交尾した個体の17〜39％から変異が回収されたことから，本法により高効率の変異導入が可能であるといえる．

はじめに

　キイロショウジョウバエ（D. melanogaster）は100年あまりの遺伝学の歴史の下でさまざまな突然変異系統が充実し，遺伝的リソースが最も整ったモデル生物の1つである．組換えP因子（トランスポゾン）の挿入は全遺伝子の40％程度を網羅しており，トランスポゾン挿入サイトを標的にして遺伝子破壊，遺伝子の再挿入，入れ替えなど多様な技術が確立されている[1]．しかしトランスポゾンの挿入はまだ完全にゲノムを網羅した訳ではなく，ゲノム上の特定の配列の改変には充分ではない．その一方で，ショウジョウバエにおいてもマウスで確立している遺伝子ノックアウト，ノックインの技術が導入されている．しかし系統作製，組換え体の選別に年単位の時間と労力を必要とするため充分な普及が果たされていない．

　近年になってZnフィンガータイプのDNA結合ドメインを利用したDNA配列特異的切断酵素（ZFN）が考案された[2]．ZFN自体はデザインと作製に経験と技術を要するが，4種類の塩基をそれぞれ特異的に認識するモジュール構造をもつTALエフェクタータイプのDNA結合ドメインの発見でゲノム改変の技術は爆発的に進展し，普及した[3]．本稿ではTALENを用いたショウジョウバエゲノムの破壊実験の実例を紹介する．

準備

TALEN標的部位の設定

　ショウジョウバエにおいてTALENで誘導される生殖系列での変異は切断部位を含む20 bp以下の短い欠失と挿入が大半である．したがって遺伝子機能をノックアウトさせるためにはタンパク質のオープンリーディングフレーム（ORF）の開始コドンの下流を狙い，フレームシフト変異を誘導するデザインが望ましい．その際には翻訳される短いポリペプチドが生理機能を

もちえないように注意を払うべきである．また遺伝子によっては複数のプロモーターからの転写や，選択的スプライシングによるエキソンスキッピングが起こる．遺伝子機能を完全に破壊するためには標的部位としてすべての転写物に共通するコーディングエキソンのうち最上流にあるものを選びたい．開始コドンの欠失は下流のAUGコドンからの翻訳で予期しない産物が生産される可能性を考慮して避けるべきであろう．また制限酵素サイトがある場所が切断されるようにTALEN認識サイトを設計するとPCR増幅した標的部位の制限酵素感受性の消失により欠失の存在とその頻度を推定できる．極力そのような標的を設定するべきである．

ショウジョウバエゲノムには400塩基に1カ所の割合で単塩基置換（SNP）が存在する．TALEN認識サイトにSNPが存在すると切断効率が低下する恐れがあるため，実験に用いる系統の標的領域のゲノム配列を事前に読んでSNPがない場所にTALENを設定することが望ましい．

TALENのデザインとアセンブリー，活性検定（SSAアッセイ）については別稿を参照されたい（**基本編3，4，実践編1**）[4]．われわれはGolden Gate法，Plutinum TALEN法などで作製されたTALENペアを使用している．

スクリーニング方法のデザイン（図1）

変異体の選別には相補性テストと直接ゲノムDNAを解析する方法とが考えられる．目的とする遺伝子の欠損が生存に必須であったり，成体で顕著な表現型を示すことがわかっている場合にはTALENの処理を受けた候補系統をテスト用の系統と交配して相補性テストによって変異体を選別する．ショウジョウバエでは染色体位置がDNA配列レベルで決定されているトランスポゾン挿入系統や欠失系統が多数報告されており，データベース検索のうえで公共のストックセンターからテスト用系統の入手が可能である[*1]．目的遺伝子の変異体の表現型が予想できなかったり，相補性テスト用の系統が入手できない場合には候補系統のゲノムDNAからTALEN標的領域をPCR法で増幅し，欠失を同定する必要がある．本稿では相補性テストによるスクリーニングを柱に解説する．

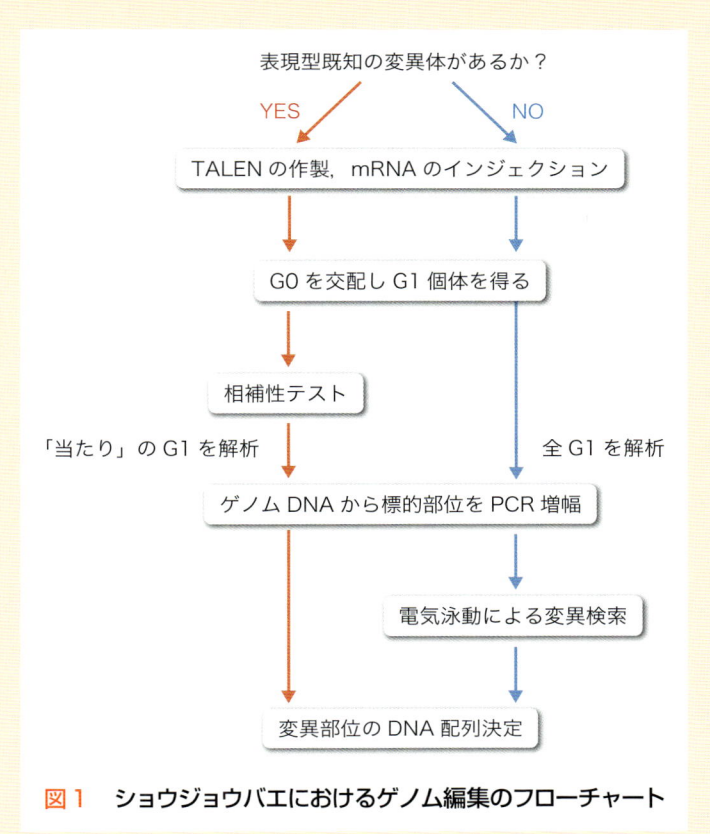

図1 ショウジョウバエにおけるゲノム編集のフローチャート

> *1　Flybase（**http://flybase.org/**）や原著論文を検索のうえで公共のストックセンター〔ショウジョウバエ遺伝資源センター（**http://www.dgrc.kit.ac.jp/index.html**），米国インディアナ大学（**http://flystocks.bio.indiana.edu/**）〕から入手できる．

タイムライン（相補性テストで致死性を調べる例）

- 第1週：TALENのアセンブリー
- 第2週：mRNA合成とインジェクション
- 第4週：羽化したG0個体を回収し，個別にバランサー系統と交配
- 第5週：相補性テスト系統の処女雌を収集
- 第6週：G1個体雄を回収して相補性テスト系統の処女雌と交配
  （G1ごとに10本程度．インジェクションの生存率50％として30×10＝300）
- 第8週：相補しなかったバイアルから系統確立，DNA抽出とPCR解析

プロトコール

1. TALEN mRNAの調製

❶ アセンブルされたTALENを含むプラスミドベクター5μg程度をTALENの下流で1カ所切断する制限酵素により処理する

❷ 完全に切断されたことを確認した後にDNAをQIAquick PCR Purification Kit（キアゲン社）で精製する

❸ mRNAの合成はmMessage mMachine T7 Ultra Kit（ライフテクノロジーズ社）*1を用いる．キットのプロトコールに従い1μgの鋳型プラスミドから転写反応，DNase処理，ポリA付加反応までを行う

> *1　本キットはT7 RNAポリメラーゼの反応を5′キャップアナログ（anti-reverse cap analog：ARCA）の存在下で行い，その後にポリA付加反応までを行うものである．

❹ mRNA産物はMEGAclear Kit（ライフテクノロジーズ社）によって精製する．キット付属のelution液を使用

❺ 反応産物は吸光度（260 nm）で定量する．およそ25μgのmRNAが得られる

2. 受精卵へのマイクロインジェクション*2

TALENペアのmRNAをそれぞれが最終濃度500μg/mL*3になるよう水に混合する*4．マイクロインジェクションには1回あたりキャピラリーに500 nL程度を充填するが，ピペッティングの都合上10μL程度を調製する．マイクロインジェクションは遺伝子導入の常法に従い極細胞形成前（排卵後0〜30分）の胚の後極に注入する．よく調整された針を使えば胚内部への液の流入を確認してただちに針を抜くことで細胞質の漏出はほとんど避けることができるはずである．われわれの場合，注入する系統は$y^1 w^{1118}$を用いているが用途によって特定のマーカー

や変異をもつ系統を選択することもできる．ただし系統によってマイクロインジェクションに対する胚の生存率が異なるので注入する卵の数を調節する必要がある．

*2 ショウジョウバエ胚へのマイクロインジェクション受託サービスを利用することもできる．BestGene（http://www.thebestgene.com/）など．

*3 250 μg/mL ずつでも充分な効果が得られる．薄い溶液の方が流動性が高く扱いやすい．胚の生存率などに注意して注入濃度を調節すべきである．

*4 希釈にはミリQ水を使用する．精製直後のミリQ水では胚の生存率が下がるので数日置いたものを使用している．

1）ハエ・卵収集の準備

❶ 生後3〜5日程度のショウジョウバエ成虫（雌雄各50〜100匹程度）を用意する

❷ 新しい培地に酵母（ドライイースト）の粒をのせ50 mLのプラスチック遠心管中で飼育する（図2A）

❸ 卵収集用金属メッシュ〔200メッシュ（オープニング77 μm，線径50 μm）以下の目が細かく，滴下した水をはじく程度のものがよい〕を用意する

われわれは小さなラケット型のものを自作して用いている．ピンセットは卵を傷つけないように先を研いで丸めておく（図3C）．

2）卵収集〜インジェクション

❶ 実験当日にハエを採卵用プレート*5を入れた50 mL試験管に移し，1時間産卵させてからプレートは廃棄する*6

*5 採卵用プレートはスライドグラス上にのせた培地（寒天3％と市販の林檎ジュース50％をオートクレーブで溶解し温度が50℃以下になった時点で10％パラオキシ安息香酸ブチル／70％エタノール溶液を0.5％加える）にドライイーストを水に溶かしたものを薄く塗布して用いる．

*6 最初に産み落とされた卵は母体内で発生が進んでいるものが多く実験には適さない．

❷ 30分間隔で採卵用プレートを交換する

❸ プレートから卵をピンセットで拾い，金属メッシュ上に滴下した水滴中に集める（図3A）．メッシュ下からキムワイプで余分な水分をぬぐい取る（図3B）

❹ 実体顕微鏡下で卵に10％次亜塩素酸液（ブリーチ，シグマ アルドリッチ社）を滴下し10数秒間処理して卵殻を溶解させる（図3C）

❺ 目視で卵殻の溶解を確認したらただちにブリーチをキムワイプで除き，逆浸透水を勢いよくかけてコリオン（卵殻膜）を剥がしながら洗浄する．水をキムワイプで除く

❻ 実体顕微鏡下で60個程度の卵を選別しスライドガラス上に貼り付けた両面テープ（スコッチテープ；#W-12，住友スリーエム社）の上にピンセットを用いて配列する（図3D）

❼ シリコーンオイル（#FL-100-1000cs，信越化学工業社）で覆い倒立顕微鏡に設置する（図3E）

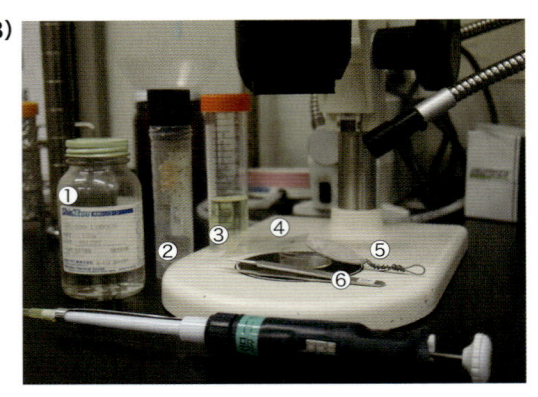

図2　採卵および卵収集の準備
A) 採卵用試験管．採卵用プレート（左）を50 mL試験管にセットしたもの（右）．**B)** 卵収集の準備．①シリコーンオイル，②採卵用試験管，③ブリーチ，④両面テープを貼り付けたスライドガラス，⑤卵収集用金属メッシュ，⑥ピンセットなどを実体顕微鏡前に用意する

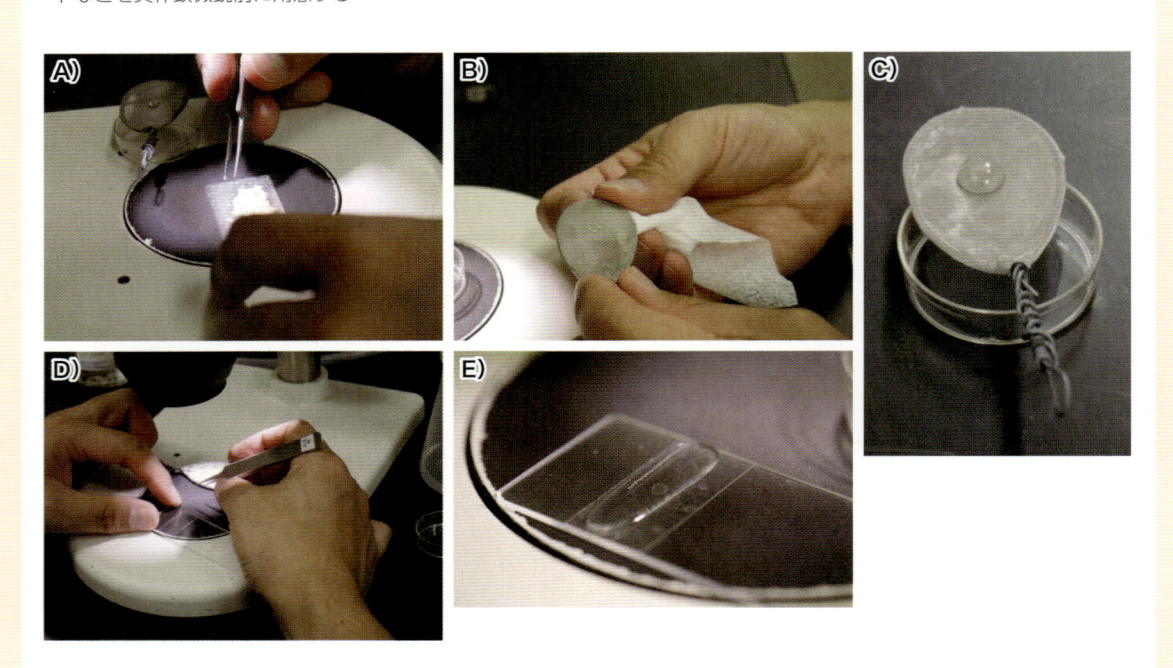

図3　卵収集およびインジェクション用の前処理
A) 採卵プレートから卵を拾って金属メッシュ上に滴下した水滴中に集める．**B)** 金属メッシュの裏側からキムワイプで水を拭き取る．**C)** ブリーチを滴下して卵殻を溶解させる．目視しつつ10数秒程度でブリーチをキムワイプで除き，逆浸透水で洗浄後に水分を除く．**D)** ピンセットで卵を拾い，前端が左を向くよう方向を揃えて両面テープ上に整列させる．**E)** 両面テープ上に整列してシリコーンオイルで覆われた卵

❽ マイクロマニピュレーターを用いてマイクロインジェクションする（図4A～D）．卵収集開始から注入終了まで30分が目安

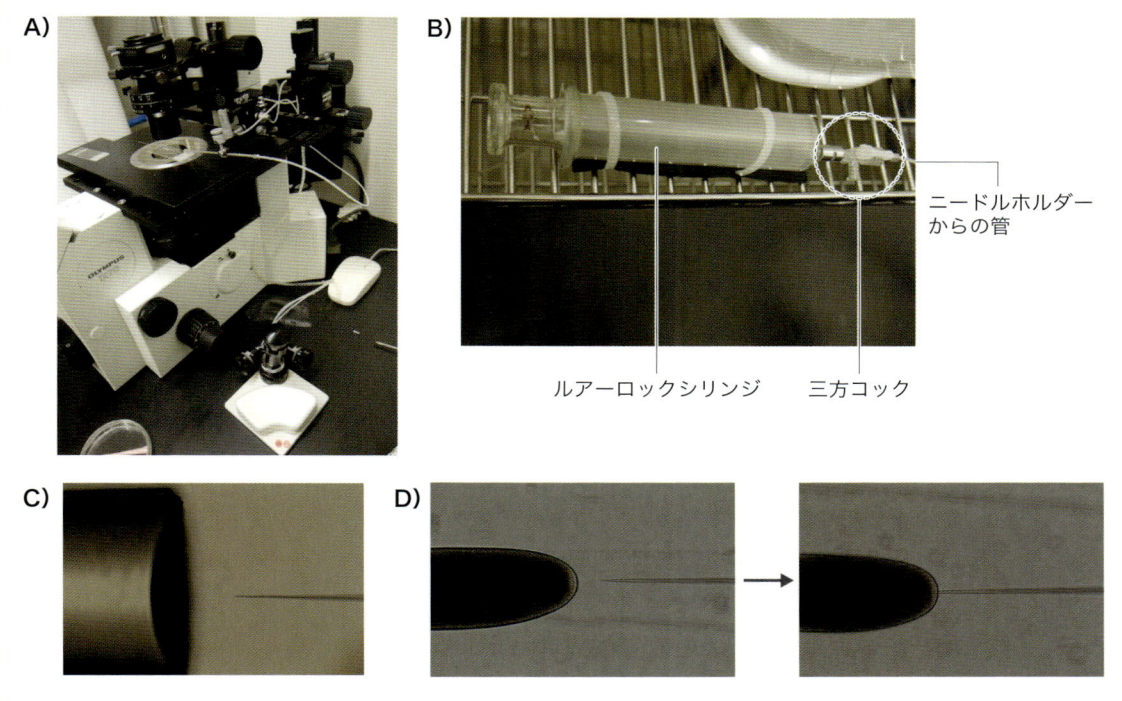

実践編　その他のモデル生物でのゲノム編集

図4　胚後極へのマイクロインジェクション
A) インジェクションのセットアップ．**B)** ニードルホルダーから延長した管にガラスシリンジをセットする．インジェクションは空気圧を操作することで行う．**C)** ガラス管に吸引したRNA溶液にインジェクション用の針を挿入し，針先にRNA溶液を満たす．**D)** 胚の後極に針を挿入する

　　注入用の針はガラスキャピラリー（DRUMMOND MICROCAPS 30；#1-000-0300, Drummond Scientific社）をニードルプラー（P-97/IVF，Sutter Instrument社）で引いたものを研磨器（EG-400 Micropipette Grinder 双眼タイプ，ナリシゲ社）で研いだものを使用している．針は少量のクロム酸混液，続いて純水をピペッティングすることで洗浄する．針は毎回洗浄することで再利用する．RNAは針と同様に洗浄したガラスキャピラリーに取り分けて，そこから顕微鏡下で針に吸引して用いる（図4C）．当研究室ではy^1w^{1118}系統を用いた場合，1回のセットで60匹程度の胚へ注入し，30〜50％程度の交配可能な成虫を得ている．

3. G0個体のケア，交配，スクリーニング

　　ここでは第3染色体の標的遺伝子で，相補テストが可能なケースを示す．

❶ マイクロインジェクションされたシリコーンオイル中の胚は加湿したプラスチックケースに保存し，25℃で24時間発生させる（図5）．孵化した個体を新鮮な培地を含むバイアルに移し，成虫に羽化させ，交尾前に雄雌を取り分ける（G0世代）

❷ バランサー系統（y^1w^{1118}; TM3 Sb/PrDr など）の若い雄および処女雌（羽化後1週間以内が望ましい）を用意しておく．G0世代の個体に対して4〜5匹程度のバランサー系統個

図5 注射後の胚は加湿した箱に封入し25℃で24時間飼育する

体を与え，小型のバイアル中で交配する

❸ 目的染色体がバランスされた子孫（G1世代）を得る．各G1個体をテスト系統（例：$y^1 w^{1118}$；標的領域の欠失染色体/TM3 Sb Dfd-YFP）に交配して相補性テスト（通常は致死性の検定）を行う

❹ TALENによる変異の効率は個体ごとにばらつくので一般にG0の生殖細胞の一部のみから変異が回収される

　この変異を確実に同定するためには各G0からできるだけ多くのG1を調べる必要がある．われわれは各G0ごとに最大10個体のG1を調べることとしている．したがってTALEN注入後に交配可能なG0が30個体得られるとして300本程度の相補性テストが行われることになる．

❺ 各バイアルの子孫をチェックし，相補しないバイアルからTM3 Sb Dfd-YFPでバランスされた雄と処女雌を回収して変異系統を確立する

4. ゲノムPCR

相補性テストで選択された変異を検定するため変異体ゲノムから目的遺伝子をPCR法で増幅する．われわれは配列解析を簡便にするためにGFP標識バランサーで変異染色体をバランスし，GFPをもたない幼虫個体を蛍光顕微鏡下で選別している[*7]．またG1をバランサー系統に1週間ほど交配して子孫が生まれつつあることを確認してからDNAを回収したり，G1成虫の翅を1枚切断し，DNA抽出に供するなどのさまざまな方法がある．

*7 　TALENによる欠失は短いので増幅産物の長さで変異遺伝子断片を野生型と区別する方法は不確実であるため，変異ホモ個体からの増幅を行うことを推奨する．変異によっては胚性致死であったり，成虫まで生存するケースもあろう．場合に応じて変異体の選り分け方法は各自が工夫されたい．

❶ 適当数の幼虫[*8]もしくは成虫を小型のホモジェナイザー（バイオマッシャーⅡ，ニッピ社）を用いて10μLの10 mM Tris-HCl（pH8.5）中で破砕し，遠心後の上清をゲノムDNAとしてPCR反応の基質に用いる．また成虫翅を用いる場合は切り取った翅を直接以下のPCR反応液に浮かせて反応させる

PCR 増幅には KOD FX Neo（東洋紡社）を同社提供のプロトコールに従って用いる．増幅プライマーは TALEN 認識配列を挟む 400 〜 500 bp 程度の領域を増幅させるように設計する．

*8　1齢幼虫なら5匹程度，3齢幼虫なら1匹．

❷ PCR 産物は以下の方法のいずれかで解析する

TALEN の切断による DNA 欠失は短いので PCR 産物のゲル電気泳動のみでは欠失の有無を確実に見出せないことがある．制限酵素サイトを含む切断部位が設定されていればその酵素による反応後にアガロースゲル電気泳動で切断産物の有無を確認する．また Cel-I アッセイ（実践編6，9，10なども参照）や HMA（heteroduplex mobility assay；実践編7，12なども参照）[5]も有効であろう．

いずれにせよ最終的には DNA シークエンシングによって正確な欠失配列を決定することが重要である．PCR 産物は QIAquick PCR Purification Kit によって精製し，増幅に用いたプライマー，もしくは新たに設定したプライマーでシークエンシング反応を行う．ヘテロ接合体では正常配列と欠失部位をもつ配列が混在するが，シークエンサーより出力された波形のピークを丁寧に読めば欠失部位を同定できる．

通常は1セットのインジェクションで複数の変異体を得ることができる．欠失の多くはタンパク質の読み枠のフレームシフト変異となる．予想されるタンパク質産物ができるだけ短いものを選択すべきであろう．また3の倍数の塩基が欠失したインフレームの変異の場合，タンパク質機能が残存する可能性があるので機能欠失変異を求める場合は使用を避けるべきである．

実験例

1. GFP のノックアウト[4]

GFP 配列をもつエキソンがイントロンに挿入されたタンパク質トラップ系統を標的にして GFP に対する TALEN の効果を検討した．250 μg/mL ずつの mRNA の注入を受けた G0 のうち 21 ％から GFP 配列に欠失をもつ系統を得た．この系統では GFP がほぼすべての組織で発現する．この実験では G0 個体で顕著に GFP の発現が減少した個体はみられなかったので体細胞での GFP 遺伝子活性はおおむね残存していたと考えられた．体色にかかわる yellow 遺伝子の破壊実験では yellow を欠損した組織がモザイク状にみられている[6]．

2. trachealess 遺伝子のノックアウト[7]

trachealess（trh）遺伝子に対する TALEN ペアを2種類用意して 500 μg/mL ずつの濃度で注入した．それぞれの TALEN ペアの注入を受けた G0 のうち 39 ％と 17 ％から変異体が得られた．特に前者の G0 のうち1例ではテストしたすべての子孫は trh 変異体であったので生殖系列細胞の両アレルで trh 遺伝子が破壊されたと考えられる．

おわりに

　　TALENを用いることで特定の遺伝子に欠失変異を導入する方法は大幅に簡便になった．今後はこれまで変異の得られていなかった遺伝子への変異導入が進められるだろう．われわれは前記実験例に示した例を含め合計5組のTALENすべてで変異導入に成功している（表1）．また既存の遺伝子変異の多くはトランスポゾンの挿入であったり，化学変異原による点突然変異が多い．これらの変異は必ずしも遺伝子活性を完全に破壊するものではない．また化学変異原はゲノムに広範に変異を導入することが知られており[8]，表現型の解釈は目的遺伝子以外での変異の存在の可能性も含めて慎重に行う必要がある．今後はTALENなどを用いた方法で新たに「クリーンな」変異体を得ることで表現型の再評価を行うことも必要である．

　　TALENの利用は今回示した短い欠失の誘導にとどまるものではない．2ペアのTALENの導入で大きな欠失を誘導したり，切断部位周辺の配列をもたせたターゲティングベクターDNAを用意して相同組換えにより外来遺伝子をノックインさせた報告もなされている[9]．ノックインの技術も効率化が進んでおり[10]，ゲノム上の遺伝子組換え技術はさらに洗練された遺伝学の発展を促すだろう．

　　近年報告されたCRISPR/Cas9のシステムは標的配列に対する合成RNA（もしくはRNA発現ベクター）を細胞に導入させ標的配列の切断を促すもので，欠失導入やノックインなどが可能なので実験デザインの簡便さと高い効率により急速に普及している．しかし認識配列が短い（20 bp）ことから非特異的切断も有意に起こることが報告されている[11]．変異導入効率，非特異的変異の可能性をどこまで受忍できるか，実験の効率，などを判断してTALEN，CRISPR/Cas9を適宜選択することになるだろう．

表1　TALENによる変異誘導の例

標的遺伝子	TALENペア	親系統	頻度[※1]
GFP	GFP	Jupiter[G00147 ※2]	7/34
trh	trh A	$y^1 w^{1118}$	7/18
trh	trh A	1-eve-1	1/4
trh	trh B	$y^1 w^{1118}$	4/23

※1　子孫が得られたG0のうち変異体を生んだ系統数の割合．各G0系統からは1.5〜100.0％の頻度で変異体が得られた
※2　微小管結合タンパク質Jupiter遺伝子のイントロンにGFPをもつエキソンが挿入．P{PTT-GA}Jupiter[G00147]

◆ 謝辞

　　本稿で示した実験手法は佐久間哲史博士，山本 卓教授らとの共同研究にて行われました．mRNA注入の手法は中村 輝・現熊本大学教授にご指導いただきました．

◆ 文献

1) Venken, K. J. et al.：Nat. Methods, 8：737-743, 2011
2) Bibikova, M. et al.：Genetics, 161：1169-1175, 2002
3) Bogdanove, A. J. & Voytas, D. F.：Science, 333：1843-1846, 2011
4) Sakuma, T. et al.：Genes Cells, 18：315-326, 2013
5) Ota, S. et al.：Genes Cells, 18：450-458, 2013
6) Liu, J. et al.：J. Genet. Genomics, 39：209-215, 2012
7) Kondo, T. et al.：Dev. Growth Differ., 56：86-91, 2014
8) Blumenstiel, J. P. et al.：Genetics, 182：25-32, 2009
9) Katsuyama, T. et al.：Nucleic Acids Res., 41：e163, 2013
10) Baena-Lopez, L. A. et al.：Development, 140：4818-4825, 2013
11) Cradick, T. J. et al.：Nucleic Acids Res., 41：9584-9592, 2013

実践編　その他のモデル生物でのゲノム編集

9 カイコにおけるTALENを用いた遺伝子改変

大門高明

> カイコは遺伝学・生理学のモデル昆虫として古くから利用されてきた．近年，TALENによるカイコゲノムの改変が非常に効率よくできることが判明し，ノックアウト解析が容易にできるようになった[1]．本稿では，TALENを用いたノックアウトカイコ作出について，そのプロトコールを筆者の実例を交えながら紹介する．

はじめに

カイコでは形質転換法が確立されており，さらに全ゲノム情報も明らかにされている[2]．しかし，RNAiがあまり効果的でないことから，逆遺伝学的な手法による遺伝子機能解析は困難であった．近年，TALENを用いて非常に効率よくノックアウトカイコが作出できることが判明し，カイコの遺伝学は新たな時代を迎えることとなった[1,3]．

TALENを用いたノックアウトカイコ作出では，初期胚（卵）にTALEN mRNAをインジェクションし（G0世代），次代（G1世代）において変異アレルをもつ個体をスクリーニングし，G2世代において変異アレルを固定する．筆者の実験例では，TALENによる変異導入の効率は，% G0 yielderが約30〜100 %，germline mutation rateは約8〜60 %の範囲であった（G0が致死となった1例を除く；図1）．ターゲットとした遺伝子のすべてに対してTALENで変異を導入できており，現在の打率は10割である．TALENによるノックアウトカイコ作出は完全に実用レベルにあると言える．実際に，表現型未知の遺伝子においても容易にノックアウトできている．

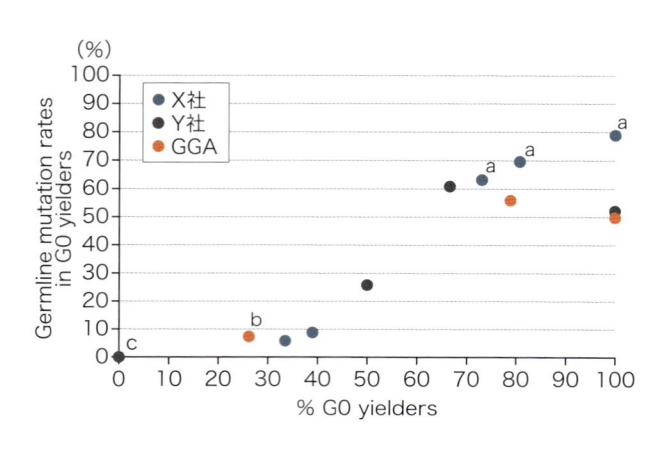

図1　TALENによる変異導入効率

横軸は少なくとも1匹の変異体を産んだG0個体（G0 yielder）の割合，縦軸はG0 yielderの生殖細胞系列で生じた変異の割合を表す．青点，黒点，赤点はそれぞれ，X社に受託，Y社に受託，Golden Gate法で自作したTALENの効率を示し，それぞれ異なる遺伝子をターゲットとしている．aで示した点は1ペアのG0あたりのスコアであり，他の点（1個体のG0あたりのスコア）よりも高く算出される．bで示した点は2ペアのTALENを用いた4.5 kbのlarge deletionのスコアである．cで示した点は，G0個体のほとんどが致死になってしまった遺伝子である

本稿では，TALENを用いたノックアウトカイコ作出について，そのプロトコルと注意点を紹介する．実験の成功の鍵は，①カイコを系統維持できること，②初期胚へのインジェクションができる（または依頼する）こと，③変異の検出に用いるSURVEYOR/Cel-Ⅰアッセイが上手くできること，の3点である．カイコの飼育法および遺伝学の基礎については参考図書を参照されたい．

準備

非休眠系統カイコ

　通常のカイコは休眠卵を産むが，インジェクションには非休眠系統の卵を用いることが一般的である．本稿では非休眠系統を用いたプロトコルを紹介する．インジェクションによく用いられる系統は，*pnd w-1*，N4，Nistariである．これらの系統は農業生物資源研究所のジーンバンクや九州大学（ナショナルバイオリソースプロジェクト・カイコ）から入手できる．

人工飼料

- [ ] シルクメイト原種1〜3齢用M（粉末）またはS（調製済みソーセージ）（日本農産工業社）

飼育容器

- [ ] 15 cm×20 cm程度のプラスチック容器（タッパー）
   筆者はこのサイズの弁当箱を大量に購入し，蚕病の発生・蔓延を避けるために使い捨てにしている．

マイクロインジェクション装置

　カイコは卵殻が硬いため，タングステン針で穴を開け，そこにガラスキャピラリーを挿入してインジェクションする．オリジナルの装置は文献4，5に記載されているが，現在，装置の改良が進み，マニピュレーターによる2本の針の位置合わせを電動で行うことができるようになっている．農業生物資源研究所のオープンラボ「昆虫遺伝子機能解析関連施設」では，カイコ卵へのインジェクションの技術支援を行っている．

試薬

- [ ] TALEN構築用プラスミド
    ・Golden Gate TALEN and TAL Effector Kit 2.0（#1000000024，Addgeneから入手可能）
    ・Yamamoto Lab TALEN Accessory Pack（#1000000030，Addgeneから入手可能）
- [ ] TALEN構築用試薬
   制限酵素，リガーゼなど，Golden Gate Assemblyに必要な試薬類．詳細は実践編1を参照のこと．
- [ ] mRNA合成キット（mMESSAGE mMACHINE T7 Ultra Kit；#AM1345，ライフテクノロジーズ社）
- [ ] インジェクションバッファー（0.5 mM リン酸バッファー（pH7.0））
- [ ] 卵を固定するための接着剤（アロンアルファ ゼリー状瞬間，東亞合成社）
- [ ] ゲノムDNA抽出キット（Wizard SV 96 Genomic DNA Purification System；

- #A2370, プロメガ社)
- □ ゲノムDNA簡易抽出試薬（50 mM NaOHおよび200 mM Tris-HCl（pH8.0））
- □ PCR用酵素（TaKaRa Ex Taq；#RR001A, タカラバイオ社）
- □ SURVEYORアッセイ用試薬（SURVEYOR Mutation Mutation Detection Kit for Standard Gel Electrophoresis；#706020, Transgenomic社）
- □ ゲル染色試薬（GelRed；#41002, コスモ・バイオ社）

プロトコール

1. TALENのデザイン（2時間）

　TAL Effector Nucleotide Targeter 2.0 (http://tale-nt.cac.cornell.edu/)[6] などのツールを用いてデザインする．TALENのarchitectureに応じてRVDの数，スペーサーの長さを選択する．カイコ用のTALEN発現ベクターとしてpBlueTALが開発されており[3]，これを用いる場合，RVDの数を16～20に，スペーサーを14～16 bpに設定するとよい．ターゲットサイトの選択の際は，スプライシングバリアントや2ndメチオニンからの翻訳を考慮する．ターゲット遺伝子によっては，導入した変異によってドミナントネガティブ型のアレルが生じることもある．ゲノム解析系統（p50T）とレシピエント系統との間でSNPが存在することがあるので，レシピエントの系統でターゲットとその周辺の配列をチェックしたほうがよい．デザインされたRVD配列を用いて，カイコ全ゲノム配列中のオフターゲットサイトを検索する．TALENoffer (http://www.jstacs.de/index.php/TALENoffer/)[7] というツールでは，ウェブサーバーに任意のゲノム配列をアップロードしてオフターゲットを検索することができる．

2. TALENの構築（1週間）

　Golden Gate法を用いてRVDリピートを連結し，T7プロモーターをもつ任意のTALEN発現ベクターに挿入する（実践編1）．筆者はカイコ用のTALEN発現ベクターであるpBlueTAL[3]を用いている．ベクターの構築を外注することもできる．筆者の経験では，自作のものと外注のもので効率に顕著な差はなかった（図1）．

3. TALEN mRNAの調製（2日間）

❶ 制限酵素で線状化した左右それぞれのTALEN発現ベクター1 μgをテンプレートに，mRNA合成キットを用いてmRNAを調製する．キットのマニュアルに従い，in vitro transcription反応，5′cap付加反応，poly(A) tail付加反応を行う

❷ 反応後，キット付属の塩化リチウム溶液を用いてmRNAを沈殿させ，ペレットを70％エタノールで3回リンスする

❸ インジェクションバッファーに400 ng/μLの濃度になるように溶解し，−80℃で保存する[*1]

　　＊1　カイコはTALENの効率が非常に高いので，筆者は構築したTALENのバリデーション（SSAアッセイなど）は行っていない．

4. カイコ初期胚へのマイクロインジェクション（8時間）

❶ 産下後2〜3時間程度の卵をスライドガラスに並べる（6行8列程度）．後極腹側にインジェクションできるように卵の向きを揃える

❷ 卵を接着剤でスライドグラスに固定する

❸ 3-❸で調製した左右のTALEN mRNAを等量ずつ混合する．終濃度は400 ng/µL（左右200 ng/µLずつ）になる

❹ 15〜20 nLずつ卵にインジェクションする．産下後4〜8時間の卵にインジェクションする

❺ インジェクション後，卵にできた穴に少量の接着剤を塗布して塞ぐ

❻ スライドグラスを保湿したタッパーに移す．10日後から孵化がはじまる

5. G0個体の飼育・採卵（50日間）

❶ インジェクションされた卵から孵化した幼虫を飼育し，成虫まで育てる（G0世代，図2）[*2]

> *2　遺伝子によってはG0個体で表現型が観察される．

❷ G0成虫をインジェクションに用いた親系統と交配し，G1世代の卵を得る[*3]

> *3　カイコではTALENの効率が非常に高いので，G0同士を交配させると，G1個体の遺伝子型が「ぐちゃぐちゃ」になってしまい，後代でのジェノタイピング作業が非常に煩雑になる．G0を親系統と交配することで，G1個体がもつ変異アレルが必ずヘテロ（あるいはヘミ）になる状態にしておくことを強く推奨する．

❸ 1ペアの親由来の卵塊[*4]ごとに固有の番号をつける

> *4　蚕糸学用語では蛾区（がく）とよぶ．以後この用語を用いる．

❹ G1蛾区ごとに，卵塊の一部を産卵台紙ごと切り取る（1/4ほど）

❺ 切り取った台紙をそのまま25℃でインキュベートする．10日ほどで孵化する

❻ 残りの卵（3/4ほど）は低温でインキュベートし，スクリーニング（SURVEYORアッセイ）が終わるまで孵化を遅らせる[*5]

> *5　カイコの卵の発育ゼロ点は10〜11℃，孵化までの有効積算温度はおよそ150日度である．卵を15℃，20℃で保存した場合，それぞれ30日，15日ほどで孵化する．

❼ 切り取った台紙から孵化したG1幼虫からゲノムDNAを抽出し，SURVEYORアッセイに供する

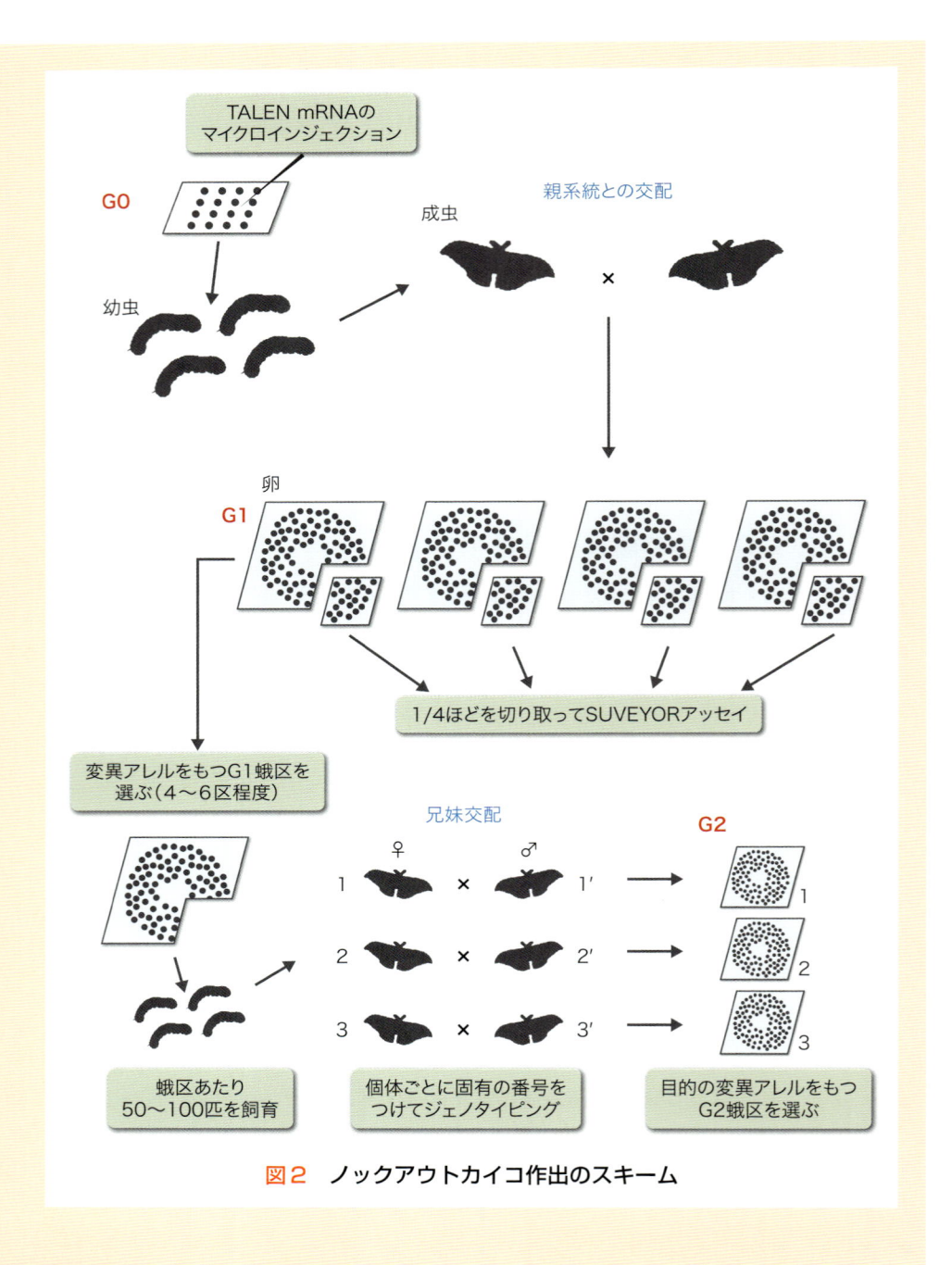

図2 ノックアウトカイコ作出のスキーム

6. G1世代のスクリーニング（1週間）

❶ 孵化直後のG1幼虫を，蛾区あたり40匹ほど1.5 mLチューブにサンプリングする

ただし，1チューブあたりの個体数は最大10匹までにすること[*6]．サンプルは使用するまで−20℃で凍結保存できる．

実践編　その他のモデル生物でのゲノム編集

*6　筆者の経験では，SURVEYORアッセイの検出限界は1%（変異アレル：野生型アレル＝1：99）であった．安全のため，最大10匹までを1つのチューブに入れている．

❷ DNA抽出キットを用いてゲノムDNAを抽出する

❸ PCR反応を行う（10〜15 μLの反応系，テンプレートは2 μL程度）

プライマーはTALENターゲットサイトを挟むようにデザインする．SNPによる疑陽性が検出されるのを避けるため，アンプリコンのサイズは200〜300 bp程度にするとよい*7．

*7　筆者はEx Taqをルーチンで使用している．孵化直後の幼虫であれば問題なく増幅されるが，人工飼料を食下した幼虫では増幅の効率が低下する．増幅の効率が悪いときは，クルードサンプル対応のPCR酵素を用いること．

❹ SURVEYORキットのマニュアルに従って，PCR産物をハイブリダイズさせる

❺ 前記のサンプル5 μLに対して，SURVEYOR Nucleaseを0.5 μL，キット付属のSURVEYOR Enhancerを0.5 μL，$MgCl_2$溶液を0.5 μL加えて混合する

❻ 42℃で1時間反応させる

❼ キット付属のStop Solutionを1 μL加え，反応を停止させる

❽ 2%アガロースゲルを用いてTBEバッファーで電気泳動する

ゲルはGelRedなどの試薬で先染めしておくと感度がよい．

❾ 図3に記載のような結果が得られる

変異アレルは短い切断フラグメントとして検出される．

❿ SURVEYORアッセイでポジティブと判定された蛾区から，ノックアウト系統の樹立に用いるG1蛾区を選択する*8

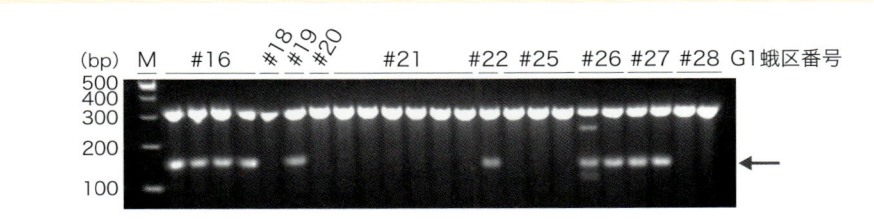

図3　G1蛾区のスクリーニング結果の1例（SURVEYORアッセイ）

❻の実験結果の1例を示す．ゲル写真の上部にはG1蛾区の番号を示す．1サンプル（レーン）あたり，5〜10匹の孵化直後のG1幼虫のDNAがプールされている．TALENの切断サイトがアンプリコンの中央にくるようにプライマーをデザインしたため，short indelが生じた場合は1本の切断フラグメントが観察される（矢印）．#26の蛾区では他のレーンにはないバンドが見えていることに注意．このバンドは67塩基欠失に由来することが後で判明した

> *8 変異アレルの頻度，切断フラグメントのサイズ多型を指標とする．多くの場合，1つのG1蛾区から複数の変異アレルが回収できるので，4～6蛾区を選べば充分である．Large deletion/insertionが検出された場合，その後のジェノタイピング作業が格段に楽になるので優先的に残すとよい（例えば図3ではG1蛾区の#26が該当する）．

7. G1世代の飼育・採卵（2カ月）

❶ 6で選択したG1蛾区について，残りの3/4ほどの卵を低温庫から出して孵化させる

❷ 蛾区あたり50～100匹ほどを蛾まで育て上げる

❸ G1蛾を兄妹交配させて，G2世代の卵を得る．交配に用いたG1蛾の雌雄には個体ごとに固有の番号を与え，チャック付きのビニール袋に1匹ずつ入れて−20℃で凍結保存する．産下されたG2の卵にも蛾区ごとに固有の番号を与え，後で両親と卵の対応を追跡できるようにする

❹ G2の卵は15～20℃の低温庫に入れ，交配に用いたG1成虫のジェノタイピングが終わるまで孵化を遅らせる

❺ G1成虫の頭部を用いて以下の方法でDNAを簡易抽出する（図4）．ここでは個体ごとにDNAを抽出することに注意

❻ 96ウェルプレートの各ウェルに100 μLの50 mM NaOHを加え，そこに成虫の頭部を1個体ずつ入れていく．頭部はピンセットで簡単に外すことができる

❼ 爪楊枝（オートクレーブは不要）の柄の末端部分（尖っていない方）を用いて，頭部を軽く潰す．溶液が黄変するが問題ない

❽ 95℃で15分間熱処理する

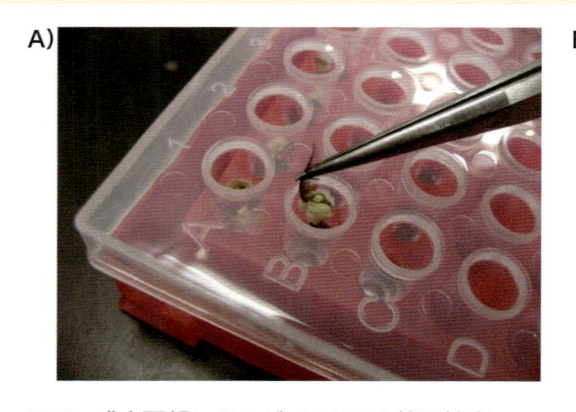

図4 成虫頭部からのゲノムDNA簡易抽出
A）96ウェルプレートの各ウェルに，成虫の頭部を1個ずつ入れているところ．B）爪楊枝の柄の末端で軽く潰した後の写真

❾ 200 mM Tris-HCl（pH8.0）を100μL加える．撹拌後，軽く遠心して上清をPCRのテンプレートに用いる

❿ 前述の方法でSURVEYORアッセイを行い，変異アレルをもつ個体を同定する[*9]

> [*9] カイコの性染色体はメスがW/Z，オスがZ/Zである．ターゲットがZ染色体に座乗する場合，メス個体はすべてヘミ接合体となることに注意する．この場合，PCR産物をダイレクトシークエンスする．

⓫ SURVEYORアッセイでポジティブと判定された個体について，以下の方法で変異アレルの配列を決定する．筆者はターゲット遺伝子あたり10〜12個体のG1成虫を調査している

⓬ ターゲットサイトを挟むプライマーでPCRし，PCR産物を任意のクローニングベクターにサブクローニングする[*10]

> [*10] PCR産物中には，野生型/野生型および変異型/変異型のホモデュプレックスと，野生型/変異型のヘテロデュプレックスが混在するため，ダイレクトシークエンスでは正確に変異アレルの配列を決定できない．PCR産物をサブクローニングして複数のクローンをシークエンスする必要がある．

⓭ コロニーダイレクトPCRを行う．1個体あたり8〜12クローン拾う

⓮ PCR産物をダイレクトシークエンスする

⓯ 変異アレルの配列をチェックして，維持・解析するアレルを決定する[*11]

> [*11] 安易にhypomorphic alleleを捨てないほうがよい．

⓰ ⓯で決定したG1蛾に対応するG2蛾区の卵を低温庫から出し，飼育・系統維持する．必要に応じてG2成虫を休眠系統と交配し，系統保存を行う

実験例

筆者が行ったカイコのノックアウト実験の効率を図1に示す．図3はG1蛾区のスクリーニングの1例である．図5はカイコの*BmBLOS2*遺伝子のノックアウト実験の結果である．

おわりに

カイコではTALENを用いたノックアウト解析が「当たり前」の手法となった．他の昆虫種でも，累代飼育や初期胚へのインジェクションさえ可能ならば，同様の手法でノックアウト解析が可能なはずである．また，最近，CRISPR/Cas9を用いても，比較的高い効率でカイコの遺

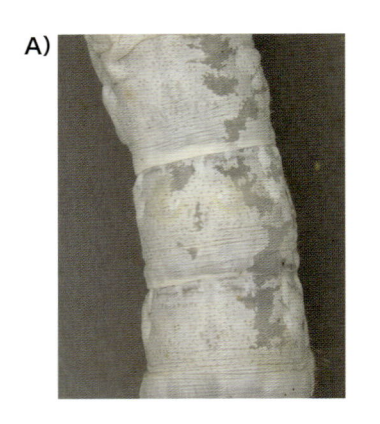

図5　*BmBLOS2*遺伝子ノックアウトカイコ

A) *BmBLOS2*遺伝子をターゲットとするTALENをインジェクションしたG0幼虫の背面．この遺伝子が真皮細胞で機能を失うと皮膚が透明になる．このG0個体ではモザイク状に透明の皮膚が生じている．**B)** *BmBLOS2*ノックアウトカイコ（G1）．矢印で示した個体がノックアウト個体である

伝子を破壊できることが報告された[8]．一方で，カイコでは*GFP*遺伝子カセットなど，長い配列のノックインの効率は低く，効率のよいノックイン法を確立することが今後の課題となっている．

◆ 文献
1) Daimon, T. et al.：Dev. Growth Differ., 56：14-25, 2014
2) Goldsmith, M. R. et al.：Annu. Rev. Entomol., 50：71-100, 2005
3) Takasu, Y. et al.：PLoS One, 8：e73458, 2013
4) Tamura, T. et al.：Nat. Biotechnol., 18：81-84, 2000
5) Kanda, T. & Tamura, T.：Bull. Natl. Inst. Seric. Entomol. Sci, 2：32-46, 1991
6) Doyle, E. L. et al.：Nucleic Acids Res., 40：W117-W122, 2012
7) Grau, J. et al.：Bioinformatics, 29：2931-2932, 2013
8) Wang, Y. et al.：Cell Res., 23：1414-1416, 2013

◆ 参考図書
1) 『昆虫実験法　材料・実習編』（吉武成美 他/編），学会出版センター，1980
2) 『The silkworm: an important laboratory tool』（Yataro Tazima ed.），Kodansha, 1978

実践編　その他のモデル生物でのゲノム編集

10 コオロギにおけるZFN, TALEN, CRISPR/Cas9を用いた遺伝子改変

渡辺崇人，三戸太郎，大内淑代，野地澄晴

　ショウジョウバエ以外の昆虫において，遺伝子ノックアウトなどを行うのは困難であった．われわれは各種ゲノム編集ツールに着目し，不完全変態類の発生・再生のモデル昆虫として注目されているコオロギにおいて標的遺伝子のノックアウトに成功したので紹介する．この方法はその他の昆虫でも利用できる手法である．

はじめに

　マウスやショウジョウバエはモデル動物として研究に使用され，多くの研究者が集中的に研究してきたことにより，遺伝子操作法を含め多くの技術が開発されてきた．しかし，非モデル動物においては，研究者人口も少なく，そのため有効な遺伝子機能の解析法が開発されていなかった．RNA干渉法を用いて研究が行える動物については，遺伝子の機能解析は進展してきたが，遺伝学的な解析とは異なった不確定性もあり，結果の解釈に曖昧さが残る場合もある．しかし，最近になって，人工ヌクレアーゼなどによるゲノム編集法の出現により，その事情は一変した．これまで標的遺伝子のノックアウト個体を作製する技術がなかった生物において，最近のゲノム編集技術は多くの動植物に利用可能であることから，比較的簡単にノックアウト生物が作製可能となり，また遺伝子のノックインの効率も上がり，ゲノムの標的部位への遺伝子ノックインも可能になってきている．多くの昆虫も例外ではない．

　フタホシコオロギ (*Gryllus bimaculatus*) は直翅目に属する昆虫である．コオロギは不完全変態類に属す昆虫で，幼虫は親の形態と類似しており，脱皮によって成虫になる．フタホシコオロギは，通常ペットショップでさまざまな生物の生き餌として販売されており，簡単に購入可能であり，飼育も簡単である．近年トランスジェニックコオロギ作製法がコオロギで確立されたことにより，さらに詳細な遺伝子機能に関する研究に利用可能となっている[1)2)]．コオロギは胚の段階で形成された肢芽が成長し成虫の脚になる．コオロギは脱皮によって成長するため，幼虫の脚を切断することができるが，コオロギは数回の脱皮を経て失われた部位を完全に再生することが可能である．コオロギの脚再生における基礎的な実験により明らかとなった基本的な法則は，昆虫に限らずイモリなどの再生現象と同じであり，再生における一般的な法則であることが示唆されている[3)]．また，生物の基本的なメカニズム（アポトーシスやホメオボックス遺伝子など）はすべての生物で共通であることから，コオロギにおける脚再生メカニズムの研究がヒトの再生メカニズムの解明に貢献できる．

　われわれは，RNA干渉法とトランスジェニックコオロギを用いて，コオロギの脚再生の分子

メカニズムの解析を行っている[4]．さらに，人工ヌクレアーゼであるZFNおよびTALENやCRISPR/Cas9システムに着目し，遺伝子機能の解析を行っている．これまでに昆虫における人工ヌクレアーゼを使用したゲノム編集は，ショウジョウバエ[5]〜[7]とカイコ[8]で報告されている．ショウジョウバエは，最も早く人工ヌクレアーゼの技術を導入することに成功した生物の1つであり，現在ではZFN，TALENともに使用可能であることが示されている．その方法としては，初期の段階では，標的遺伝子を切断するZFNの遺伝子をショウジョウバエのゲノムDNAに組み込んだトランスジェニックハエを作製し，ヒートショックプロモーターによりZFNを生殖細胞で発現させ，次世代で変異体を得るという手法が採用されていた[6]．その後技術改良が行われ，その他の生物のようにあらかじめ$in\ vitro$で転写したZFNやTALENのmRNAをショウジョウバエの卵に導入し変異体を得る方法が確立され，人工ヌクレアーゼの遺伝子をゲノムDNA中に組み込むことなく変異体を作製することが可能となった[6,7]．さらにショウジョウバエでは，ドナーベクターを人工ヌクレアーゼのmRNAと共導入することにより，ノックイン個体を得ることも可能となっている．またカイコでも同様にZFNのmRNAを卵に導入し，変異体を得ることが可能となっている[8]．

われわれはフタホシコオロギにおいてZFNやTALEN，CRISPR/Cas9を用いて標的遺伝子に変異を導入し，ノックアウト系統を得ることに成功したので紹介する[9]．

準備

コオロギおよび飼育用環境
- □ 野生型フタホシコオロギ
- □ テトラゴールド，テトラフィン（ともにテトラ社），キッチンペーパー，虫かご，シャーレ，50 mLチューブ

インジェクション関連
- □ ガラスキャピラリー（G-1，ナリシゲ社）
- □ P-1000 Micropipette Puller（Sutter Instrument社）
- □ スライドガラス
- □ 両面テープ（ニチバン社）
- □ 倒立顕微鏡（今回はDM IRB（ライカ マイクロシステムズ社）使用）
- □ 50 mLガラスシリンジ（トップ社）
- □ ミネラルオイル（#8410，シグマ アルドリッチ社）

ゲノム編集ツールmRNA作製試薬
- □ HiSpeed Plasmid Midi Kit（キアゲン社）
- □ 制限酵素
- □ mMESSAGE mMACHINE T7 Ultra Kit（ライフテクノロジーズ社）

遺伝子型判定用
- □ DNeasy Blood & Tissue Kit（キアゲン社）

- □ Ex-taq HS（タカラバイオ社）
- □ プライマーペア（各10 μM）
- □ サーマルサイクラー
- □ SURVEYOR Mutation Detection Kits（Transgenomic社）
- □ アガロースS（ニッポンジーン社）

プロトコール

1. 野生型コオロギの飼育法

　すべての幼虫と成虫は温度29℃，湿度50％で10時間と14時間の明暗環境下で飼育する．餌には人工の魚用餌を使用し，成虫にはテトラフィン，幼虫にはテトラゴールドを用いる．この環境下で，1～3齢幼虫は2，3日，4～6齢幼虫は4，5日，7，8齢幼虫は約1週間で脱皮する．そして，8回の脱皮を経て成虫となる．コオロギの世代時間は約2カ月である．1～3齢幼虫は，孵化した日ごとに虫かごに分けて飼育する．4～8齢幼虫は孵化した週ごとに分けて，衣装ケース内で飼育する．成虫も同様に，羽化した週ごとに分けて，衣装ケース内で飼育する．それぞれの虫かごには，水分供給のために，50 mLチューブに脱イオン水を満たし，キッチンペーパーでふたをしたものを入れておく．そして，住処として破いた紙を入れておく．幼虫や成虫を飼う衣装ケースの場合は，角シャーレに4，5枚のキッチンペーパーを折り畳んで入れ，そこに脱イオン水を満たし，キッチンペーパーでカバーしたものを入れておく．インジェクションを行う場合は，同様のものを7 cmシャーレで作製し採卵する．採卵シャーレは1日おきに新しいものと交換する．採卵した卵はカバーしたキッチンペーパーを取り，コオロギと同じ飼育環境下で置いておく．約13日でコオロギは孵化するので，虫かごに移動する．

2. ゲノム編集ツールmRNA合成

　各種ヌクレアーゼmRNA合成のためのプラスミドの構築法については，本稿での詳細な記載はしないが，さまざまな方法でプラスミドを得ることができる．コオロギで用いたZFNは，バクテリアワンハイブリッド法とSSA（single strand annealing）アッセイを組み合わせた方法で構築した[10]．TALENについては，本稿で紹介する結果はCellectis bioresearch社から購入したものを使用している．現在では，それ以外にもライフテクノロジーズ社やTransposagen社などからも購入可能である．各々の研究室で構築する際には，Golden Gate法やその変法であるPlatinum Gate法，FLASHアセンブリー法などを用いて作製することができる[11]～[13]．以上のうち，Transposagen社とPlatinum Gate法のTALENはコオロギで効果的に働くことが確認済みである．CRISPR/Cas9システムで用いるプラスミドは，Cas9のmRNA合成用にはゼブラフィッシュで用いられているものをAddgeneから購入し，そのまま使用している．各標的に対するgRNA合成用のプラスミドの構築法もゼブラフィッシュで用いられている方法で行っている[14]．

❶ HiSpeed Plasmid Midi Kit を用いて各種ヌクレアーゼのプラスミドを精製する

❷ そのプラスミドを 50 μL の TE バッファー〔10 mM Tris-HCl (pH8.0), 1 mM EDTA〕に溶解する

❸ 制限酵素を用いてプラスミドを直鎖化する

❹ フェノール / クロロフォルムを用いて直鎖化した DNA を抽出する

❺ エタノール沈殿の後，DNA を 0.5 μg/μL になるように TE バッファーに溶解する

❻ mMESSAGE mMACHINE T7 Ultra Kit の手順に従って各種ヌクレアーゼの mRNA を合成する

❼ RNA 沈殿物を終濃度が 2 μg/μL となるように nuclease-free 水に溶解する

❽ 溶液を 1.5 mL チューブに分けて，−80℃で保存する

3. コオロギ卵へのインジェクション

1）インジェクションキャピラリーの作製

❶ ガラスキャピラリー（G-1）と P-1000 Micropipette Puller を用いる
　　プログラムは以下の条件で行う；HEAT 743, PULL 0, VEL 20, TIME 250 ; HEAT 743, PULL 0, VEL 20, TIME 250 ; HEAT 743, PULL 0, VEL 20, TIME 250 ; HEAT 743, PULL 70, VEL 25, TIME 150.

❷ 作製したインジェクションキャピラリーの先端を直径 5〜7 μm になるように壊す
　　キャピラリーの先端を折るために，はじめにガラスキャピラリーを半分に折り，スライドガラス上の両面テープの上に置く．顕微鏡下で，インジェクションキャピラリーを半分に折ったキャピラリーの折った側に押し当て，目的の直径になるように先端を折る．

❸ 各種ヌクレアーゼの mRNA を終濃度 1 μg/μL になるように混ぜる

❹ mRNA 溶液を半分に折ったキャピラリー内にマイクロピペットで移し，顕微鏡下でインジェクションキャピラリーの先から溶液を吸入する

2）コオロギ卵を並べる

❶ インジェクションを行う部屋は，25〜28℃かつ 40〜60％の湿度にする．その際，加湿機以外の空調設備の電源を切る

❷ 採卵数を増やすために，採卵を行う前日からコオロギの水の摂取を断つ．前記 1 の成虫用採卵シャーレを用いて 1 時間採卵を行い，卵の発生段階を均一化する

❸ シャーレを取り出し，コオロギ飼育環境下で 1 時間インキュベートする

❹ 卵はキッチンペーパーに産みつけてあるので，水道水を入れたタッパーの中でキッチンペー

実践編　その他のモデル生物でのゲノム編集 **10**

パーを撹拌し卵を集める

❺ 卵を茶こしに移し，70％エタノールに約5秒間浸し洗浄する．そして，ただちに水道水に戻しエタノールを流す

❻ 水道水で湿らせたキッチンペーパーの上に，マイクロピペットで卵を移す

❼ 両面テープをイエローチップの先端に貼り付け，専用のプラスチック枠（ワトソン社特注品；ビニールテープで代用可能）をのせたスライドガラスに卵を並べてゆく

　溶液のインジェクションは卵の背側後方部位に行うので，プラスチック枠の中央に背側が向くように並べる．

❽ ミネラルオイル（#M8410，シグマ アルドリッチ社）で枠内を満たす

3) 卵へのインジェクションとその卵の飼育法

❶ キャピラリーを卵の背側後方（卵後方から約20％の位置）に突き刺し，シリンジを用いて2〜3 nLの各種ヌクレアーゼ mRNA 溶液をインジェクションする（図1）．その際，溶液が漏れ出していないか確認する

❷ 角シャーレ内に水道水を含ませたキッチンペーパーを敷いた湿箱を作製し，その上にインジェクションが完了したスライドを置き，28℃で2日間インキュベートする

❸ 両面テープ上の卵をピンセットを用いて剥がす．キムワイプによりミネラルオイルをできるだけ除去し，脱イオン水で湿らせたキッチンペーパーを置いたシャーレ上に移す

❹ その後，コオロギの飼育室でインキュベートし孵化を待つ

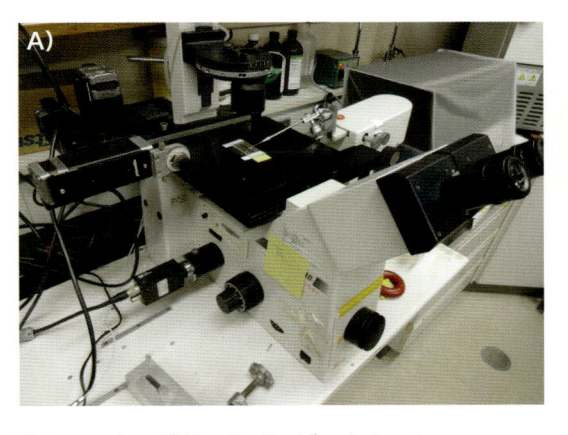

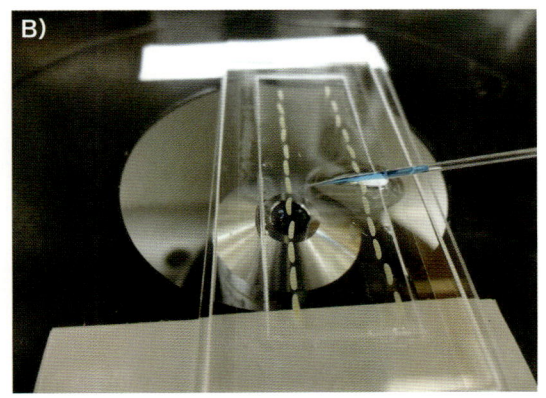

図1　コオロギ卵へのインジェクション
A) インジェクション装置全景．B) コオロギ卵の背側へインジェクションを行う様子

4. 2段階の選別による
ホモ接合変異系統の作製

表現型に依存した選抜法では変異体を同定することが困難な場合，効果が確かめられたゲノム編集ツールを用いて，ホモ接合変異体を得るための選抜を行う（図2）．

❶ 前記の方法により各種ヌクレアーゼmRNA溶液を約150個の卵にインジェクションする

❷ 1週間後，10個の卵を用いて各種ヌクレアーゼの活性をSURVEYOR Mutation Detection Kits（SURVEYORヌクレアーゼアッセイ）により測定する

　① DNeasy Blood & Tissue Kitを用いて，それぞれの卵からゲノムDNAを抽出する
　② 各種ヌクレアーゼの標的部位を含んだ150〜300 bpの断片をPCRで増幅し，PCR産物をSURVEYORヌクレアーゼ処理用，未処理用に分ける
　③ SURVEYORヌクレアーゼ処理の前処理として，PCR産物（10 μL）を以下の条件で熱変性後再アニールする

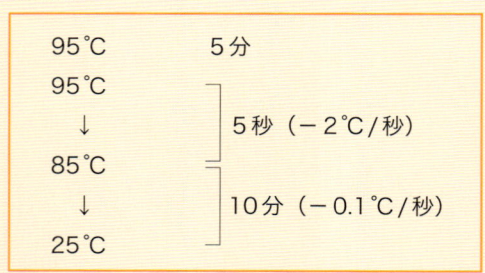

95℃	5分
95℃ ↓ 85℃	5秒（−2℃/秒）
85℃ ↓ 25℃	10分（−0.1℃/秒）

　④ 0.5 μLヌクレアーゼSと0.5 μL Enhancer Sを再アニールしたPCR産物に加える
　⑤ 溶液を42℃で45分間インキュベートする
　⑥ すぐにアガロースゲル電気泳動により結果を観察し，各種ヌクレアーゼ標的部位に変異が導入されているかどうか，および変異導入された個体数を確認する

❸ 残りの卵を成虫になるまで育てる
　その際，変異系統が混ざるのを防ぐために，8齢幼虫に脱皮した際にオスとメスに分ける．

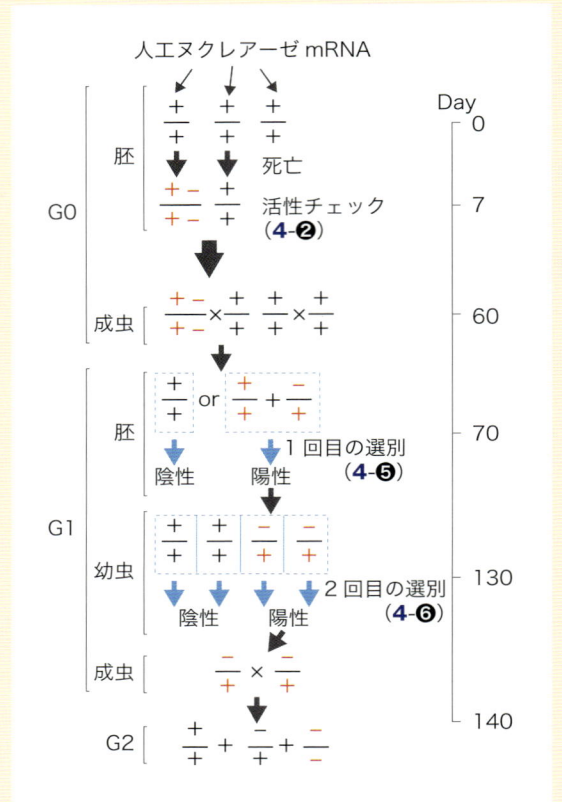

図2 SURVEYORヌクレアーゼを用いたホモ接合の変異体を得るための選抜法

❹ 羽化して3日目以降（性成熟後）に，G0個体を1匹ずつ個別に野生型の成虫と掛け合わせて，それぞれ200〜300個のG1卵を得る

　　各種ヌクレアーゼにより変異がG0個体の生殖細胞に導入されていた場合，G1卵中にはヘテロ接合変異体が含まれている．

❺ 採卵後1週間の時点で，ヘテロ接合変異体が含まれている系統を単離するためにSURVEYORヌクレアーゼを用いて1回目の選別を行う

　　この選別では各系統から25個ずつ卵をランダムに用いる．ゲノムDNA抽出およびSURVEYORヌクレアーゼ処理は前記の❷と同様に行う．

❻ 1回目の選別で陽性の系統を8齢幼虫まで育て，G1ヘテロ接合変異体を単離するために2回目の選別を行う

　　この選別では各系統から24匹の幼虫（12♂，12♀）を選び，それぞれの後脚の先端（20 mm程度）から個別にゲノムDNAを抽出する．ゲノムDNA抽出およびSURVEYORヌクレアーゼ処理は前記の❷と同様に行う．

❼ 前記の選別でヘテロ接合変異体ということが確かめられた個体を成虫まで育てる

❽ 羽化して3日後，ヘテロ接合変異体同士を掛け合わせて，G2卵を得る

　　この卵のなかには，メンデルの法則に従い，ホモ，ヘテロ接合変異体，野生型が含まれている．

実験例

1. ZFNを用いた内在遺伝子 *laccase2* への変異導入

　コオロギのノックアウト標的遺伝子として *laccase2*（*lac2*）という遺伝子をまず選択した．この遺伝子は昆虫で広く保存されており，昆虫の外骨格であるクチクラの黒化過程に重要な役割を担っている．コオロギにおいてこの遺伝子に対してRNA干渉実験を行うと，白色に近い個体が得られる[15]．そのため，表現型は白色の個体になると考えられ，表現型が容易に観察できると予想された．

　まず，*lac2*へ変異導入するために，広島大学・山本研究室により作製，提供されたZFNを用いた．*in vitro* でLeft，RightそれぞれのmRNAを転写しコオロギ卵へと導入したところ，高濃度で導入した場合，コオロギ胚が死ぬもしくは正常に発生しないという現象が観察された．これは，ZFNがゲノムDNA中の標的配列以外の領域を切断（オフターゲット切断）することによって，ゲノムDNAにさまざまな変異が蓄積されたためだと考えられた[16]．この問題は，導入するZFNのmRNA量を減少させ，100倍，1,000倍希釈したmRNAを使用することにより解決できた．実際，それぞれの濃度でmRNAを導入したコオロギ卵で前述のSURVEYORヌクレアーゼアッセイを行った結果，mRNAの濃度に依存して変異導入の効率が減少していた（図3A）．これらの結果より，新しいZFNを使用する際には致死性と変異導入効率を同時に調べ，

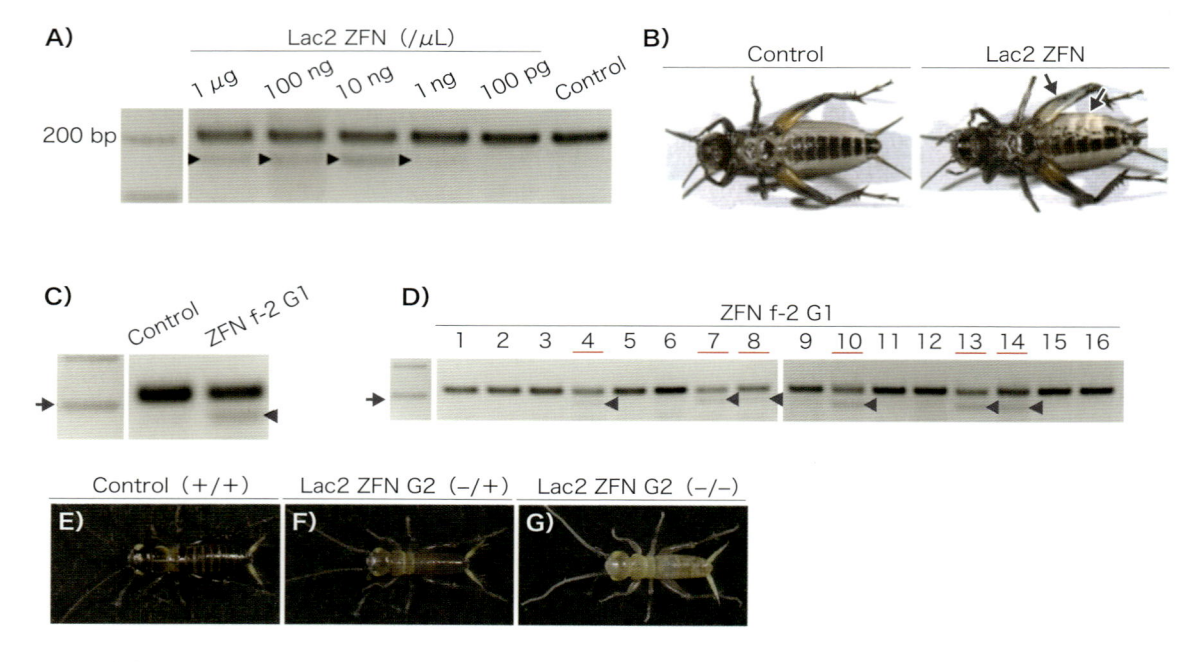

図3 内在遺伝子 *laccase2*（*lac2*）に対するZFNの効果とSURVEYORヌクレアーゼを用いた選抜（f-2系統）

A) SURVEYORヌクレアーゼによる変異導入の検証．mRNA濃度が1μg/μL〜10ng/μLで強いバンドが観察され，1ng/μLでは弱いバンドが観察された（矢頭）．**B)** コントロールとZFNを導入したコオロギ幼虫の写真．ZFNを導入したコオロギの体表に白色の斑点が観察された．**C)** 一段階目の選抜結果．予想される位置にSURVEYORヌクレアーゼで切断されたバンドが観察された（矢頭）．**D)** 二段階目の選抜結果．ヘテロ接合の変異体を同定することができた（下線）．**E〜G)** 選抜により得られたG2幼虫の写真．コントロールの体表は完全に黒色であるが，ヘテロ接合体では灰色，ホモ接合体では白色である（A，Bは文献9より転載）

それらの結果を考察し，最も適した濃度でコオロギ卵へ導入することの必要性が示された．今回の*lac2*に対するZFNは1,000倍希釈（1 ng/μL）の濃度を使用した．SURVEYORヌクレアーゼアッセイによってZFNによる変異導入が確認後，孵化した幼虫（G0）の体表を観察したところ，白色の斑点が観察された（図3 B）．この白色領域の細胞には，ZFNによって両アレルに変異が導入され，*lac2*の機能がノックアウトされたと考えられた．

その後，本稿に記載したSURVEYORヌクレアーゼを用いた2段階の選別を行ったところ，G1でヘテロ接合変異体を単離し（図3 C，D），G2でホモ接合変異体を得ることに成功した（図3 E〜G）．以上の結果から，効率的にホモ接合の変異体を得ることが可能であり，さまざまな遺伝子に対してのノックアウトが可能となることが示された．

2．TALENを用いた内在遺伝子*laccase2*への変異導入

TALENの標的としたのはZFNの場合と同様の理由から内在遺伝子*laccase2*である．Left，RightそれぞれのTALEN mRNAを転写しコオロギ卵へと導入したところ，ZFNとは異なり高濃度で導入した場合でもコオロギ胚はほぼ正常に成長した．その後，ZFNと同様に2段階の選

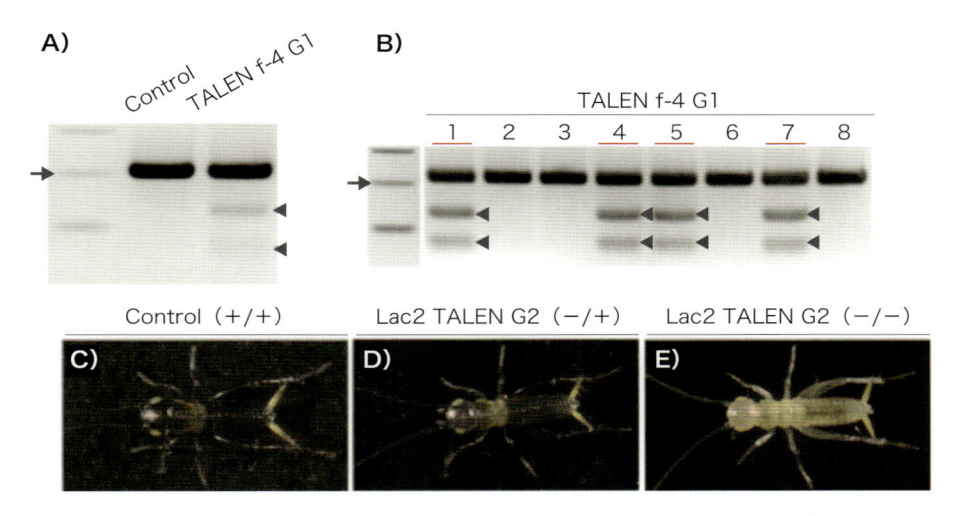

図4　*lac2*に対するTALENの効果とSURVEYORヌクレアーゼを用いた選抜（f-4系統）
A) 一段階目の選抜結果．予想される位置にSURVEYORヌクレアーゼで切断されたバンドが観察された（矢頭）．B) 二段階目の選抜結果．ヘテロ接合の変異体を同定することができた（赤下線）．C〜E) 選抜により得られたG2幼虫の写真．コントロールの体表は完全に黒色であるが，ヘテロ接合体では灰色，ホモ接合体では白色である（A〜Eは文献9より転載）

抜によりG1でヘテロ接合変異体を単離し（図4 A, B），G2でホモ接合変異体を得ることができた（図4 C〜E）．得られた結果より，コオロギでの標的遺伝子への変異導入に対してTALENも有効な手段であることが示された．

　コオロギにおける人工ヌクレアーゼの効率をその他の昆虫と比較すると，カイコよりもかなり高い効率であり，ショウジョウバエと同程度である[6)〜8)]．これは，当然使用した人工ヌクレアーゼが異なるため標的配列に対する切断活性が異なることも大きな要因として考えられるが，それと同時に，昆虫間での発生様式の違いやmRNAの導入法の違いもかかわっていると考えられる．

3. CRISPR/Cas9を用いた内在遺伝子*laccase2*への変異導入

　ZFNやTALENを用いた実験と同様に，CRISPR/Cas9のgRNAとCas9のmRNAをインジェクションすると，図5のような結果が得られる．非常に効率よくG0で表現型が得られる．この方法はさらにオフターゲット効果について調べる必要があるが，効率よくノックアウトコオロギが得られる可能性が高い．特に，gRNAの作製が他の方法に比して簡単なので，気軽に実験ができるメリットがある．

図5 *lac2*に対するCRISPR/Cas9の効果

左はコントロールの1齢幼虫，左はインジェクションした卵（G0）の1齢幼虫である．さまざまな表現型が得られるが，なかにはノックアウトコオロギと同様な表現型（矢印）を示す幼虫が得られる

おわりに

　本稿では，主にフタホシコオロギでのゲノム編集ツールの使用例について紹介した．ゲノム編集ツールによる変異導入がフタホシコオロギにおいて有効であるため，今後の遺伝子機能解析において強力なツールになると期待される．また，ゲノム編集ツールを導入した後に変異体を同定するためのSURVEYORヌクレアーゼを用いた選抜法は，表現型非依存的に変異体を同定できるため，コオロギだけでなく，その他の生物においても有効な方法であると考えられる．しかしながら，コオロギではゲノム編集ツールを用いて標的特異的に遺伝子を挿入するノックイン技術は確立されていない．現在，ゲノム編集ツールを用いて，標的遺伝子に相同組換えにより遺伝子をノックインする技術の開発に取り組んでいる．将来的には，RNA干渉，トランスジェニック系統の作製，ゲノム編集ツールを用いたノックアウト，ノックイン系統の作製を組み合わせ，効率的に発生再生研究を進めていくことが可能になるだろう．

◆ 文献

1) Shinmyo, Y. et al.：Development, 133：4539-4547, 2006
2) Nakamura, T. et al.：Curr. Biol., 20：1641-1647, 2010
3) Nakamura, T. et al.：Cell. Mol. Life Sci., 65：64-72, 2008
4) Bando, T. et al.：Development, 136：2235-2245, 2009
5) Bibikova, M. et al.：Genetics, 161：1169-1175, 2002
6) Beumer, K. J. et al.：Proc. Natl. Acad. Sci. USA, 105：19821-19826, 2008
7) Liu, J. et al.：J. Genet. Genomics, 39：209-215, 2012
8) Takasu, Y. et al.：Insect Biochem. Mol. Biol., 40：759-765, 2010
9) Watanabe, T. et al.：Nat. Commun., 3：1017, 2012
10) Ochiai, H. et al.：Genes Cells, 15：875-885, 2010
11) Cermak, T. et al.：Nucleic Acids Res., 39：e82, 2011
12) Sakuma, T. et al.：Sci. Rep., 3：3379, 2013
13) Reyon, D. et al.：Nat. Biotechnol., 30：460-465, 2012
14) Hwang, W. Y. et al.：Nat. Biotechnol., 3：227-229, 2013
15) Mito, T. et al.：Entomol. Sci., 14：1-8, 2010
16) Meng, X. et al.：Nat. Biotechnol., 26：695-701, 2008

Column ~先端的アプリケーション紹介~

TALE-GFPによる核内ゲノムイメージング

宮成悠介

核内ゲノム構造

　膨大なゲノム情報は，クロマチン繊維として直径数μmの核内に絡み合うことなく収納されている．クロマチン繊維は核内にランダムに分布するのではなく，組織化された高次構造をとる．生体内に存在するさまざまな細胞種はそれぞれ特異的な「核内ゲノム分布」を有することから，細胞特異的な核内ゲノム構造はその表現型に大きく関与していると考えられる．ゲノムDNAの立体的な核内分布はダイナミックに変化し，その動態が転写や複製に代表されるさまざまな核内現象と密接に関与していることが示唆されているが，その全容は明らかになっていない．

　核内のゲノム構造を解析するにあたり，これまでDNA-FISH（DNA-fluorescence in situ hibridization）が主な解析手法であった．DNA-FISHにより，目的のゲノム配列の核内局在を観察することができるが，細胞を固定する必要があるため，生きた細胞内で核内ゲノムの「動態」をイメージングすることはこれまで不可能であった．本稿では，人工DNA結合タンパク質TALEを用いて，目的ゲノム配列の核内での動きを生きた細胞内でイメージングする技術；TGV（TAL effector-mediated genome visualization）[1]を紹介する．

TGVによる核内ゲノム動態のイメージング

　本手法では，蛍光タンパク質および核移行シグナル（NLS）を融合したTALEを細胞内に発現させることにより，目的ゲノム配列の核内局在を生きた細胞内でイメージングすることが可能である．ここでは，マウスペリセントロメア領域のくり返し配列に対するTGVを例にあげる．ペリセントロメアくり返し配列内の15塩基に対するTALEをデザインし，それに単量体GFPであるmCloverを融合した（図1）．そのTALE-mCloverをマウスES細胞に発現させると，ターゲットのペリセントロメア領域が特異的にラベルされることが確認できた．TGVの蛍光シグナルは細胞周期を通して観察することができるため，本手法を用いることで目的ゲノム領域の核内動態をリアルタイムでイメージングすることができる．また，このTALE-mCloverの発現は，マウスES細胞の細胞分裂およびマウス初期胚の胚発生に影響を与えなかったことから，細胞毒性はきわめて低いと考えられる．

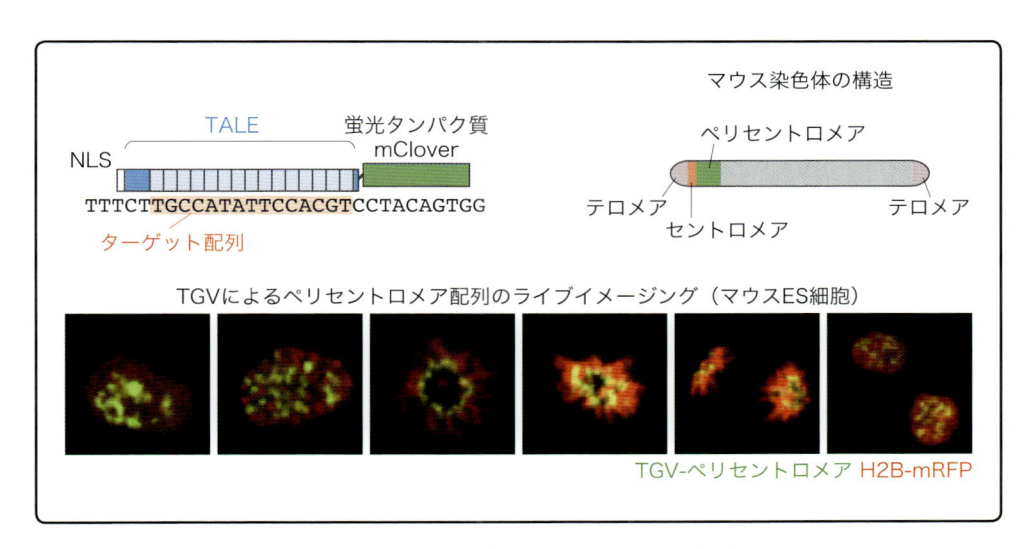

図1　TGVによる核内ゲノム動態の可視化
文献1より改変して転載

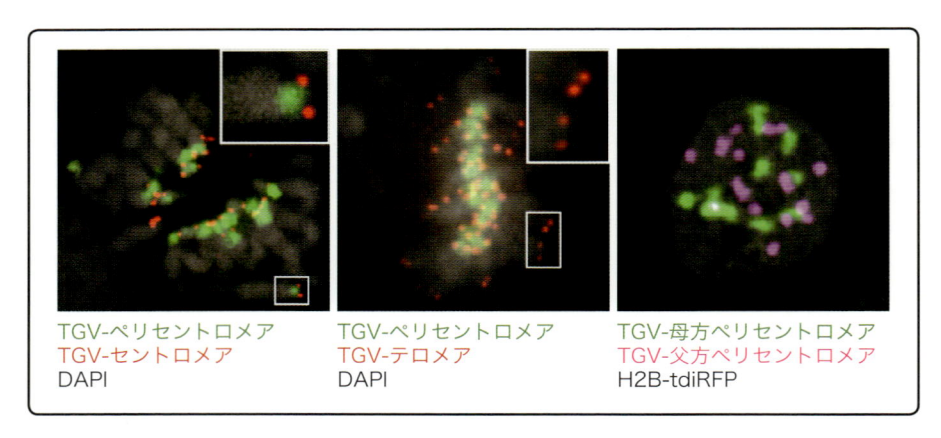

図2　TGVによるくり返し配列および，雌雄染色体の可視化
文献1より改変して転載

TGVによるその他のゲノム配列の可視化

　TALEを自在にデザインすることにより，さまざまなDNA配列を可視化することができる．われわれは，これまでにTGVによってマウスのセントロメア配列およびテロメア配列が特異的に可視化できることを確認している（図2左，および中央）．また，TALEの結合特異性は高く，父方および母方ゲノム間に存在する一塩基多型（SNP）の検出も可能である．そのことを利用して，雌雄染色体のペリセントロメア領域をそれぞれ異なる蛍光タンパク質でラベルし，その父方および母方由来の染色体の核内動態をライブイメージングすることもできる（図2右）．

　われわれの論文発表の数カ月後に，CRISPR/Cas9（基本編や実践編各稿を参照）システムを応用して，目的ゲノム領域をライブイメージングする技術がChen B.らによって報告された[2]．彼らは，ヌクレアーゼ活性を欠失したCas9に蛍光タンパク質を融合させ，それと目的ゲノム配列に対するガイドRNAとを一緒に細胞内で発現させることによって，1コピーの目的ゲノム領域をリアルタイムで検出することに成功した．CRISPR/Cas9システムの配列特異性については議論の余地があるが，TGVと同様に，核内クロマチン動態を研究するうえで非常に強力なツールとなると考えられる．

◆ 文献

1) Miyanari, Y. et al.：Nat. Struct. Mol. Biol., 20：1321-1324, 2013
2) Chen, B. et al.：Cell, 155：1479-1491, 2013

実践編　その他のモデル生物でのゲノム編集

11 ホヤにおけるTALENを用いた遺伝子改変
組織および時期特異的な遺伝子破壊を例に

Nicholas Treen，吉田慶太，佐々木陽香，笹倉靖徳

遺伝子の転写調節領域を用いてTALENを組織もしくは時期特異的に発現させることにより，遺伝子をG0世代個体で条件的にノックアウトする．ノックアウト個体の表現型を観察することにより，遺伝子の詳細な機能に迅速に迫る．本手法により複数の組織で働く遺伝子の，各組織ごとの機能を分けて解析できる他，ホヤにおいてこれまで困難であった，発生後期における遺伝子機能を逆遺伝学的に解析することが可能になる．

はじめに

ホヤ（図1）は脊索動物門・尾索動物亜門に属し，脊椎動物と最も近縁な無脊椎動物である[1]．このことから，ホヤにおける遺伝子機能の解明は脊索動物の進化のメカニズムを探るうえで欠かすことができないものとなっている．特に発生学，生殖生物学，神経学，ゲノム科学などの分野での研究が盛んである．ホヤの1種のカタユウレイボヤは世界各地に分布し，基本的な遺伝子機能解析の方法が各種整備されていることから，代表的なホヤとして研究に用いられている[2]．特にこのホヤはゲノムサイズが半数体あたり約160メガベース，遺伝子数が約16,000個と，遺伝子が平均1万塩基対に1つ存在するコンパクトなゲノムを有し[3]，それに伴って遺伝子の転写調節領域も短く単純である．またゲノム配列も公開されている．これらのことから，

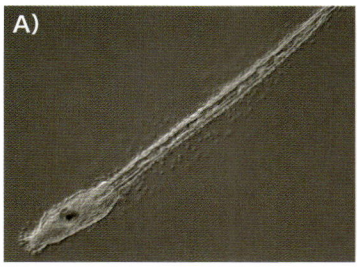

図1　ホヤの1種カタユウレイボヤ
A）はカタユウレイボヤの遊泳幼生．オタマジャクシ型の形態をしており，脊椎動物との類縁性がうかがえる．大きさは約1 mm．B）はカタユウレイボヤの成体で，固着生活を送っている．大きさの目安としてシャーレのサイズが9 cmである．ナショナルバイオリソース事業では主にBのような生殖期を迎えた成体を送付している

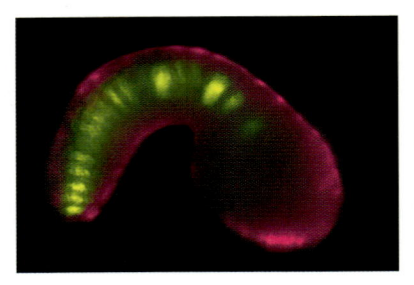

図2　ホヤにおける人為的な組織特異的遺伝子発現の例
脊索でYFP（緑），表皮でRFP（マゼンタ）を発現させるベクターをエレクトロポレーションにより導入した胚の蛍光写真．初期尾芽胚期

　特定の遺伝子の転写調節領域をPCR法などで簡単に単離でき，その転写調節領域をレポーター遺伝子などにつなげたプラスミドDNAを初期胚に導入すると，レポーター遺伝子はその遺伝子の発現パターンを模倣した発現を示すことがほとんどである[4]．例えば組織特異的な発現を示す遺伝子の転写調節領域を利用すれば，その組織で特異的にレポーター遺伝子を発現させることが容易に達成できる（図2）．さらにカタユウレイボヤではエレクトロポレーション法により数多くの胚に簡単にプラスミドDNAを導入する技術が確立しており[4]，これらG0世代の胚においてレポーター遺伝子は効率よく発現する．当然ながらレポーター遺伝子を他の遺伝子へと置き換えることも可能である．これらの特徴を利用し，TALENを組織特異的や時期特異的に発現させて遺伝子を条件的に破壊するアプローチ[5]について紹介する．

準備

　基本的な分子生物学実験用試薬および器具は割愛する．ホヤ胚を扱うための試薬および機器について説明する．

☐ **野生型カタユウレイボヤ**
　各地の港など波の穏やかな海域から採取できる他，ナショナルバイオリソース事業から入手可能．詳細はホームページ（http://marinebio.nbrp.jp/）を参照のこと．

☐ **ドライスパーム**
　精子を有する個体を解剖ばさみで切り開き，輸精管（精子を有している白い線状の構造）を剥き出しにする．輸精管に傷をつけ，しみだした精子をピペットにより吸い取る．できるだけ海水を吸わないように気を付ける．取り出した精子はプラスチックチューブに回収し，4℃で保存する．

☐ **卵膜除去液**
　1％チオグリコール酸ナトリウム，0.05～0.1％アクチナーゼEを海水に溶かしたもの．冷蔵で保存し，数日間で使い切るのがよい．使用直前に10 mLに対して2 M水酸化ナトリウム溶液を300 μL加える．最初白濁するが懸濁により透明になる[*1]．

> *1　卵膜除去液が古くなると白濁したままになるので，その場合には新しく調製し直す．

☐ **濾過海水（研究室にて作製）**
☐ **0.77 Mマンニトール溶液**

- ☐ 0.693 Mマンニトール/10％海水溶液（以下マンニトール海水と表記）
    0.77 Mマンニトール溶液9に対して濾過海水1を加えて作製.
- ☐ エレクトロポレーションのための遺伝子導入装置（バイオ・ラッド社の Gene Pulser Xcell など）
- ☐ 幅4 mmのキュベット（使用するエレクトロポレーション装置に適したもの）
- ☐ 18℃まで冷却できるインキュベーター
- ☐ 6 cmもしくは9 cmのプラスチックシャーレ
- ☐ プラスチックシャーレを1％程度の寒天入り海水もしくはゼラチンでコートしたもの（以下コートシャーレと表記）
- ☐ ガラスピペット
- ☐ ガラス製10 mL遠沈管
- ☐ 解剖ばさみ
- ☐ TE溶液：10 mM Tris-HCl（pH8.0），1 mM EDTA

プロトコール

ここでは，カタユウレイボヤでわれわれが報告しているTALEN発現ベクターの構築[5]と，発現ベクターのホヤ胚への導入，ホヤ胚からのゲノムDNAの単離方法を紹介する．

1. TALEN発現ベクターの構築

カタユウレイボヤでは受精卵に対してエレクトロポレーションによるDNAの導入を行う[4]．エレクトロポレーションによるDNA導入効率は個体ごとにむらがある．そのため，TALENの発現ベクターが効率よく導入された個体を選別して実験を進めることが望ましい．TALENタンパク質自体は発光しないため，発現をモニターすることが容易ではない．そこで本稿で用いているベクターでは，TALEN発現カセットの横に表皮でRFPかYFPを発現させるカセットをつないでいる（図3）．もちろん別の蛍光タンパク質遺伝子でも問題はない．TALENの構築のた

図3　TALEN発現ベクターの模式図

マーカーカセットが，表皮で遺伝子発現をドライブする転写調節領域とRFPまたはGFPの融合となっており，このベクターを導入した胚では表皮でこれらの蛍光タンパク質の発現が認められる．TALEN発現カセットがTALENの発現に必要な領域で，任意の転写調節領域をつなげることによりTALENを狙った組織もしくは時期に発現させることができる．図中で「変更可能」と示された領域を交換することにより，さまざまな遺伝子や組織/時期に対応したベクターを作製できる

めのキットはAddgeneから入手できる（Golden Gate TALEN and TAL Effector Kit, #1000000016；Yamamoto Lab TALEN Accessory Pack, #1000000030など）．

望みのTALENリピートと転写調節領域を組み合わせる方法は大きく分けて2つある．1つ目はGolden Gate法[6)7)]を利用する方法である．*EF1α*などの汎用性のある転写調節領域についてはGolden Gate法に対応したベクターがすでに構築されており，そのベクター内にリピートを連結させる方法である．Golden Gate法については他の稿を参考にしていただきたい（**基本編3**）．もう1つはリピートがすでに連結されているベクターがあれば，そのベクターにつないでいる転写調節領域を，制限酵素を利用して入れ替える方法である．構築の具体的な方法は基本的な分子生物学的実験に従っていただきたい．実験に必要なベクター量であるが，1回のエレクトロポレーションにつき，片側のTALEN発現ベクターを30μg，つまり合計で60μg導入するのが目安となる．われわれは，この実験に用いるプラスミドDNAをタカラバイオ社のNucleoBond Xtra Midiを用いて抽出しているが，同等のキットであれば問題ない．

2. エレクトロポレーション

カタユウレイボヤのエレクトロポレーション法についてはCorboら（1997）の方法をもとに改変したプロトコールを用いている．以下，われわれの手法についてホヤの初期胚を扱う方法を含めて記載する．

❶ **カタユウレイボヤ成体から精子と未受精卵を解剖して取り出す**

　　カタユウレイボヤは雌雄同体で，また自家不和合性を示すため，精子と卵が混ざっても問題はないが，極力避けること．複数個体から卵を取り出す際には，1匹を裁いた後で手と器具を水道水で洗浄し，精子を不活性化してから次の個体を扱うこと．卵の量は特に測定はしていない．

❷ **未受精卵を卵膜除去液に入れ，やさしくピペッティングして卵膜を除去する**[*2]．時々一部を顕微鏡で観察し，卵膜が除去できたことを確認する．卵膜が除去できれば，新しい濾過海水で2回程度洗浄する

> *2　激しく混合すると卵が破裂する．

❸ **卵膜除去卵をコートシャーレに撒き，精子を適当量加えて媒精する**

　　精子の状態が良好ならば卵に向かって運動するため，卵が精子の衝突により動くのが観察できる[*3]．

> *3　われわれは9 cmのシャーレならばドライスパームを1μL程度加えている．

❹ **15分ほど室温で放置する**

❺ **受精卵をマンニトール海水で一度洗浄する．容量10 mLのガラス製遠沈管にマンニトール海水を9 mL程度加え，そこに受精卵を海水の持ち込みをできるだけなくしつつ加える**[*4]

> *4　ただしあまり神経質になることはない．1 mL程度海水が入っても問題はない．

❻ 軽く手廻し遠心機で遠心し，卵を沈降させ，上清をできるだけ除く．その後，適量のマンニトール海水に卵を懸濁する．目安としては，エレクトロポレーション1回について約300 μL程度を加える

❼ 幅4 mmのキュベットに適量のプラスミドDNAを含んだTE溶液80 μL，およびマンニトール海水420 μLを加える．その後，受精卵の入ったマンニトール海水を約300 μL加えて10回ほどやさしくピペッティングする

❽ キュベットを遺伝子導入装置にセットし，50 V，20ミリ秒の条件で電気パルスをかける

❾ エレクトロポレーションの終了した受精卵を，海水を張ったコートシャーレに撒き，約18℃で必要な時期まで飼育する
　　　❶〜❾でおおよそ1時間程度である．

❿ 目的の発生ステージまで発生させ，（蛍光）実体顕微鏡下で表現型や蛍光を観察する．18℃の条件では，カタユウレイボヤは約18時間で幼生になる

3. ゲノム解析による変異の有無の測定と変異率の推定

　構築したTALENがターゲットサイトに変異を誘発する活性を有するかどうか，またその活性が高いかどうかは標的配列に依存するので本格的に実験を進める前に必ず確認する必要がある．われわれはカタユウレイボヤ胚を用いて以下のように活性を検査している．

❶ ユビキタスに遺伝子発現を誘導する*EF1α*の転写調節領域につないだTALENベクターを構築し，**2**の方法に従ってホヤ胚に導入する．エレクトロポレーション後，胚を3〜4回程度海水で洗浄し，海水中のプラスミドDNAの量を減らす

❷ 16時間程度，18℃の条件で飼育し，後期尾芽胚〜幼生期まで育てる

❸ 蛍光実体顕微鏡下で観察し，蛍光タンパク質ができるだけ強く全身で発現している個体を50匹程度選別する
　　　*EF1α*の転写調節領域は強力に発現を誘導するので発生に非特異的な異常を引き起こすことが多いが，ゲノムへの変異を検出するだけの場合には神経質になる必要はない．

❹ 胚を海水とともに1.5 mLプラスチックチューブに入れ，13,500 rpmで1分遠心する

❺ 海水をできるだけ除く．この際に胚を吸わないように注意する

❻ ゲノムDNA抽出キットなどを利用して胚からDNAを回収する
　　　われわれはプロメガ社のWizard Genomic DNA Purification Kitを用いているため，以下では本キットを使った方法を記載するが，同等のキットであれば問題ない．

❼ Nuclei Lysis Solutionを600 μL加える．ローテーターを用いて50℃で1時間程度混合する

❽ Protein Precipitation Solutionを200 μL加え，氷上で5分程度冷却する

❾ 13,500 rpmで5分，4℃で遠心する

❿ 上清を回収し，13,500 rpmで5分，4℃で遠心する

⓫ 上清を回収し，10 μgのグリコーゲンを加える

⓬ 600 μLのイソプロパノールを加える

⓭ 混合し，13,500 rpmで1分，常温で遠心する

⓮ 70％エタノールで2回程度リンスする*5

*5　ペレットを消失しやすいので注意する．

⓯ ペレットを乾燥させてエタノールを飛ばし，10 μLの蒸留水に溶解する

⓰ 回収したゲノムDNAからターゲット配列をPCRで増幅し，制限酵素もしくはSURVEYORアッセイなどにより変異導入の有無を推定する

変異導入が強く支持されるデータが得られれば，PCRフラグメントを適当なベクターにサブクローニングしてシークエンス解析にかけ，変異導入率を推定する．それらの基本的なプロトコールは他稿を参考にしていただきたい．

実験例

1. TALEN発現ベクターの導入効率による変異導入率の違い

前述のとおり，エレクトロポレーションによるDNAの導入では，導入効率が個体によりまちまちである（図4A, B）．またDNAの導入効率の，変異率に対する影響を図4Cに示した．

2. FGF3の機能解析

カタユウレイボヤのFGF3は，神経管の腹側から放出され，脊索細胞の整列を制御している[8]．FGF3の機能阻害個体では脊索細胞の列が乱れるため，正常なオタマジャクシ型の体制を取れず，いびつな形状の幼生となる．このためFGF3の幼生期以降の機能は不明であった．*FGF3*に対するTALENを神経系の形成初期段階から発現する遺伝子*Ci-Nut*の転写調節領域を用いて発現させると，前記の表現型を観察することができる（図5A）．一方，同じ*FGF3*に対するTALENを，分化したニューロンで発現する遺伝子*Ci-PC2*の転写調節領域を用いて発現させると，脊索形成後に*FGF3*のノックアウトができるため，正常な幼生にまで発生する（図5B）．この幼生は変態に異常を示し，具体的には尾部吸収が生じない（図5C, D）．すなわち*FGF3*は後期発生過程において変態期の尾部吸収に必要であるという，初期発生とは別の機能を有することが判明した[5]．このようにTALENを適当な転写調節領域により組織や時期選択的に発現させることにより，これまでの研究では未解明であった新たな機能にアプローチできる．

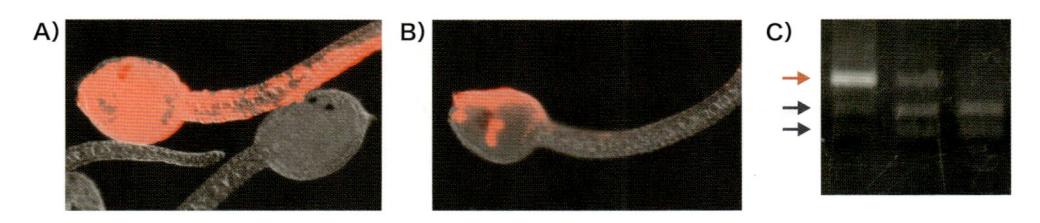

実践編　その他のモデル生物でのゲノム編集　11

図4　蛍光発現のモザイク性とモザイク性による活性の比較

A, B) では同一実験の結果を示している．Aには2匹の幼生が映っている．上側の個体ではRFPが表皮のほぼ全体で発現しており，DNAが高効率に導入されていることがうかがえる．一方下側の個体はRFPをほぼ発現しておらず，DNAがほとんど導入されていない可能性が高い．Bの個体ではRFPが表皮の一部でのみ発現しており，DNAが一部の細胞にのみモザイク的に導入されていることが推察される．**C)** はTALENのターゲット配列への変異導入を制限酵素サイトの消失で確認した実験．ターゲット配列付近をPCR法で増幅し，制限酵素で切断して電気泳動した．黒矢印は制限酵素により切断されたDNAを示し，変異が入っていないことを表す．赤矢印は制限酵素サイトが消失したDNAを示し，変異が入っていることを表す．左レーンはRFPが体のほぼ全体で発現している個体群からのDNAの解析結果，中央レーンはRFPをモザイク状に発現している個体群の解析結果，右レーンはネガティブコントロールであり変異が入っていない個体群の解析結果を示している．左レーンで切断が生じていない，つまり変異の入ったバンドが濃く染まっている

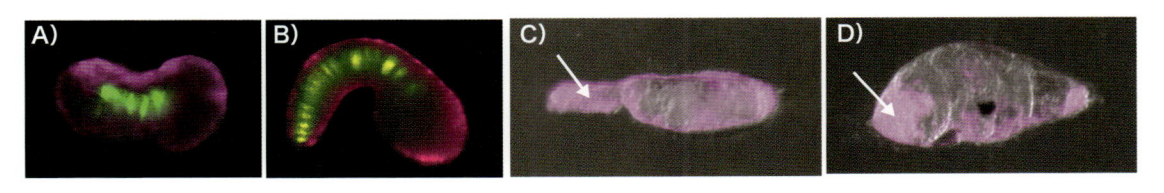

図5　TALENを用いての*FGF3*の機能解析

A) は*FGF3*に対するTALENを神経系において初期形成期から発現させた胚の形態．緑が脊索，マゼンタが表皮を示す．**B)** の正常個体（図2と同一写真）と比べて脊索が短くなっており，また体全体の形態も異常になっている．**C)** は*FGF3* TALENを神経系の後期発生期に発現させた個体の変態期での写真．幼生期までの形態は正常であるが，変態中に生じる尾部の吸収が不完全で（矢印），変態進行が異常になっていることがわかる．**D)** はコントロールとして*FGF11*に対するTALENを神経系において後期発生期に発現させた個体．尾部が完全に吸収されている（矢印）

おわりに

　多くの遺伝子は複数の機能を有している．例えば初期発生過程において重要な機能をもつ遺伝子が後期発生過程において別の機能を有する例は多い．多くの生物で取り入れられている手法である，**TALEN mRNAの卵への顕微注入による遺伝子破壊では，そのような遺伝子をターゲットとした場合には初期発生に重篤な影響が出るため，後期発生での機能を調べることが困難になる．**そのため，後期発生での機能を知りたい場合，初期発生が完了するまでは遺伝子機能を保持したままで，後期発生期に遺伝子破壊を進める必要がある．今回紹介した方法では，TALENを発現させる転写調節領域を適切に選択することにより，容易に遺伝子を組織や時期特異的に破壊することが可能であり，遺伝子の多岐にわたる機能を解明する際の強力な手法となるであろう．また，カタユウレイボヤではエレクトロポレーション法による遺伝子発現誘導は，mRNAの顕微注入法よりもはるかに容易であり，このホヤの発生の早さも手伝って，G0世代で簡便にかつ素早く遺伝子機能にアプローチできるメリットがある．

◆ 謝辞

カタユウレイボヤの提供にご尽力いただいたナショナルバイオリソース事業，高知大学の藤原滋樹先生，広島大学の田川訓史先生，山口信雄さんに感謝いたします．また本研究の共同研究者である慶應義塾大学の河合成道先生に御礼申し上げます．

◆ 文献

1) Dehal, P. et al.：Science, 298：2157-2167, 2002
2) Lemaire, P.：Development, 138：2143-2152, 2011
3) Delsuc, F. et al.：Nature, 439：965-968, 2006
4) Corbo, J. C. et al.：Development, 124：589-602, 1997
5) Treen, N. et al.：Development, 141：481-487, 2014
6) Cermak, T. et al.：Nucleic Acids Res., 39：7879, 2011
7) Sakuma, T. et al.：Sci. Rep., 3：3379, 2013
8) Shi, W. et al.：Development, 136：23-28, 2009

◆ 参考図書

1) 『研究者が教える動物飼育 第3巻 ウニ，ナマコから脊椎動物へ』（針山孝彦 他／編），共立出版，2012
2) 『バイオリソース＆データベース活用術』（ナショナルバイオリソースプロジェクト情報運営委員会／監），秀潤社，2009

実践編　その他のモデル生物でのゲノム編集

12 小型魚類におけるTALENおよびCRISPR/Cas9を用いた遺伝子改変

木下政人，安齋　賢，久野　悠，川原敦雄

　メダカやゼブラフィッシュなどの小型魚類は，遺伝学的解析に適したモデル脊椎動物である．最近，TALEN，CRISPR/Cas9などのゲノム編集技術が開発され，内在性遺伝子の破壊を簡単に行うことができるようになり，さらにその価値が高まっている．本稿では，TALEN，CRISPR/Cas9を用いた遺伝子改変小型魚類の作製に有用な実験法を紹介する．

はじめに

　ゼブラフィッシュやメダカのゲノムDNAに化学変異原を用いランダムな突然変異を導入することにより，器官形成過程に特徴的な異常を示す変異体が単離されている．これら変異体の原因遺伝子の同定とその分子機能の解析から，形態形成における新しい作動原理が明らかにされてきた．特に，小型魚類変異体の表現型解析からヒト遺伝子疾患の原因遺伝子の同定へとつながったことは生命科学研究における小型魚類の有用性を立証した[1)2)]．このように，変異体の表現型から遺伝子の機能を解明する手法が順遺伝学的解析である．これに対して，目的の遺伝子を破壊したときの表現型を調べる手法が逆遺伝学的解析である．マウスでは，ES細胞を用いたゲノム改変が確立されており遺伝子機能解析に威力を発揮しているが，その他のほとんどのモデル生物ではES細胞が樹立されておらず遺伝子操作が難しい状況であった．最近，ZFN，TALENおよびCRISPR/Cas9といったゲノム編集技術が開発されたことにより，ES細胞を用いるより遥かに簡便に遺伝子破壊ができるようになってきている．本稿では，標的配列選定の自由度が高くコンストラクトのデザインや構築が容易なTALENとCRISPR/Cas9に焦点を絞り，ゲノム編集技術開発の現状と遺伝子改変小型魚類の作製に必要な実験手法を解説する．

　TALENはセンス鎖とアンチセンス鎖で合計30〜40塩基を認識するので標的特異性が高いが，複数の標的配列を同時に破壊することには制限がある．一方，CRISPR/Cas9は，作製が容易なguide-RNA（gRNA）が低分子でありCas9ヌクレアーゼとの複合体として機能することから複数の遺伝子の同時破壊に適しているが，標的配列が20塩基と短いためオフターゲット効果を考慮すべきことが指摘されている．TALENとCRISPR/Cas9は，ともにインジェクション後の変異導入効率の評価や遺伝子改変小型魚類の同定は全く同じプロセスであるので，研究目的に応じて使い分けるのがよいであろう．

1. ゼブラフィッシュおよびメダカの特徴とゲノム編集技術への応用

　ゼブラフィッシュは，体長が5cm程のインド原産の熱帯魚であり，多産で世代交代時間も

約3カ月と短く，ゲノム情報も充実しているため遺伝学的解析に適している．また，受精卵は，直径0.5 mm程でmRNAを簡単に注入することができるなど胚操作が容易である．TALENおよびCRISPR/Cas9を用いたゲノム編集の技術開発は凄まじい勢いで進行しているが，モデル生物への適用に関しては最初にゼブラフィッシュにおけるゲノム改変が報告された．2011年，TALENによる内在性遺伝子の破壊が報告され[3]，2013年のはじめにはCRISPR/Cas9を用いた遺伝子破壊が報告された[4]．われわれのグループもTALENおよびCRISPR/Cas9を用い内在性遺伝子の破壊に成功している[5)6]．さらに，合成オリゴや相同性領域をもつDNAフラグメントのノックインに関しても他のモデル生物に先行して報告されたが[7)8]，遺伝子置換の効率がきわめて低いのでさらなる改善が必要である．

メダカは，日本に生息し自然突然変異体が収集されていたことなどから古くから実験動物として用いられてきた．哺乳類に続いて，いち早くゲノム解読が進んだこともあり[9]，近年世界中で研究材料として広がりをみせている．モデル生物としての特徴は，おおむねゼブラフィッシュと同等であるが，ゼブラフィッシュが熱帯性の魚であるのに対してメダカは温帯性の魚であるため幅広い温度耐性をもつなどの違いがある．ZFN，TALENおよびCRISPR/Cas9を用いたゲノム改変については，現在のところわれわれの論文報告が中心であるが[10)〜12]，それらの効率の高さから今後，多くの論文発表がなされるのは間違いない．

本稿では，われわれの用いている方法について概説する．本法が唯一最良の方法というわけではなく各研究者の状況に応じて，取捨選択していただきたい．

2. 小型魚類におけるゲノム改変の概略

小型魚類のゲノム改変を行うにあたっては，まず最初にTALEN mRNAあるいはgRNA (guide-RNA) とCas9 mRNAを1〜2細胞期胚に注入した後にゲノムDNAを抽出し，標的配列に対する変異導入効率を評価することが重要である．変異導入効率が低い場合は，TALENあるいはgRNAのデザインを再検討する．F0個体の体細胞において充分な活性が認められた場合，それらの稚魚を成魚まで育て，変異体アレルを産生しうるファウンダーを同定する．さらに，次世代の尾びれから調製したゲノムDNAの遺伝子型を調べることで変異体を同定している（図1）．われわれは，前記のゲノム編集の技術開発の過程で，変異導

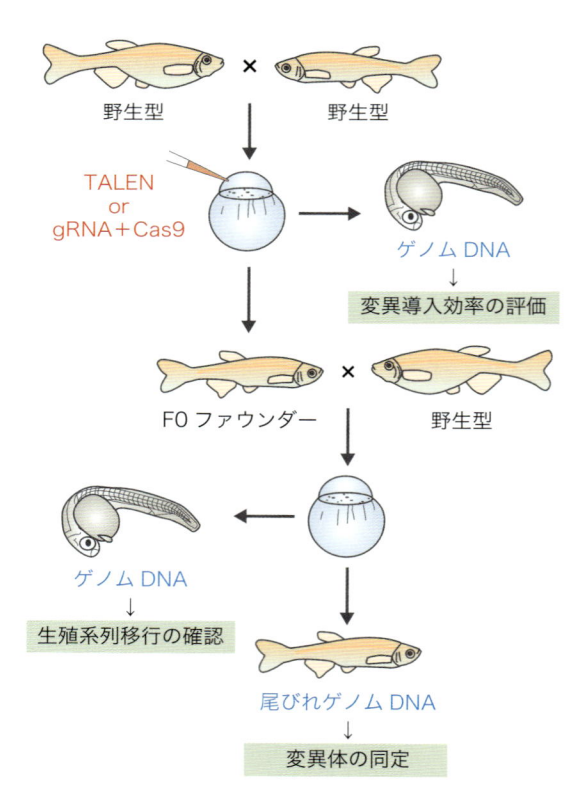

図1 小型魚類変異系統確立までのスクリーニング方法の概要

入活性を簡便に評価できるヘテロデュプレックスモビリティアッセイ（heteroduplex mobility assay：HMA）を開発したので[13)][14)]，その実験手法を遺伝子破壊小型魚類の作製法とともに紹介する．

準備

ゼブラフィッシュ

インジェクションの前日，成熟したゼブラフィッシュの雄と雌を数尾ずつ交配箱に入れる．翌朝，照明が点灯した時点で交尾行動を開始するので，受精卵を回収しインジェクションに用いる．

メダカ

雄と雌を各1尾ずつ入れて飼育している水槽に，インジェクションの前日，仕切り板を入れ，雄と雌を隔離する．翌朝，照明点灯後に仕切りを外すと産卵行動を開始する．雌の生殖口に付着した受精卵を回収し，ピンセットにより付着糸を取り除いてからインジェクションに使用する[15)]．

試薬

- ☐ mMESSAGE mMACHINE SP6 Kit（ライフテクノロジーズ社）
- ☐ MAXIscript T7 Kit（ライフテクノロジーズ社）または AmpliScribe T7-Flash Transcription Kit（Epicentre社）
- ☐ サンプル液（2×）：0.5% phenol red, 240 mM KCl, 40 mM HEPES（pH7.4）
- ☐ 山本リンガー液（10×）：
  7.5% NaCl, 0.2% KCl, 0.2% $CaCl_2$, 0.02% $NaHCO_3$（pH7.3）
- ☐ E3メディウム：5 mM NaCl, 0.17 mM KCl, 0.33 mM $CaCl_2$, 0.33 mM $MgSO_4$
- ☐ GD-1 ガラス管（ナリシゲ社）
- ☐ 細胞溶解液：
  10 mM Tris-HCl（pH8.0）, 0.1 mM EDTA, 0.2% Triton X-100, 0.2 mg/mL Proteinase K
- ☐ アルカリ溶解液：25 mM NaOH, 0.2 mM EDTA
- ☐ 中和液：40 mM Tris-HCl（pH8.0）
- ☐ SuperSep DNA 15%，17ウェル（和光純薬工業社）
  自作のポリアクリルアミドゲルも使用可能である
- ☐ MultiNA用試薬キット DNA-500（島津製作所）
- ☐ 25 bp DNA Ladder（ライフテクノロジーズ社）
- ☐ SYBR Gold Nucleic Acid Gel Stain（ライフテクノロジーズ社）
- ☐ pGEM-T Easy Vector Systems（プロメガ社）
- ☐ トリカイン（シグマ アルドリッチ社）

プラスミド

すべてAddgeneより入手できる．pCS2TAL3-DD（#37275），pCS2TAL3-RR（#37276），

Golden Gate TALEN and TAL Effector Kit 2.0（#1000000024），DR274（#42250），pX330（#42230），pCS2＋hSpCas9（#51815）．

機器類
- □ PCR装置（ライフシステムズ社）
- □ ポリアクリルアミドゲル電気泳動装置（和光純薬工業社）
- □ プーラー（PC-10，ナリシゲ社）
- □ 電動マイクロインジェクター（IM300，ナリシゲ社）
- □ マイクロマニピュレーター（MMN-8，ナリシゲ社）
- □ DNA/RNA分析用マイクロチップ電気泳動装置（MCE-202 MultiNA，島津製作所）

プロトコール

詳細なプロトコールについては，NBRP Medaka（http://www.shigen.nig.ac.jp/medaka/top/top.jsp）あるいは，NBRP Zebrafish（http://www.shigen.nig.ac.jp/zebrafish/top/top.jsp）に掲載されているので参考にしていただきたい．

1. TALENの設計および構築

標的とするゲノム領域の配列を用意する[*1]．TAL Effector Nucleotide Targetter 2.0（https://tale-nt.cac.cornell.edu/）内のツール「TALEN Targeter」にアクセスし，用意したゲノム配列を入力する．このときSpacer Lengthは14〜17，Repeat Array Lengthは15〜18と設定する．出てきた候補配列のなかから適当なものを選び，構築を行う．この際，スペーサー近傍に数塩基の相同配列が存在すると，変異の導入パターンが偏ることがあるため注意する必要がある（図7；詳細は，文献14に記載している）．

TALENの構築は基本的にミネソタ大学Voytas研究室と広島大学山本研究室にて開発された方法に従っている．最終構築ベクターはユタ大学Grunwald研究室にて開発されたpCS2TAL3-DD/RRを用いている[16]．TALEN mRNAはmMESSAGE mMACHINE SP6 Kitのプロトコールに従って合成する．

> [*1] ゲノムデータベースの配列をもとにしても通常は問題ないが，用いる魚系統によってはSNPなどの変異を有する場合があるため，使用する系統で直接配列を確認しておくことが望ましい．

2. gRNAとCas9ヌクレアーゼmRNAの合成

約100塩基からなるgRNAは5′末端の20塩基が標的配列の認識にかかわっている．認識配列のオリゴDNAをアニール後，gRNAエントリーベクター（DR274）へ挿入する．gRNAは，MAXIscript T7 KitまたはAmpliScribe T7-Flash Transcription Kitのプロトコールに従い合成する．Cas9ヌクレアーゼmRNAはpCS2＋hSpCas9を鋳型としてmMESSAGE mMACHINE SP6 Kit（ライフテクノロジーズ社）のプロトコールに従って合成する．

3. 受精卵へのインジェクション

1）ゼブラフィッシュ

❶ TALEN mRNAは各400 ng/μLとなるようにサンプル液を用いて調製する．gRNAは12.5 ng/μL，Cas9 mRNAは250 ng/μLとなるようにサンプル液を用いて調製する

❷ PC-10，GD-1ガラス管を用いてキャピラリーを作製する

❸ RNA溶液をキャピラリーに充填後，マイクロマニピュレーターに設置する．1～2細胞期の受精卵をインジェクションホルダーにセットし，1 nLずつ注入する（図2）．インジェクションした受精卵はE3メディウム中で，1日培養する

2）メダカ

❶ TALEN mRNAは各80～150 ng/μLとなるように山本リンガー液を用いて調製する．同様にgRNAは12.5 ng/μL，Cas9 mRNAは100 ng/μLとなるように山本リンガー液を用いて調製する

❷ メダカプロトコール集[15]にインジェクションの詳細を記載している．これまでの経験上，各100 ng/μL以下で充分な活性が得られる．RNA濃度が高くなると溶液の粘度が上がりキャピラリーが詰まりやすくなるので注意が必要である

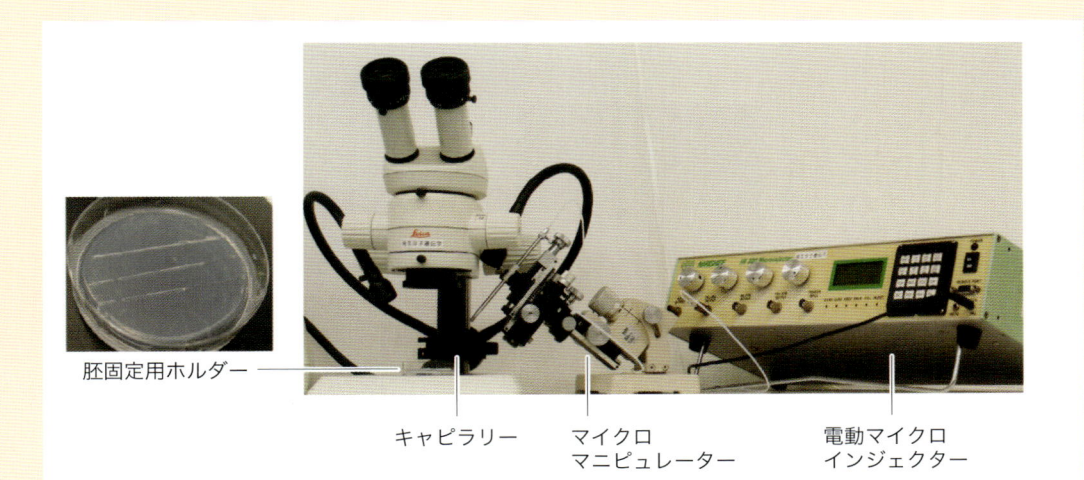

図2　ゼブラフィッシュ胚への注入実験に用いる装置
アガロースゲルに約1 mmの溝をつける．この溝にゼブラフィッシュ受精卵を埋め込み，固定する．RNA溶液を充填したキャピラリーをマイクロマニピュレーターに設置し，実体顕微鏡下で注入実験を行う

4. 標的ゲノム切断活性の評価（HMA）

　　　　　　HMAはポリアクリルアミドゲルを用いた電気泳動を行った際に，完全に相補的なホモ二本鎖DNAが分子量依存的な泳動パターンを示すのに対して，一部分がミスマッチしたヘテロ二

本鎖DNAでは泳動速度が遅くなる現象を利用している（図3）．DNA二本鎖切断によりさまざまなタイプの変異が生じたゲノムDNAを鋳型としてPCRを行うと野生型同士のホモ二本鎖DNAに加えて，野生型と変異型からなるヘテロ二本鎖DNAや異なる変異型からなるヘテロ二本鎖DNAが産生される．これはPCR反応のアニーリング時に，すでに産生された一本鎖DNAが数塩基のみ異なる相補鎖と二本鎖DNAを形成しているためと考えられる．このようなヘテロ二本鎖DNAがみられた場合，標的ゲノム配列に変異が導入されたと判断する．

❶ DNA二本鎖切断部位を含み，約100〜200 bpのPCR産物を産生する特異的プライマーを設計する

❷ TALEN mRNAもしくはgRNAおよびCas9 mRNAを注入したゼブラフィッシュ1日胚を回収し，細胞溶解液を加え，55℃で2時間以上インキュベートする．Proteinase Kを失活（99℃，10分）させ，遠心した上清を鋳型としてPCRを行う

　メダカの場合，1〜3日胚を回収し，ピンセットで卵膜に穴を開けてから25 μLのアルカリ溶解液を加え，途中で数回ボルテックスしながら95℃で胚が完全に溶解するまで（5〜30分程度）インキュベートする．25 μLの中和液を加え混合した溶液を鋳型としてPCRを行う[*2]．10 μLの系で鋳型を1 μL用いてPCRを行う．

*2　メダカの卵膜は丈夫で，Proteinase Kでは分解されない．そのため物理的に破壊する必要がある．

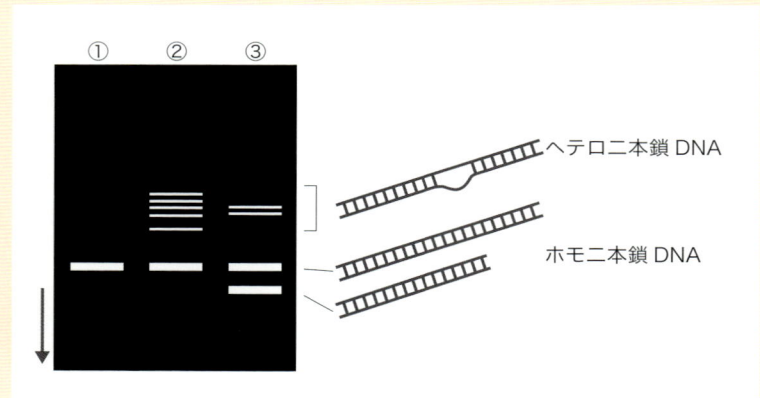

図3　HMAの原理

完全に相補的なホモ二本鎖DNAは分子量依存的に泳動度が変化する．一部分がミスマッチしたヘテロ二本鎖DNAでは露出した部位での立体障害により泳動速度が遅くなる．①野生型ゲノムを鋳型にしたPCRでは予想されるサイズにのみバンドがみられる．②TALEN mRNAもしくはgRNAおよびCas9 mRNAを注入した胚ではさまざまな変異が生じているため，さまざまな組み合わせのヘテロ二本鎖DNAが形成される．そのため予想されるサイズのバンドより泳動距離の短いバンドがラダー状に出現する．③F0ファウンダーと野生型を掛け合わせたF1世代では変異が固定されており，変異型アレルと野生型アレルをもった個体では，野生型同士もしくは変異型同士がペアになったホモ二量体DNAに加えて野生型と変異型からなるヘテロ二本鎖DNAが形成される．このとき，センス鎖とアンチセンス鎖の組み合わせにより2種類のヘテロ二本鎖DNAが形成されるため，ヘテロ二本鎖DNA由来のバンドは通常2本みられる

❸-1　PCR産物のポリアクリルアミドゲルを用いた電気泳動を行う．100 mm×100 mmの15％ポリアクリルアミドゲルを用いた場合，30 mAで約50分間泳動する

❸-2　PCR産物をDNA/RNA分析用マイクロチップ電気泳動装置（MCE-202 MultiNA）によって解析する．試薬キットDNA-500を使用し，プロトコールに従って解析を行う

5. F0ファウンダースクリーニング

　TALEN mRNAもしくはgRNAおよびCas9 mRNAを注入したF0世代ではモザイク状にさまざまな変異が生じている．F0世代の生殖細胞において有意な変異を産生しうるF0ファウンダーを同定し，変異が固定されたF1世代を用いて解析を行う．

❶ F0ファウンダーを野生型と掛け合わせて得られたゼブラフィッシュ1日胚を回収し，細胞溶解液を加え，55℃で2時間以上インキュベートする[*3]

*3　メダカの場合，F0ファウンダーと野生型を交配して得られたF1の8個体程度を**4**-❷の方法で処理し鋳型として用いる．

❷ Proteinase Kを失活（99℃，10分）させ，遠心した上清を鋳型としてPCRを行う

❸ PCR産物を前記と同様に15％ポリアクリルアミドゲルを用いた電気泳動，またはマイクロチップ電気泳動装置MultiNAによる解析を行う[*4]

*4　生殖細胞において変異が生じていると野生型と変異型からなるヘテロ二本鎖DNAが検出される．

❹ ヘテロ二本鎖DNAが検出された場合，TAクローニングなどによりサブクローニングを行い，シークエンシングによりフレームシフトを引き起こすなど有意な変異であることを確認する[*5]

*5　または，前記PCR産物を直接シークエンスし，シークエンス波形が二重になったところから野生型の配列を除くことにより変異配列を確定する．

6. 変異型アレルをもつF1成魚の同定

　F1世代では全体細胞において変異が固定されており，尾びれからゲノムを抽出し，遺伝子型を調べる．この際にもHMAを用いることで，簡便に変異型アレルをもつ個体を選択できる．

❶ F1ゼブラフィッシュをトリカイン処理により麻酔し，尾びれをカッターナイフを用いて切断する．採取した尾びれは細胞溶解液に入れ，55℃で2時間以上インキュベートする．Proteinase Kを失活（99℃，10分）させ，遠心した上清を鋳型としてPCRを行う[*6]

*6　メダカの場合，魚網ですくった個体をキムワイプで挟み，小型の解剖用ハサミを用いて尾びれを切断する．採取した尾びれは25 μLのアルカリ溶解液に入れ，組織の形が見えなくなるまで（95℃で10分間程度）インキュベートし，等量の中和液を加えたものを鋳型としてPCRを行う．尾びれを切断した個体は，変異アレルの同定完了までプラスチックカップ（200 mL）などの中で個体別に飼育する．

❷ 前記と同様にHMAおよびシークエンシングを行い，変異型を同定する

実験例

1. TALEN および CRISPR/Cas9 による標的ゲノム部位の切断活性の評価

　TALEN mRNA もしくは gRNA および Cas9 mRNA を注入したゼブラフィッシュ 1 日胚からゲノムを調製し，HMA を行った結果を図4に示す．TALEN もしくは gRNA の未処理胚では予想されるサイズのバンドのみが検出された．一方で TALEN，gRNA を注入した胚では予想されるサイズのホモ二本鎖 DNA 由来のバンドが減少し，さまざまなタイプの変異型からなるヘテロ二本鎖 DNA 由来のラダー状のバンドが検出された．実際の変異導入効率は出現するラダーバンド量と相関がみられる．

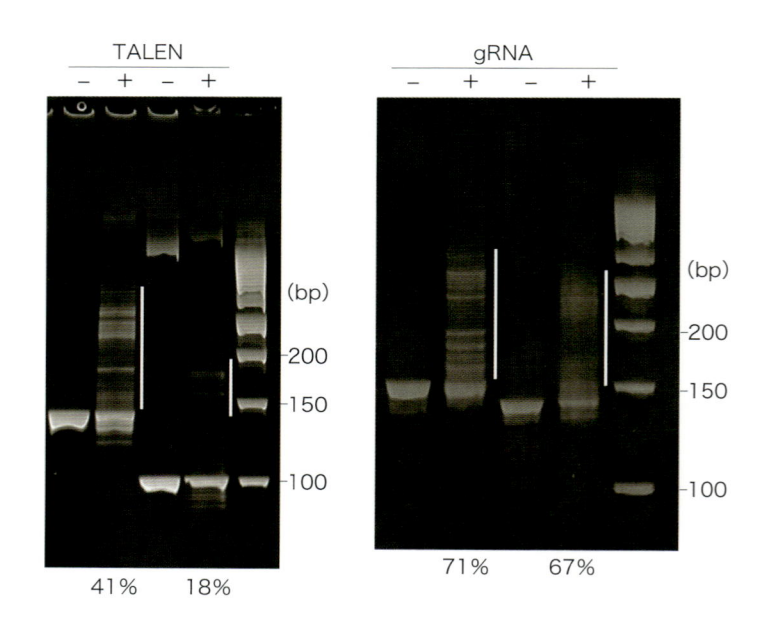

図4　HMA によるゲノム標的部位切断活性の評価
ゲノム標的部位を PCR にて増幅後，15％ポリアクリルアミドゲルを用いた電気泳動を行った．ヘテロ二本鎖 DNA 由来のラダー状のバンドを白線で示す．泳動写真下に示す変異導入効率は PCR 産物をランダムにシークエンシングすることにより，算出した（左写真は文献 13 より転載）

2. F0 ファウンダーの同定

　TALEN mRNA を注入したゼブラフィッシュ胚を成魚まで育て，野生型と交配させて得られた F1 胚について HMA を行った結果を図5に示す．7 個体中 6 個体についてヘテロ二本鎖 DNA 由来のバンドが観察されたことから，生殖系列への変異移行率は約 86 ％と算出される．②，③，⑥，⑦と④，⑤でそれぞれ同じ泳動パターンが観察される．これらの PCR 産物のシークエンス

```
      ① ② ③ ④ ⑤ ⑥ ⑦
```

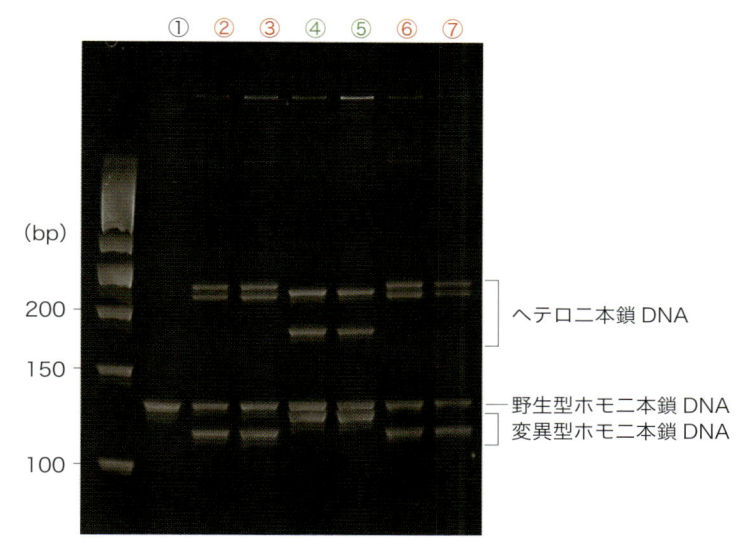

```
                ACAACCACTCAGGCAAGTGGGGAAGACCAAGAAGCACTGGTATGTGT   WT
②, ③, ⑥, ⑦     ACAACCACTCAGGCAAG--------------AAGCACTGGTATGTGT   -14
④, ⑤            ACAACCACTCAGGCAAGTGG-----ACCAAGAAGCACTGGTATGTGT   -5
```

図5　HMAを利用したF0ファウンダーの同定

*s1pr3a*遺伝子に対するTALEN mRNAをインジェクションしたゼブラフィッシュと野生型ゼブラフィッシュを掛け合わせて得られたF1胚においてHMAを行った．さらにPCR産物をTAクローニング後，シークエンスを確認した．同じヘテロ二本鎖DNAの泳動パターンを示すクローンでは同じ変異が生じている．TALEN認識配列を青，スペーサー配列を緑，欠損塩基を赤で示す

を確認したところ，同じ泳動パターンを示す個体では同じ変異が生じていた（②，③，⑥，⑦は14塩基欠損，④，⑤は5塩基欠損）．

3. マイクロチップ電気泳動装置によるHMA解析例

　TALENを用いて作製したヘテロに変異をもつF1メダカ同士を交配し，得られたF2メダカ胚（野生型，ヘテロ変異体，ホモ変異体を含む）を解析した．図6に示すようにヘテロ個体にはヘテロ二本鎖DNAと思われる複数のバンドが観察される（a, c, f, h）．また，野生型（d, g）とホモ変異体（b, e, i, j）は，それぞれ単一のバンドを示すが，その移動度により両者は区別できる．

4. 標的ゲノム領域における挿入・欠失変異の予想

　TALENまたはCRISPER/Cas9システムにより引き起こされる変異のパターンが，それらの設計時に予測可能な場合もある．二本鎖切断部位を挟むように相同な配列が3塩基以上連続する場合，その相同配列と挟まれた塩基が欠失する場合が多い．これを利用して，フレームシフトを起こす領域を狙ってTALENやgRNAをデザインすることができる（図7）．

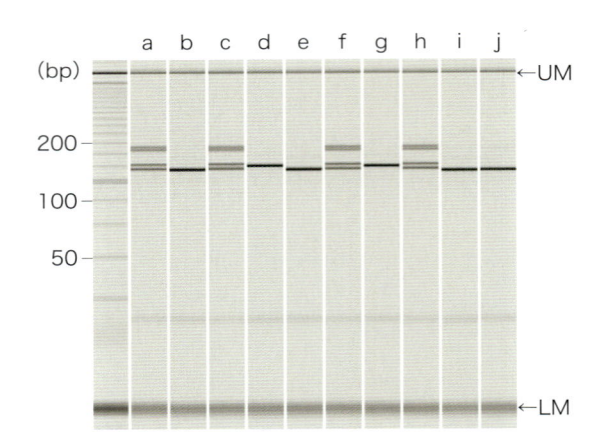

図6 DNA/RNA分析用マイクロチップ電気泳動装置（MCE-202 MultiNA）を用いたHMAの解析例

MultiNAを用いたHMAの解析例．得られた波形データを高分子量マーカー（UM）および低分子量マーカー（LM）によって補正して得られたゲルイメージを示す

A)
```
ACTAAAGAGGACTACATGGACAGTGTGGAGACCTCAGTGTTTGGGACTGTGGAGC    WT   16/23
ACTAAAGAGGACTACATGGACAGTGT---------------TTGGGACTGTGGAGC   Δ14   6/23
ACTAAAGAGGAC------------------------AGTGTTTGGGACTGTGGAGC   Δ23   1/23
```

B)

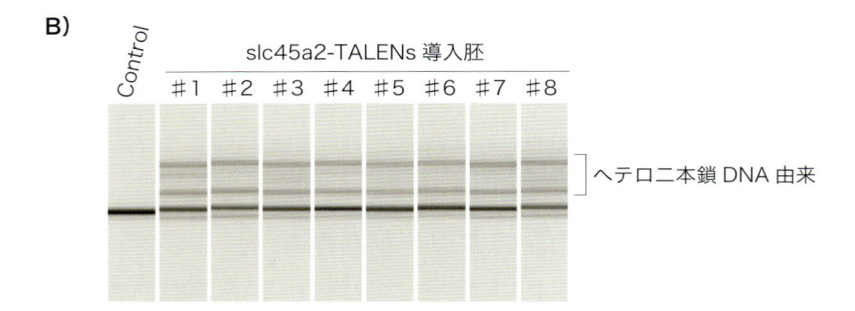

図7 切断配列近傍の相同配列によって生じる変異配列の偏り

A) slc45a2遺伝子を標的とするTALEN mRNAを導入したメダカ胚では，シークエンス解析によって同定された変異クローン（7クローン）のうち，6クローン（86％）が6塩基の相同配列間での14塩基欠失変異（Δ14）であった．野生型（WT）配列上に，相同配列を緑文字で，TALENの認識配列を赤および青の四角で示す．各クローンの欠失配列は赤文字で示し，右端に同定クローン数/解析クローン数を示す．B) TALEN導入個体におけるHMA結果を示す．ヘテロ二本鎖DNA由来のバンドのうち，はっきり確認できる2本のバンドが変異導入の偏りを示唆すると考えられる（A, Bともに文献14より転載）

おわりに

本稿では，TALENとCRISPR/Cas9を用いた遺伝子破壊小型魚類の作製法を紹介した．これらにより導入された二本鎖DNA切断の修復過程は，遺伝子導入を伴わないため，遺伝子導入

生物としての規制の対象とならない可能性がある．偶然に得られる優良形質を固定化する古典的な選抜育種法では，優良品種の作出に多大な労力と期間を費やす．加えて水中では個体の観察と管理が陸上よりも困難であるため，水産有用魚種での育種は畜産動物に比べ進んでいないのが現状である．遺伝子機能解析の進展もあいまって，遺伝子を狙い撃ちできる本技術により水産有用魚種での効率的な有用品種の作出が期待される．遺伝子機能の改変を伴わない利用法も期待できる．例えば，本技術を用いてゲノムに変異を挿入することにより，個体あるいは系統特異的なゲノム標識が可能となり，これを産地あるいは特定品種の識別に利用することも有用と考えられる．

一方，小型魚類受精卵を用いたゲノム編集技術においては，鋳型DNAを用いた相同組換えによる遺伝子置換（ノックイン）の効率がきわめて低いのが現状であり，さらなる技術改良が必要である．効率的ノックイン法が確立できれば，ヒト疾患と同じ変異を導入した疾患モデル生物の作製が可能となり，ヒト遺伝子疾患の病態の理解や新たな治療薬の開発に貢献できうるであろう．

◆ 文献

1) Donovan, A. et al.：Nature, 403：776-781, 2000
2) Omran, H. et al.：Nature, 456：611-616, 2008
3) Sander, J. D. et al.：Nat. Biotechnol., 29：697-698, 2011
4) Hwang, W. Y. et al.：Nat. Biotechnol., 31：227-229, 2013
5) Hisano, Y. et al.：Biol. Open, 2：363-367, 2013
6) Hisano, Y. et al.：Dev. Growth Differ., 56：26-33, 2014
7) Bedell, V. M. et al.：Nature, 491：114-118, 2012
8) Zu, Y. et al.：Nat. Methods, 10：329-331, 2013
9) Kasahara, M. et al.：Nature, 447：714-719, 2007
10) Ansai, S. et al.：Dev. Growth Differ., 54：546-556, 2012
11) Ansai, S. et al.：Genetics, 193：739-749, 2013
12) Ansai, S. & Kinoshita, M.：Biol. Open, 3：362-371, 2014
13) Ota, S. et al.：Genes Cells, 18：450-458, 2013
14) Ansai, S. et al.：Dev. Growth Differ., 56：98-107, 2014
15) 『Medaka: Biology, Management, and Experimental Protocols』(Kinoshita, M. et al. eds.), Wiley-Blackwell, 2009
16) Dahlem, T. J. et al.：PLoS Genet., 8：e1002861, 2012

実践編 その他のモデル生物でのゲノム編集

13 両生類におけるTALENを用いた遺伝子改変

林　利憲，坂根祐人，竹内　隆，鈴木賢一

本稿では，両生類（アフリカツメガエル，ネッタイツメガエル，イベリアトゲイモリ）におけるゲノム編集（遺伝子破壊）プロトコールの一例について紹介する．すべての実験を成功させる最大のポイントはよい受精卵を得ることであるが，TALENを用いた実験上のノウハウやコツを中心に紹介する．

はじめに

両生類は卵が大きく，同調した胚を容易に得ることができるため，発生生物学や細胞生物学において古くから貢献をしてきた生物である．変態や再生などのユニークな生命現象もあり，生命科学における実験動物としての価値は大きいが，これまでマウスなどで行われている遺伝子ターゲティング（ノックアウトやノックイン）に必要なストラテジーが適用できなかった．そのため，遺伝子機能の解析は，アンチセンスオリゴ，mRNAインジェクション，およびトランスジェニックなどの技術に頼ってきた．しかしながら，近年のゲノム編集技術の目覚ましい発展によって，両生類においても遺伝子ターゲティングによる本格的な遺伝子機能の解析が可能な時代に突入しようとしている．本稿では，アフリカツメガエル（*Xenopus laevis*），ネッタイツメガエル（*Xenopus tropicalis*）の無尾両生類に加えて，新しいモデル動物として高いポテンシャルをもつイベリアトゲイモリ（*Pleurodeles waltl*）におけるゲノム編集実験プロトコールの一例について紹介する．

準備

TALEN標的部位の決定

詳しくは佐久間による実践編1を参照．標的遺伝子の機能解析を目的としたTALEN標的部位の候補としては以下の3つが考えられる．

① 第1エキソンの開始コドン下流（フレームシフト変異）
② エキソンとイントロンのつなぎ目（スプライシングの阻害）
③ 機能的に重要なドメイン

偽四倍体であるアフリカツメガエルではパラログによる機能重複が問題であるが，遺伝子間で保存された配列に設計すれば，両遺伝子を効率よく破壊できる[1]．また，条件が合えば，複

数のTALENセットを導入することによる多重遺伝子破壊も可能である[1]．遺伝子多型が存在する可能性もあるので，実験に使用する系統における標的遺伝子の配列は事前に確認すべきである．

TALENの作製

本実施例では，**実践編1**に記載のPlatinum TALEN[2] を用いた．

インジェクション装置（カエル・イモリ共通，図1）

- ☐ 実体顕微鏡と光源装置
    下記インジェクターをセットできれば，特に型式は問わない．
- ☐ マイクロインジェクター（Nanoject II，Drummond Scientific社）
    このインジェクターは，コンパクトでセッティングが容易であるうえに，安価である．図のように，インジェクター本体と小型のコントロールボックス，フットスイッチで構成される．
- ☐ マイクロマニピュレーター（Nanojectマニピュレーター，Drummond Scientific社，またはM-152，ナリシゲ社）
- ☐ 低温インキュベーター
- ☐ ガラス針作製用微小ガラス管（Drummond Scientific社）
- ☐ ガラス針作製装置（プーラー；PC-10やPN-30，ナリシゲ社）

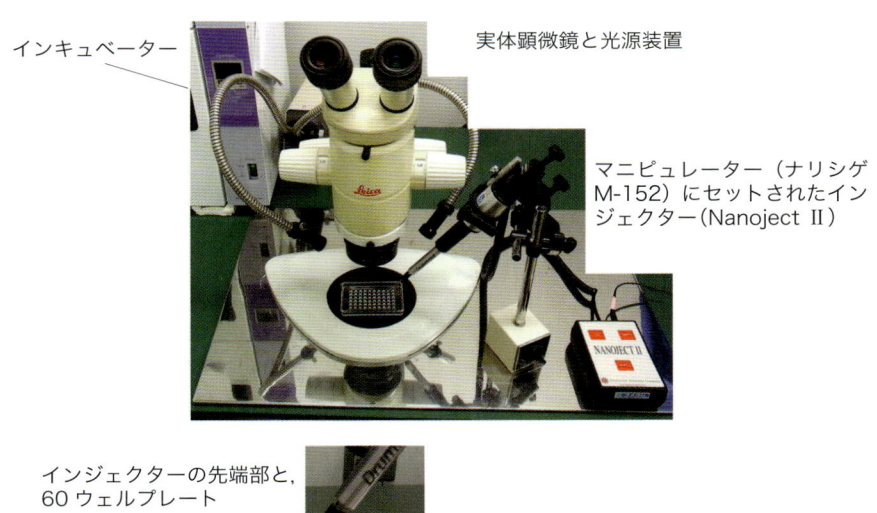

図1　インジェクターのセッティング例
われわれらが使用しているNanojectは構造がシンプルなため，小さなスペースで使用できる．また操作も簡単で初心者でも扱いやすい

装置の設定を変えることで，針先端部の太さはカエルで12〜16μm，イモリでは15〜20μmになるよう，実体顕微鏡下でピンセットなどを用いて丁寧に折りとる．

☐ ミネラルオイル（M8410，シグマ アルドリッチ社）
　　mRNA溶液をガラス針に充填する際に用いる．

リンガー液

アフリカツメガエル（カエル）とイベリアトゲイモリ（イモリ）受精卵へのRNAインジェクションに必要なリンガー液は数種類ある．本プロトコールでは，MMR（Marc's modified Ringer）をカエル用，HF（Holtfreter's solution）をイモリ用として用いている．以下，ストック溶液とインキュベーション用リンガー液の組成を示す．

☐ 10×MMR（Marc's modified Ringer）：ストック

		（最終濃度）
NaCl	58.44 g	1 M
KCl	1.49 g	20 mM
MgSO$_4$	1.2 g	10 mM
CaCl$_2$	2.94 g	20 mM
HEPES	11.915 g	50 mM
NaOH	適量	pH7.4

純水を加えて1Lとした後，オートクレーブ処理する．

☐ 10×HF（Holtfreter's solution）：ストック

		（最終濃度）
NaCl	35 g	600 mM
KCl	0.5 g	7 mM
NaHCO$_3$	2 g	24 mM

純水を加えて1Lとした後，オートクレーブ処理する．

☐ 0.1×MMR（ゲンタマイシン入り）：インキュベーション用

		（最終濃度）
10×MMR	10 mL	0.1×MMR
50 mg/mL ゲンタマイシン溶液	1 mL	50 μg/mL

オートクレーブ水990 mLを加えて1Lとする．冷蔵庫で保存する．

☐ 0.25×HF（ゲンタマイシン入り）：インキュベーション用

		（最終濃度）
10×HF	25 mL	0.25×HF
1 M HEPES（pH7.6）溶液	5 mL	5 mM
1 M CaCl$_2$ 溶液	1.7 mL	1.7 mM
1 M MgSO$_4$ 溶液	1.7 mL	1.7 mM
50 mg/mL ゲンタマイシン溶液	1 mL	50 μg/mL

純水900 mLを加えて1Lとする．オートクレーブ後，残りの溶液を加えて，冷蔵庫で保存する．

その他の試薬・ディッシュのコーティング

☐ 脱ゼリー溶液
　　カエルは2〜3％システインを0.1×MMRに溶解（pH7.4）．イモリは2％システイン（pH7.4）か2％チオグリコール酸溶液（pH7.4）を0.25×HFに溶解．5 N NaOHでpHを合わせる．用事調製．

☐ フィコール液（フィコール，シグマ アルドリッチ社）
　　カエルは4〜5％となるようにフィコールを0.3×MMRに溶解．イモリは4％となるよ

図2　卵をのせているディッシュの写真
A) アガロースゲル上に並べたネッタイツメガエルの受精卵．カミソリなどで卵が収まる程度の溝をつくる．右下はインジェクション用のガラス針．**B)** ミニトレイ上のイモリ卵．写真のように並べた状態で，先の丸いピンセットで軽く押さえながらインジェクションを行う

うに $0.25 \times HF$ に溶解．濾過滅菌後，冷蔵庫にて保存．

□ **インジェクション用ディッシュ**

カエル：1％アガロース（$0.1 \times MMR$）をガラスシャーレ上に固めたもの．卵が入るくらいの溝をカミソリなどで削ってつくる（図2A）．

イモリ：Nuncミニトレイ（サーモフィッシャーサイエンスティフィック社）底面のくぼみにゼリー層と卵殻を除いたイモリの卵がちょうど収まるので，インジェクションの際に卵を保定しやすい（図2B）．

プロトコール

1. TALEN mRNA

TALEN mRNAのクオリティは本実験において重要なファクターであるため，合成および精製には細心の注意を払う必要がある．メーカーのプロトコールに従えば，1反応あたり数十μgのmRNAが合成可能である．5′キャップは必要かと思われるが，ポリAは必ずしもそうではない．RNA合成から精製まで，所要時間は3時間程度である．TALENベクターは5′突出か平滑末端の制限酵素で直鎖化すること．

T7 RNA polymeraseで合成する場合（pcDNAベクターがバックボーンの場合）
- mMessage mMachine T7 Ultra Kit（ライフテクノロジーズ社）を用いて合成
- 5′キャップおよびポリAあり

SP6 RNA polymeraseで合成する場合（pCS2+がバックボーンの場合）
- mMessage mMachine SP6 Kit（ライフテクノロジーズ社）を用いて合成
- 5′キャップはあるが，ポリAはない

合成したmRNAは，シリカカラムベースのRNA精製キット（RNeasy Mini Kit，キアゲン社）を用いて，精製する．TALENはUTRなどを含め4 kb以上の長鎖RNAになるため，精製後に電気泳動にてクオリティチェックが必要である．溶出はRNase free超純水で行う．mRNA

は−80℃にて小分けにして保存すること（凍結融解を避ける）．

2. 受精卵の調製／インジェクションの実際

1）受精卵の調製（30分）

よい受精卵を使うことが重要である．リンガー液などは必ず至適温度で用いる．
- **カエル**：人工授精の方法は文献3を参照されたい．受精後20〜30分後から脱ゼリーを行う
- **イモリ**：人工授精の方法は文献4を参照されたい

2）脱ゼリー（5分）

❶ 受精卵にシステイン溶液またはチオグリコール酸溶液を加えて穏やかに振盪すると，ゼリー層が溶けていくのがわかる．処理時間は5分以内とする[*1, 2]
- **カエル**：卵と卵の間に隙間がなくなったら，0.1×MMRにて数回洗い，フィコール液に置換する．卵は，20℃のインキュベーターに置いておく（ネッタイツメガエルは22℃以上）
- **イモリ**：カプセル状の卵殻が残っているので，2本のピンセットで卵殻を裂くようにして取り除く．卵は使用時まで8〜10℃で保存する

> [*1] 脱ゼリー後の受精卵は壊れやすい．移動の際には先端を切って広げたピペットを使用する．
>
> [*2] 脱ゼリーした卵をピペットを用いて，フィコール液を満たしたNuncミニトレイに移す．ネッタイツメガエルの場合，ディッシュの底にくっつきやすいため，うすくアガロースを固め，その上で扱う．

❷ 卵は低温にして，第一卵割を遅らせる
- **カエル**：アフリカツメガエルの第一卵割は20℃で受精1時間半後に起こる．ネッタイツメガエルの第一卵割は22℃で受精40〜50分後に起こる
- **イモリ**：イベリアトゲイモリの第一卵割は25℃で受精5〜6時間後に起こる

3）mRNA溶液の充填／インジェクション

❶ TALEN mRNAをRNase free超純水で希釈した後，ガラス針に充填し，Nanoject Ⅱの液量を設定する
- **カエル**：4.6 nL（アフリカツメガエル），2.3〜4.6 nL（ネッタイツメガエル）
- **イモリ**：9.2 nL

❷ インジェクションするmRNAの量を変えながら，適切な条件検討をする
- **カエル**：100〜500 pg
- **イモリ**：50〜400 pg

❸ 1細胞期にインジェクションする[*3, 4]

> [*3] カエルの場合，脱ゼリー後30分以内．これを過ぎると，モザイク性が上がる可能性がある．
>
> [*4] トレーサーとして，GFPなどの蛍光タンパク質mRNAを一緒にインジェクションするとスクリーニングするときに便利である（EGFPなら100 pg程度）．特に，インジェクション量の少ないネッタイツメガエルでは有効．

❹ インジェクション後の受精卵を静置する
- カエル：20℃で5時間ほど静置する（ネッタイツメガエルは22℃以上）
- イモリ：室温で一晩静置する

4）受精卵の選別

正常に発生が進んでいる胚（桑実胚後期から胞胚期）をリンガー液に満たしたシャーレへ移す*7．
- **カエル**：0.1×MMRを満たしたシャーレに移す．20℃で2日間ほど静置する（ネッタイツメガエルは24〜26℃）
- **イモリ**：0.25×HFを入れたシャーレに移し，30分おきに0.25×HFを2回以上交換して，フィコール液を除く．室温でそのまま静置

*7 フィコールは原腸陥入を阻害するので，複数回洗浄して完全に除く．

5）胚の飼育

カエル，イモリそれぞれの飼育法に従い，解析する時期まで個体を飼育する．
- **カエル**：チロシナーゼ遺伝子を破壊した場合，尾芽胚後期ぐらいからアルビノ胚として観察できる
- **イモリ**：胚は約7日後には孵化期に達する．この間，0.25×HFを適宜交換する．8日以降は，汲み置きした水道水で飼育できる

実験例

1. 変異の検出方法

詳細は佐久間・山本による基本編4に記述されているが，ここではわれわれが行ったカエルの実験例をもとに3つの検出法を紹介する（図3）．いずれの場合でも，TALEN標的部位を含むゲノムPCR産物を解析するため，プライマーが必要である．

①HMA（heteroduplex mobility assay）

効率よく変異が導入されると，標的部位を含むゲノムPCR産物は，野生型アレルと変異アレルがアニールしたヘテロデュプレックス型（heteroduplex form）となる．そのため，アガロースゲル電気泳動上の移動度の違いで容易に判別可能である[5)〜7)]．

②RFLP（restriction fragment length polymorphism）解析

TALEN認識配列のスペーサー配列に何らかの制限酵素サイトがある場合は，ゲノムPCR産物を制限酵素により消化する．制限酵素耐性バンドの検出により，標的部位への変異導入を確認することができる[1)6)7)]．

③Cel-Iアッセイ

ヘテロデュプレックスを特異的に切断する酵素である，Cel-Iヌクレアーゼを使ったSURVEYOR Mutation Detection Kits（Transgenomics社）による変異検出法である．PCR産物をCel-Iヌクレアーゼにより消化し，切断産物の検出により変異を確認する．Cel-Iアッセイは，これまでに多くの報告例がある．

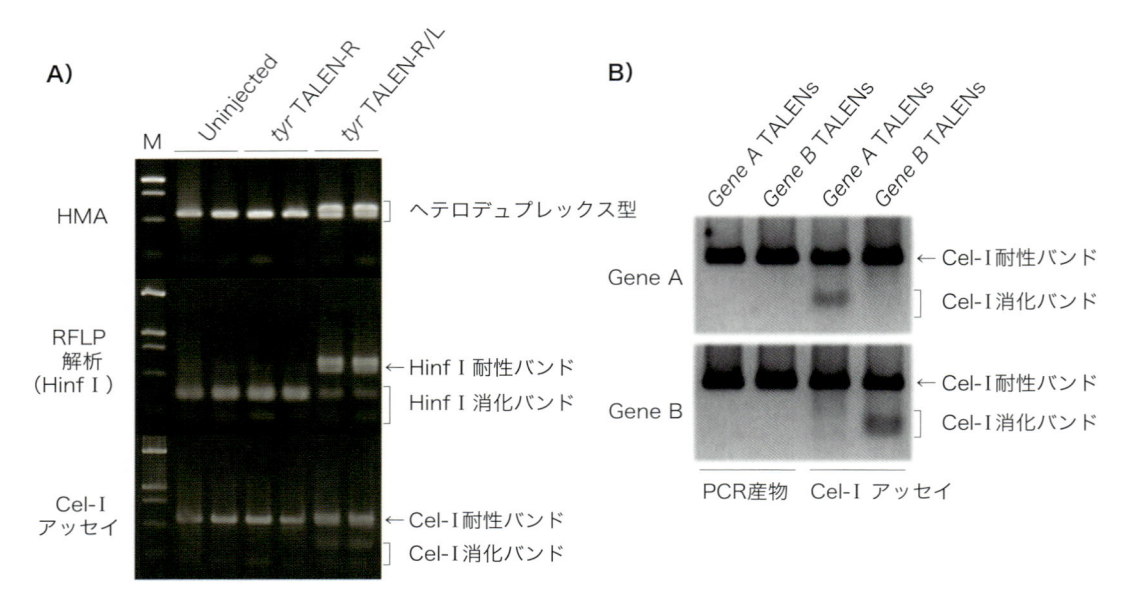

図3　カエルでの変異解析の例
A) アフリカツメガエルのチロシナーゼ遺伝子破壊胚における，HMA，RFLP解析，Cel-Iアッセイの結果．Uninjected，*tyr* TALEN-R（Right TALENのみ）はネガティブコントロール．いずれの場合でも，*tyr* TALEN-R/L（Right & Left TALEN）で変異が確認された．**B)** ネッタイツメガエルの遺伝子AおよびBの破壊胚をCel-Iアッセイにより解析した例．それぞれのTALENを導入した胚で，標的遺伝子の変異が検出された

　　　　　最も確実な方法は，PCR産物をサブクローニングし，シークエンスにより変異の種類と頻度を確定することである．この際，コロニーPCRで挿入断片を確認すると，HMAで観察されたような移動度の違うバンドが検出される場合がある．これは，おそらくヘテロデュプレックスの状態でPCR産物がサブクローニングされたクローンであり，シークエンスが上手くいかないケースが多いため，これらのクローンは選択しないほうがよい．

2. 表現型の例

　　　　　チロシナーゼ遺伝子の変異胚は，網膜色素上皮および黒色色素胞のメラニン沈着が起こらず，いわゆるアルビノの表現型となる．両種ともにおいて，チロシナーゼ遺伝子の破壊は発生に異常をきたさないため，ポジティブコントロールとしても用いることができる．カエル（図4），およびイモリ（図5）のチロシナーゼ遺伝子を破壊した実験の結果を示す．イモリにおいては，チロシナーゼの遺伝子座へのssODN（一本鎖オリゴDNA）によるloxPサイトのノックインにも成功している[8]．

実践編　その他のモデル生物でのゲノム編集　**13**

図4　アフリカツメガエルにおけるチロシナーゼ遺伝子を破壊した表現型
左がコントロール胚，右が*tyr* TALEN R/L インジェクション胚．インジェクション胚の表現型はアルビノを示している

A)

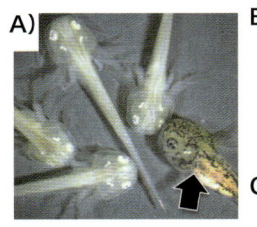

B) TALENのインジェクションによって生じたアルビノ個体のチロシナーゼ配列

```
                    TALEN-L                           TALEN-R
野生型個体  CGCCCGCCT TCCTGCCGTGGCACCGGA TCTACCTGCTCCTCT GGGAACGCGAGCTCCAGA AGGTGACCGGA
          CGCCCGCCT TCCTGCCGTGGCACCGGA TCT------TCCTCT GGGAACGCGAGCTCCAGA AGGTGACCGGA
アルビノ    CGCCCGCCT TCCTGCCGTGGCACCGGA TCT---------CT GGGAACGCGAGCTCCAGG AGGTGACCGGA
個体      CGCCCGCCT TCCTGCCGTGGCACCGGA TCTACC-------TCT GGGAACGCGAGCTCCAGA AGGTGACCGGA
          CGCCCGCCT TCCTGCCGTGGCACCGGA TCTACC----CC--T GGGAACGCGAGCTCCAGG AGGTGACCGGA
```

C)
```
        5'        TALEN-L                              TALEN-R                    3'
           CGCCCGCCTTCCTGCCGTGGCACCGGATCTA CCTGC TCCTCTGGGAACGCGAGCTCCAGAAGGTGACCGGA
                                          loxP配列
        5'                                                                        3'
           GCCTTCCTGCCGTGGCACCGGATCTA TAACTTCGTATAGCATACATTATACGAAGTTATGAAT TCCTCTGGGAACGCGAGCTCCAAAG
           loxP配列を含むオリゴDNA                                      ▲EcoR I
```

図5　イモリにおけるチロシナーゼ遺伝子の破壊例
A) イモリにおけるチロシナーゼ遺伝子を破壊した表現型．矢印はコントロール幼生（Uninjected）．インジェクションした個体のほぼすべてをアルビノ化する条件を決定できた．**B)** アルビノ個体からゲノムDNAを抽出して，チロシナーゼ遺伝子の一部をPCRで増幅，シークエンスした結果．標的部位に塩基の欠失が確認できた．赤枠はTALENの認識配列，ハイフンは塩基の欠失を示す．**C)** TALENと同時に，標的領域と相同なアーム（紫字部分，30塩基程度）をもつ一本鎖オリゴDNAをインジェクションすると，切断部位に相同組換えを介した挿入が起こる[8]．インジェクションした約1割の個体で，loxP配列の挿入が確認できた

おわりに

　これまでカエルやイモリは受精卵のマニピュレーションが容易であることを活かして，胚発生機構の研究に用いられてきた．加えて本稿で紹介したように，カエルとイモリではTALENが非常に効率よく機能するため，インジェクションを行った初代の個体（ファウンダー世代）を用いた解析が可能である．これらの特性を活かすことで，ハイスループットな遺伝子破壊実験を行うことができる．

　またTALENが効きやすいということは，DNA断片の挿入をはじめとするより広範なゲノム編集が可能となることを示している．実際にわれわれは，イモリのゲノムにloxPサイトを挿入することに成功している[8]．このようなゲノム編集の手法が確立されていくことで，コンディショナルノックアウトなど，より高度な遺伝子操作が可能になる．

　このような新しい技術により，これまで不可能であった解析や実験が可能となる．研究におけるカエルやイモリの活躍の場は広がっていくであろう．特にわれわれらは，変態や再生といった両生類の生命現象のメカニズムに興味をもっている．これらの解明にもゲノム編集は強力なツールとなる．新しいアイデアをもった研究者にもどんどん挑戦してもらいたい．

◆ 文献

1) Sakane, Y. et al.：Dev. Growth Differ., 56：108-114, 2014
2) Sakuma, T. et al.：Sci. Rep., 3：3379, 2013
3) 『Early Development of *Xenopus Laevis*：A Laboratory Manual』(Sive, H. L. et al. ed.), Cold Spring Harbor Laboratory Press, 2000
4) Hayashi, T. et al.：Dev. Growth Differ., 55：229-236, 2013
5) Ota, S. et al.：Genes Cells, 18：450-458, 2013
6) Nakagawa, K. et al.：Exp. Anim., 63：79-84, 2014
7) Suzuki, K. T. et al.：Biol. Open, 2：448-452, 2013
8) Hayashi, T. et al.：Dev. Growth Differ., 56：115-121, 2014

◆ 参考図書

1) 『Xenopus Protocols：Post Genomic Approaches』(Stefan, H. & Peter, D. V. ed.), Methods in Molecular Biology, Vol.917, Springer, 2012

実践編 その他のモデル生物でのゲノム編集

14 植物（シロイヌナズナ）における TALEN を用いた遺伝子改変

安本周平，關　光，村中俊哉

本稿では TALEN を用いたシロイヌナズナの遺伝子改変法を紹介する．植物は機能の重複した遺伝子をゲノム上に多数保持しており，一重変異体の解析では遺伝子機能の推定が困難な場合がある．TALEN を用いることで，従来法では作出の難しい多重変異体を作製でき，冗長な遺伝子群の機能解析が可能となると考えられる．

はじめに

　シロイヌナズナははじめて全ゲノム配列が解読された高等植物であり，世代時間が短く屋内で栽培できるうえ形質転換が容易であるため，植物分子生物学・生理学研究のモデル植物として広く利用されている．植物細胞は相同組換えの頻度が低く，効率的な標的遺伝子の改変が困難であるが，シロイヌナズナについては豊富なバイオリソースが整備されており，特定の遺伝子が T-DNA やトランスポゾンといった外来 DNA の挿入によって破壊された変異体を容易に入手できる．しかし，植物は機能の重複した遺伝子を多数保持しており，単一遺伝子の破壊だけでは表現型に変化がみられず，遺伝子機能の推定のためには，多重変異体の作出が必要となる場合がある．ところが，それらの重複遺伝子が染色体上の近接した位置にある場合，一重変異体の交配による多重変異体の作出は困難であり，目的の多重変異体を自在に作製する技術が植物科学研究分野において強く求められてきた．

　人工ヌクレアーゼ TALEN は標的配列に対する特異性の高さと，標的配列設計の自由度をもちあわせており，シロイヌナズナを含むいくつかの植物種においても活性が報告されはじめた[1)2)]．しかしこれらの報告では，機能がすでに知られている遺伝子が標的とされており，TALEN を用いたゲノム改変による植物遺伝子の機能解析研究ははじまったばかりであるといえる．また，アグロバクテリウム法などにより TALEN をゲノム中にランダムに挿入し，標的配列への変異を導入後，交配によって TALEN や選抜マーカーなどの外来遺伝子を取り除くことで，標的配列に変異をもつが外来遺伝子を保持しない系統を素早く簡単に作製できることから[2)]，TALEN は基礎研究だけではなく，作物のゲノム育種への利用が期待されている．

　本プロトコールでは，植物を取り扱う一般的な研究室で可能な，シロイヌナズナ遺伝子を標的とする TALEN の設計，TALEN 発現バイナリーベクターの構築，タバコ BY-2 培養細胞を用いた遺伝子の一過性発現による TALEN 活性の評価，アグロバクテリウムを用いたシロイヌナズナ形質転換，ゲノム PCR による変異検出法について示す．

準備

- ☐ タバコBY-2培養細胞（#RPC00001）およびシロイヌナズナ種子Col-0（#JA056）（理化学研究所バイオリソースセンター）
- ☐ Dual-Luciferase Reporter Assay System（#E1910，プロメガ社）
- ☐ ルミカウンターNU-2500（マイクロテック・ニチオン社）
- ☐ Tungsten Carbide Beads, 3 mm（#69997，キアゲン社）
- ☐ Cell wall digestion solution <u>with</u> enzymes

Cellulase	10 g
Macerozyme	5 g
Pectinase	1 g
BSA	5 g
2-mercaptoethanol	0.1 mL
$CaCl_2 \cdot 2H_2O$	7.35 g
Mannitol	45.5 g
Na-acetate	0.82 g

    pH5.5に調整し，1 Lにメスアップ，フィルター滅菌．4℃保存

- ☐ Cell wall digestion solution <u>without</u> enzymes

BSA	5 g
2-mercaptoethanol	0.1 mL
$CaCl_2 \cdot 2H_2O$	7.35 g
Mannitol	45.5 g
Na-acetate	0.82 g

    pH5.5に調整し，1 Lにメスアップ，フィルター滅菌．4℃保存

- ☐ W5 solution

NaCl	8.9 g
$CaCl_2$	13.87 g
KCl	0.37 g
Glucose	0.99 g

    pH5.8〜6.0に調整し，1 Lにメスアップ，オートクレーブ滅菌．室温保存

- ☐ MMM solution

$MgCl_2 \cdot 6H_2O$	1.52 g
MES	0.50 g
Mannitol	46.04 g

    pH5.8に調整し，500 mLにメスアップ，オートクレーブ滅菌．室温保存

- ☐ PEG solution

PEG 4000	40 g
Mannitol	7.29 g
$Ca(NO_3)_2 \cdot 4H_2O$	2.36 g

    pH8〜9に調整し，100 mLにメスアップ，オートクレーブ滅菌．室温保存．PEGが析出した場合は，湯煎などで加熱，再融解させることで使用可能

- ☐ MS + Sucrose solution

Murashige and Skoog Plant Salt Mixture 1 L用（和光純薬工業社）	1袋
Sucrose	136.9 g

    pH5.8に調整し，1 Lにメスアップ，フィルター滅菌後，分注し，冷凍保存

プラスミド

□ TALEN作製用プラスミド

TALEのN末端およびC末端の一部を欠失させることにより切断活性を上昇させたTALEN骨格TAL-NCをpcDNA-TAL-NC[3]からpDONR/Zeo（ライフテクノロジーズ社）へサブクローニングすることで，新たなTALEN作製用プラスミドpGW-TAL-NCを作製した．その際，TALEN作製後の植物発現用ベクターへの移し換えを容易にするため，TAL-NCの上流にSpeⅠサイト，下流にAscⅠサイトをそれぞれ付加した．6 module Golden Gate法[3]によって目的の標的配列を認識するRVDを作製し，pGW-TAL-NCへクローニングすることで，各TALENを作製した．

□ TALEN発現用バイナリーベクター

TALEN発現用バイナリーベクターpYS_004-TALENは図1に示す方法により，pRI

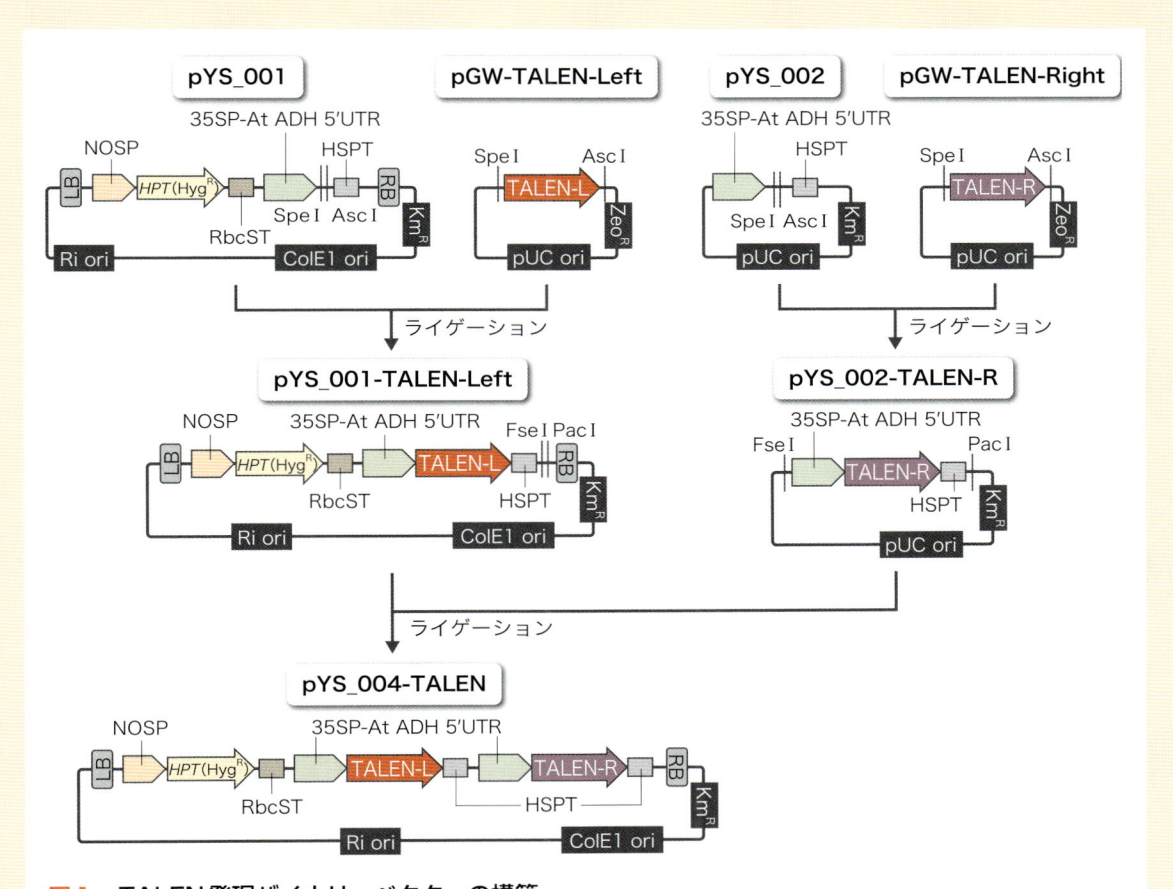

図1　TALEN発現バイナリーベクターの構築

LB：left border，RB：right border，NOSP：ノパリン合成酵素遺伝子のプロモーター，HPT（Hyg[R]）：ハイグロマイシン耐性遺伝子，RbcST：ルビスコ小サブユニット遺伝子のターミネーター，35SP：カリフラワーモザイクウイルス35S RNAのプロモーター，At ADH 5′UTR：シロイヌナズナアルコールデヒドロゲナーゼ遺伝子由来5′非翻訳領域，HSPT：熱ショックタンパク質遺伝子のターミネーター，Km[R]：カナマイシン耐性遺伝子，ColE1 ori：大腸菌での複製開始点，Ri ori：アグロバクテリウムでの複製開始点，Zeo[R]：ゼオシン耐性遺伝子，pUC ori：大腸菌での複製開始点，TALEN-L：TALEN-Left，TALEN-R：TALEN-Right，SpeⅠ，AscⅠ，FseⅠ，PacⅠ：制限酵素サイト

101-AN DNA（タカラバイオ社）バイナリーベクターを改変することにより構築した．pRI 101-AN DNAでは，多くの植物種において恒常的な高発現が期待できるカリフラワーモザイクウイルスの35Sプロモーター（35SP）の下流に翻訳エンハンサーを含むシロイヌナズナADH遺伝子由来の5′非翻訳領域を配置することで，外来遺伝子の効率的な発現が期待できる．pRI 101-AN DNAの植物選抜用マーカー（オリジナルはカナマイシン耐性遺伝子）をpH35GC（インプランタイノベーションズ社）由来のハイグロマイシン耐性遺伝子（Hyg^R）発現カセットに，外来遺伝子用のターミネーターを転写終結能力が高いことが知られているシロイヌナズナ由来の熱ショックタンパク質遺伝子のターミネーター（HSPT）に変換したバイナリーベクターpYS_001をIn-Fusion HD Cloning Kit（タカラバイオ社）を用いて作製した．この際，左右のTALENクローニングのために，Spe I，Asc IサイトをHSPTの上流に，Fse I，Pac IサイトをHSPTの下流に挿入した．pYS_001を鋳型にしたPCRにより，Fse I－35SP-At ADH 5′-UTR-Spe I－Not I－Asc I－HSPT-Pac Iを増幅し，EcoRV，Xmn Iで処理したpENTR 1A（ライフテクノロジーズ社）へクローニングすることでpYS_002ベクターを作製した．pYS_001, pYS_002, 左右のTALENエントリーベクターをSpe I，Asc Iで処理し，pYS_001と左側のTALEN，pYS_002と右側のTALENをそれぞれライゲーションさせることで，pYS_001-TALEN-Left, pYS_002-TALEN-Rightを作製した．pYS_001-TALEN-L, pYS_002-TALEN-RightをFse I，Pac Iで消化し，ライゲーションにより，TALEN発現バイナリーベクターpYS_004-TALENを作製した．

□ **SSAアッセイベクター（pYS_003-SSA, 図2A）**

pGL4-SSA[3]由来のSSAカセットの上流にpRI 101-AN DNA由来の35SP-シロイヌナズナADH遺伝子5′非翻訳領域を，下流にはシロイヌナズナHSPTを配置したものを用いた．

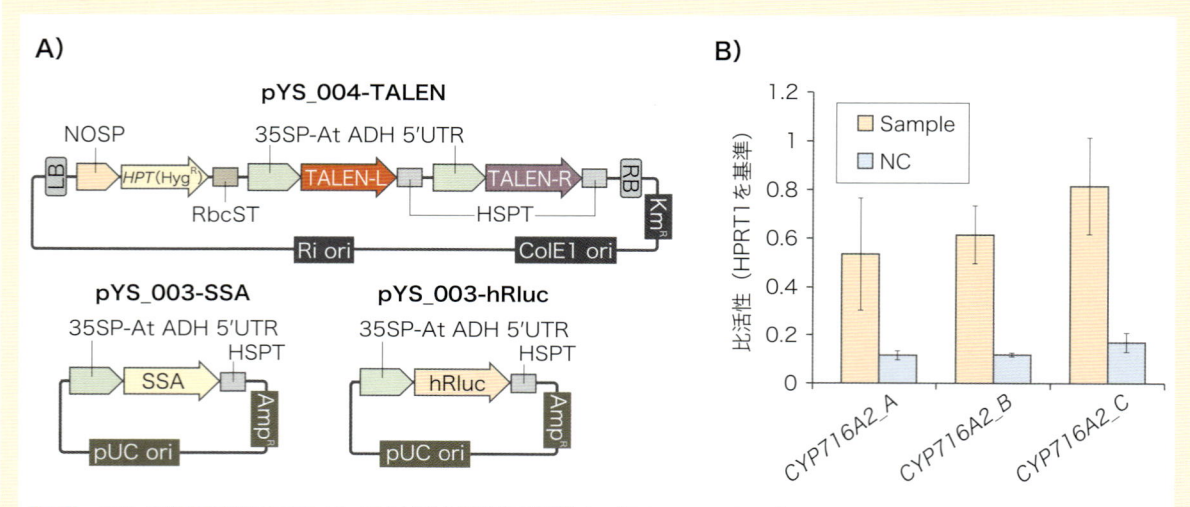

図2 BY-2培養細胞を用いたTALEN切断活性測定（SSAアッセイ）

A）SSAアッセイに用いたプラスミドの模式図．B）SSAアッセイの結果．SampleはTALEN発現ベクターpYS_004-TALEN，SSAアッセイ用ベクターpYS_003-SSA，内部コントロール用ベクターpYS_003-hRlucを，NCはネガティブコントロールとして，pYS_003-SSA, pYS_003-hRlucのみを導入したサンプルを示す

プロトコル

1. TALENの設計

❶ TALEN Targeter（http://tale-nt.cac.cornell.edu/）を使用し，標的遺伝子のゲノム配列を検索，RVDの配列を設計する（詳しくは基本編3，実践編1を参照）

❷ TAIR（http://www.arabidopsis.org/index.jsp）などのシロイヌナズナゲノムデータベースを使用し，❶で得られた候補配列についてオフターゲット配列の有無を確認する

2. タバコBY-2培養細胞を用いたTALENの活性評価（SSAアッセイ）

SSAアッセイの原理は基本編4を参照のこと．

❶ 植継ぎ1週間後のBY-2培養液2 mLを新しい培地100 mLへ植継ぐ（×2本）

❷ 26℃，130 rpm，暗所で3日間振盪培養する

❸ 4本の50 mLチューブに継代3日目の培養液100 mLを25 mLずつ分注する

❹ 室温，400×g，5分間遠心分離し，上澄みを取り除く

❺ 培養液100 mLをさらに分注し，再度遠心分離，上澄みを取り除く（細胞体積約5〜10 mLまで上澄みを取り除ければよい）

❻ Cell wall digestion solution without enzymesを各チューブに25 mLまで加え，軽く混ぜる

❼ 室温，400×g，5分間遠心分離し，上澄みを取り除く

❽ 2本分の細胞を1本にまとめ，再度遠心分離し，上澄みを取り除く

❾ Cell wall digestion solution with enzymesを30 mLまで加える（30 mL×2）

❿ それぞれを90 mm深型シャーレへ移し，サージカルテープで巻く

⓫ 25℃，暗所でオーバーナイトインキュベートし細胞壁を分解しプロトプラストを調製する[*1]

> *1 プロトプラストは細胞壁をもたない．これ以降，プロトプラストが壊れないように，慎重に操作する．

⓬ 各シャーレ中の細胞を2本の50 mLチューブへ分注し，室温，100×gで5分間遠心分離する

⓭ 上澄みを取り除き，ゆっくり混ぜ，10 mLのCell wall digestion solution without enzymesを各チューブに加える

⑭ 室温，100×gで5分間遠心分離し，上澄みを取り除く

⑮ 10 mLのW5 solutionを加え，ゆっくりと混ぜる

⑯ 室温，100×gで5分間遠心分離し，上澄みを取り除く

⑰ 10 mLのW5 solutionを加え，ゆっくりと混ぜる．溶液を一部サンプリングし，血球計測盤を用いてプロトプラスト濃度を測定する

⑱ 室温，100×gで5分間遠心分離し，上澄みを取り除く

⑲ 細胞濃度が1×10^5 cells/mLとなるように，プロトプラストをMMM solutionに懸濁し，プロトプラスト溶液とする

⑳ SSAアッセイベクター2 pmol，TALEN発現ベクター2 pmol，hRlucベクター0.5 pmolを含むプラスミドDNA（図2A）の混合液を5 mLチューブ中で調製する（total 30 μL以下）

㉑ プロトプラスト溶液300 μL，PEG solution 300 μLを加え，優しく混合する

㉒ 室温で10〜20分間インキュベートする

㉓ 4 mLのW5 solutionを加え，優しく混合する

㉔ 室温，100×gで5分間遠心分離し，上澄みを取り除く

㉕ MS + Sucrose solution 200 μLを加え，プロトプラストを再懸濁する

㉖ 25℃，暗所で1日間インキュベートし，導入した遺伝子を一過性発現させる

㉗ インキュベートしたプトロプラスト溶液に50 μLの5×Passive Lysis Buffer（Dual-Luciferase Reporter Assay Systemに含まれる）を加え，よく混合する．15分間放置

㉘ ㉗の20 μLに100 μLのLAR II溶液を加え，ルミカウンターを用いてホタルルシフェラーゼの発光（LUC）を測定する

㉙ 測定が完了したら，㉘の溶液に100 μLのStop & Glo Reagentを加え，ウミシイタケルシフェラーゼ（Rluc）の発光を測定する

㉚ LUC/Rlucを算出し，切断活性の指標とする

　　ここではポジティブコントロールの1/2以上の値が得られれば，活性を確認できたこととしている．

3. アグロバクテリウムを用いたシロイヌナズナ形質転換

❶ 2で活性のみられたTALEN発現ベクターをアグロバクテリウムに導入する

われわれの研究室では，エレクトロポレーション法を用いて*A. tumefaciens* GV3101

(pMP90)株の形質転換を行っている．

❷ **得られたアグロバクテリウムを適当なシロイヌナズナ植物体へ感染させる**

われわれの研究室ではフローラルイノキュレーション法[4]によってシロイヌナズナ形質転換を行っている[*2]．

*2 シロイヌナズナの形質転換に一般的に用いられているフローラルディッピング法も可能である．

4. ゲノムPCRによる変異検出法

以下，シロイヌナズナからのゲノム抽出法を解説するが，PCRの鋳型として利用可能な精製度のゲノムDNAが抽出可能であれば，他の方法で抽出を行って問題ない．

❶ 薬剤選抜した形質転換個体から1 cm^{2}程度のロゼット葉を2 mLチューブへ回収する

⬇

❷ 直径3 mmのTungsten Carbide Beads 2個をチューブへ加え，サンプルを液体窒素で凍結させる

⬇

❸ ボルテックスにより細胞を破砕し，400 μLの抽出バッファー〔200 mM Tris-HCl (pH7.5)，250 mM NaCl，25 mM EDTA，0.5% SDS〕を加え，再度ボルテックスする

⬇

❹ 遠心分離（4℃，14,000 rpm，5分）し，上澄み300 μLを1.5 mLチューブへ回収する

⬇

❺ 300 μLのイソプロパノールを加え混合後，再度遠心分離する

⬇

❻ 液体を取り除き，ペレットに500 μLの冷70%エタノールを加える

⬇

❼ 遠心分離し，液体を取り除く

⬇

❽ ペレットを乾燥後，100 μLの1/10 TE Buffer〔10 mM Tris-HCl (pH7.5)，0.1 mM EDTA〕を加え，50℃，10分間インキュベートする

⬇

❾ ボルテックス後，遠心分離（4℃，14,000 rpm，5分）し，上澄みを新しいチューブへ回収する

⬇

❿ ❾で回収した溶液を鋳型として，TALEN標的配列を含む領域をPCRにより増幅させる

われわれはPrimeSTAR Max（タカラバイオ社）を用いている．

⬇

⓫ 増幅産物をポリアクリルアミドゲルで泳動し，泳動度を確認する

適当な濃度のポリアクリルアミドゲルを用いることで，数塩基の欠損を検出することが可能である[*3,4]．

*3 200〜500 bpの増幅産物を5〜12%ポリアクリルアミドゲルで泳動することで，数塩基の欠損を検出することが可能（HMA）．

*4 TALEN標的配列のスペーサー部位に適当な制限酵素サイトがある場合は，制限酵素処理により変異の有無を確認すること（RFLP）が可能である（基本編4ならびに本稿図4A）．

⬇

❷ 変異誘導が示唆される増幅産物について直接，あるいはサブクローニング後，シークエンシングによって標的配列への変異導入の有無を確認する

実験例

われわれの研究室では，植物が生産する多様な特化（二次）代謝産物，なかでもトリテルペノイドと総称される一群の化合物の生合成機構ならびにそれら化合物の生理機能に関する研究を行っている．オレアノール酸は多くの双子葉植物が生産するトリテルペノイドの一種であり，動物細胞に対するさまざまな生理活性が報告されている一方で植物そのものにおける生理学的な意義については不明な点が多い化合物である．本稿ではシロイヌナズナにおいてオレアノール酸生合成遺伝子の1つとして機能していることが強く示唆される*CYP716A2*遺伝子についてTALENを利用した遺伝子破壊を試みたのでその実験例を報告する．

*CYP716A2*遺伝子の異なる3カ所をそれぞれ認識するTALENペア（図3A〜C）を作製し，SSAアッセイにより切断活性を測定した．3組すべてのTALENペアにおいてポジティブコントロール（TALEN-HPRT1）の半分ほどの活性が確認された（図2B）．そこで，これらTALENペアの発現ベクターをシロイヌナズナに導入した．得られたT1植物体からゲノムDNAを抽出し，TALEN標的配列を含む領域をPCRにより増幅した．増幅産物を適当な制限酵素処理後（スペーサー領域中に制限酵素サイトを含む場合；図4A），あるいは直接ポリアクリルアミドゲルで泳動したところ，変異の導入を示唆する泳動パターンが観察された（図4B）．これらのPCR産物をサブクローニングし塩基配列を解析したところ，TALEN標的配列付近に3〜56塩基の欠失を確認した（未発表データ）．

シロイヌナズナには，今回TALENによる変異導入に成功した*CYP716A2*と機能が重複する

A)
CYP716A2_A_Left (16)
tCGGTGAACAAGATCTTcccttcttcaacgcagACCAGCTCTAAGGAAGa
aGCCACTTGTTCTAGAAgggaagaagttgcgtcTGGTCGAGATTCCTTCt
←······ 16 bp ······→ CYP716A2_A_Right (16)

B)
CYP716A2_B_Left (17)
tCTCATATGTTGATGAATataggagagaccaaagACGAGGATTTGGCTGATAAGa
aGAGTATACAACTACTTAtatcctctctggtttcTGCTCCTAAACCGACTATTCt
←······ 16 bp ······→ CYP716A2_B_Right (20)

C)
CYP716A2_C_Left (16)
tACATTCATATCATCATgctcatactttaaatACATATGTGCTGATCATa
aTGTAAGTATAGTAGTAcgagtatgaaatttaTGTATACACGACTAGTAt
←······ 15 bp ······→ CYP716A2_C_Right (17)

図3　TALEN 標的配列
シロイヌナズナ *CYP716A2* 遺伝子の異なる3カ所をそれぞれ認識するTALENペアー（A，B，C）の標的配列と，各TALENのRVD数，スペーサー長を示す

と示唆される相同遺伝子 *CYP716A1* が存在する．両遺伝子は5番染色体上の互いに近接した位置（両遺伝子コード領域間の距離は約10 kb）に存在しているため，各々の一重変異体の交配による二重変異体の作出は事実上不可能である．そこで，バイオリソースから取得が可能な *cyp716a1* 一重変異体に今回作製したTALENを導入することで，従来法では困難であった *cyp716a1* / *cyp716a2* 二重変異体の作製が可能となり，シロイヌナズナにおけるこれら遺伝子の機能ならびにオレアノール酸の生理機能を明らかとすることができると期待している．

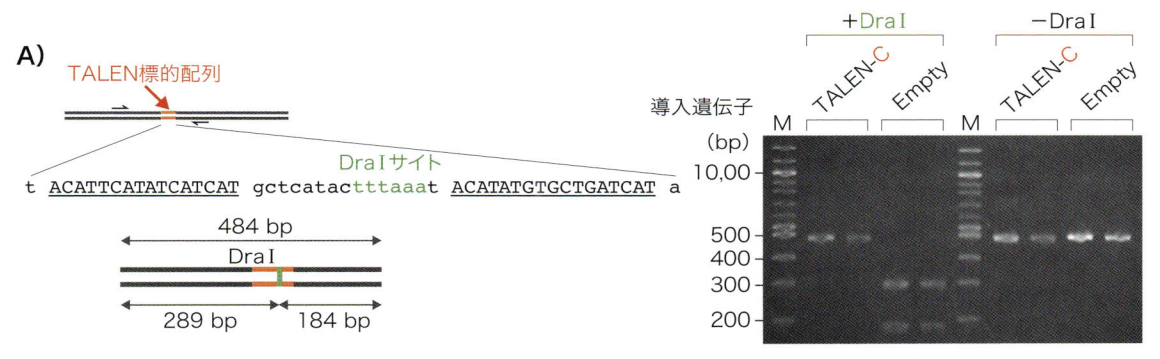

```
WT          :TTTACATTCATATCATCATGCTCATACTTTAAATACATATGTGCTGATCATAAA (-0/+0)
Transformant:TTTACATTCATATCATCATGCTCATA-----AATACATATGTGCTGATCATAAA (-5/+0)
```

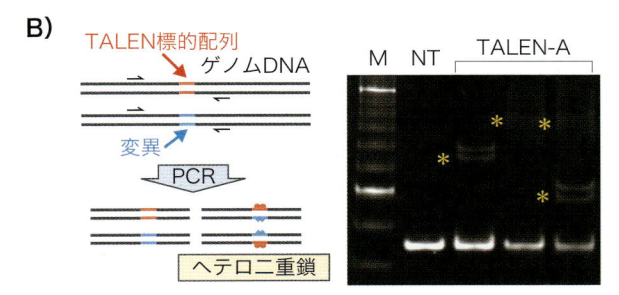

```
WT          :ATTCGGTGAACAAGATCTTCCCTTCTTCAACGCAGACCAGCTCTAAGGAAGAGG (-0/+0)
Transformant:ATTCGGTGAACAAGATCTTCCCTTC----ACGCAGACCAGCTCTAAGGAAGAGG (-4/+0)
```

図4　TALENによるシロイヌナズナ標的遺伝子の改変

A) 制限酵素処理による変異導入の確認（RFLP）．TALEN標的配列を含む領域をPCR増幅し，スペーサー配列中に切断部位をもつ制限酵素（DraⅠ）で処理した後電気泳動を行った．変異導入によりDraⅠサイトが破壊された場合には切断が起こらず約500 bpのバンドが検出される（TALEN-C，＋DraⅠ）．シークエンス解析により，切断されなかった断片ではスペーサー部位に欠失が導入されていることが確認された．**B)** ヘテロ二重鎖（heteroduplex）形成による変異導入の確認（HMA）．TALEN標的配列を含む領域をPCR増幅しポリアクリルアミドゲル電気泳動に供した．変異導入により，非形質転換体（NT）では検出されないヘテロ二重鎖形成に起因するバンド（黄色アスタリスクで示す）が検出された．シークエンス解析により，TALEN標的配列に欠失が導入されていることが確認された

おわりに

　今回紹介したTALENは広島大学山本研究室で開発された6-module Golden Gate法[3]を用いて作製した．今後，哺乳類培養細胞などで，より高い活性が報告されているPlatinum TALEN[5]を使用する，あるいは発現ベクターの最適化を進めることで，さらなる切断活性の向上が予想される．これにより，SSAアッセイによる初期スクリーニングを行わずに直接シロイヌナズナに導入しても効率的なゲノム改変が可能となると期待される．また，今回の実験例においては，恒常的な発現をもたらす35 Sプロモーターを用いてTALENを発現させたが，β-エストラジオールやデキサメタゾンなどの化学物質，あるいは熱による誘導型のプロモーターを用いることで，TALENの一過的発現が可能となり，オフターゲットへの変異導入の危険性を大きく減らすことができると考えられる[1]．

　昨年になりCRISPR/Cas9とよばれる新しいゲノム改変ツールが報告された．このシステムではガイドRNAの配列によってCas9エンドヌクレアーゼの標的配列が決定されるため，TALENやZFNなどの従来の人工ヌクレアーゼと比較して発現ベクターを容易に設計・作製でき，ゲノム編集に活発に利用されている（基本編1～3，実践編4を参照）．実際に，このシステムを用いることでさまざまな植物種においてゲノム編集が可能であることが示されてきている[6)7]．一方，認識配列がTALENなどより短いため，標的配列と似た配列を切断するオフターゲットの活性が高いことも知られており[8]，今後ガイドRNAの設計方法やCas9，ガイドRNAの発現方法などの改良が必要ではあるが，植物ゲノム編集におけるより強力なツールとなることが予想される．

　本稿ではモデル植物であるシロイヌナズナのゲノム改変の実験例を紹介したが，TALEN技術を用いることで，形質転換が可能な非モデル植物についても，特定遺伝子の改変が可能となる．特にジャガイモやコムギなどの倍数性作物に対して，複数アレルへの同時変異導入が可能であり，変異導入後に交配によって外来遺伝子を取り除くことが可能（図5）であるため，新しい植物育種技術（new plant breeding techniques：NBT）の1つとして，作物のゲノム育種への応用が期待される[9)10]．

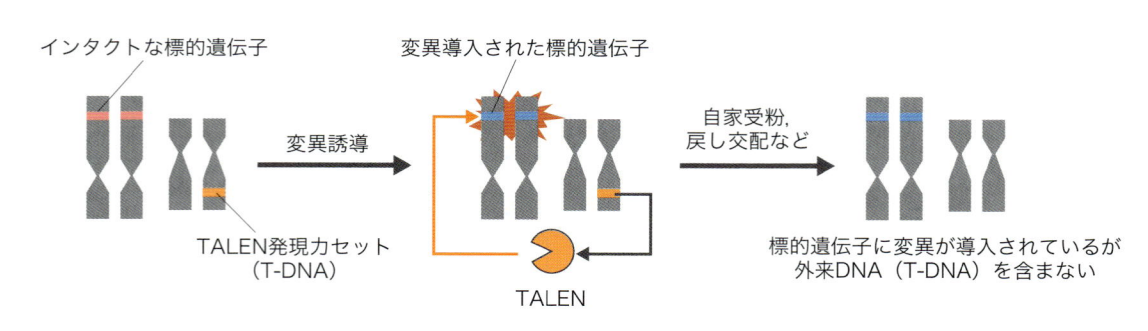

図5　TALENによるゲノム育種
TALENを含むT-DNAは植物ゲノム中にランダムに挿入される．標的配列へTALENによる変異が導入された後，自家受粉あるいは戻し交配などを行うことで標的配列がホモで不活化しているが，外来遺伝子であるT-DNAを含まない個体を作出することができる

◆ 文献

1） Christian, M. et al.：Genetics, 186：757-761, 2010
2） Li, T. et al.：Nat. Biotechnol., 30：390-392, 2012
3） Sakuma, T. et al.：Genes Cells, 18：315-326, 2013
4） Narusaka, M. et al.：Plant Biotechnol., 27：349-351, 2010
5） Sakuma, T. et al.：Sci. Rep., 3：3379, 2013
6） Jiang, W. et al.：Nucleic Acids Res., 41：e188, 2013
7） Shan, Q. et al.：Nat. Biotechnol., 31：686-688, 2013
8） Xie, K. & Yang, Y.：Mol. Plant, 6：1975-1983, 2013
9） Wang, Y. et al.：Nat. Biotechnol., 32：947-951, 2014
10） Sawai, S. et al.：Plant Cell, 26：3763-3774, 2014

◆ 参考図書

1） 『形質転換プロトコール《植物編》』（田部井 豊／編），化学同人，2012
　　…シロイヌナズナを含むさまざまな植物に関する形質転換法について詳細にまとめられている
2） 『新しい植物育種技術を理解しよう』（江面 浩，大澤 良／編著，植物分子デザイン第178委員会／監），国際文献社，2013
　　…ZFN，TALENによる植物のゲノム編集や他のNBTについて詳細にまとめられている

~先端的アプリケーション紹介~

ゲノム編集技術のレギュラトリーサイエンス

鎌田　博

事の発端

　動物ばかりでなく植物も含めて多様な生物におけるゲノム編集を行うための技術開発が進んでおり，それに伴って，規制，特に遺伝子組換え生物（GMO）に関する規制（カルタヘナ法ばかりでなく，食品衛生法や飼料安全法など）との関係が複雑になり，さまざまな議論が行われている．歴史的に見れば，植物・動物における品種改良は食料生産・食糧問題などとも密接に関係しており，昔から突然変異誘発や交配などによって遺伝子をさまざまに改良する試みが行われてきた．最近では，遺伝子組換え技術を含むさまざまな遺伝子改良技術を使うことが活発に行われ，ゲノム編集技術が開発されたことにより，目的遺伝子の改良がより正確に，より短期間に，より効率的に実行できるようになり，品種改良への活用が世界中で広く進められている．このような研究の進展を受け，植物の品種改良にゲノム編集を含めて多様な新技術（NBT：new plant breeding techniques と総称されている）を積極的に活用する機運が欧米では急速に高まり，世界の研究現状や実用化の時期などが調査・検討されてきた．実際，EUでは公的研究機関を中心に大々的な調査・検討が行われ，2012年には調査報告が公表された．検討された8つの技術の中にゲノム編集も入っており，この報告を機に，世界中で規制とのかかわりが議論されるようになった．

カルタヘナ法から見た基本的な考え方

　前述したNBTに関しては技術ごとにさまざまな側面があるので，規制との関係は単純ではないが，ゲノム編集に限定しても，規制との関係にはいろいろな考え方がある．そもそも，植物は細胞壁をもっており，動物で行われているような，人工ヌクレアーゼ（AN）をタンパク質あるいはmRNAとして細胞に導入して機能させることは難しい．そのため，ANを外来遺伝子としてゲノム中に挿入し，植物個体として育成（AN遺伝子を外来遺伝子としてもつ個体で，遺伝子組換え体である）する過程でANタンパク質が発現してゲノム編集が起こり，その後，非組換え体との交配をくり返すことで，AN遺伝子をもたないがゲノム編集は起こっている個体を選抜して新しい系統・品種として使うことが想定されている．最終的に育成されるこの系統は外来遺伝子をもたないことから，遺伝子組換え体として扱うのか否かが議論の争点となっている．実際，EUの遺伝子組換えに関する規制（GM規制）の基本的な考え方は，途中で使った技術によって規制の対象となるかどうかが決められる（プロセスベースの考え方）ため，一時的とはいえ，GMOとしての段階を経ると，一般的な解釈から言えば，外来遺伝子をもたないからと言って規制の対象外とはできないことになる．逆に，米国，カナダ，オーストラリアなどの主要国は，最終産物で安全性を評価する（プロダクトベースの考え方）ため，原則的に考えれば，最終産物に外来遺伝子がないことが確認されれば，GMOとしての規制は受けないことになる．日本はその中間的な立場であり，カルタヘナ法そのものは，遺伝子組換え技術を使ったものすべてを規制対象とすることになっており，セルフクローニング（SC）やナチュラルオカレンス（NC）のように自然界でも同じものが存在することが明白なものについては法の下にはあるが実際の規制を適用しないものとして例外的に扱うこととなっている．このため，カルタヘナ法が求める環境への影響や食品衛生法や飼料安全法が求める食品・飼料としての安全性評価の観点では，途中で使った技術というよりも，個別の最終産物の安全性（リスクの程度）が重要であり，プロダクトベースでの評価が実際には行われている．

　動物では，ANをタンパク質として細胞に導入する場合には，組換え核酸を導入するわけではないので，カルタヘナ法の適用を受けることはない．ただ，RNAを導入する場合には，組換え核酸を導入することになるので，解釈によっては一過的でも組換え体の扱いになる可能性は否定できない．実際，非増殖性の組換えRNAウイルスを使う場合，そのRNAウイルスが確実にいないことを証明しないとカルタヘナ法の適用を受け続けることになっている．したがって，植物でも動物でも，今後の議論のなかでは，外来遺伝子が完全に除去されていることをどのように証明するかが中心的な検討課題になろう．

ゲノムの変化から見た考え方

　一方，外来遺伝子が除かれているとしても，意図的にゲノム編集をした以上，その編集結果のリスクについて議論すべきであるとの考え方もある．実際，ゲノム編集の結果

として，塩基の欠失だけが起こっている場合には議論は単純だが，塩基置換や塩基の付加が起こっている場合，環境への影響や食品・飼料としての安全性に新たなリスクが生じる可能性は否定できないため，育成された個々の系統・品種ごとに，ゲノム編集で実際に何が起こっているかを示して個別に判断をすべきであるとの意見は多い．この議論は遺伝子組換え体であるか否かの議論とは別の議論であり，突然変異を含めてリスクをどうとらえて対処するかが問われている．実際，カナダの法律では，必ずしも遺伝子組換え技術を使ったものばかりでなく，突然変異で育成したものであっても，除草剤耐性などの新しい農業形質をもつものについては法の規制の対象となっている．しかし，多くの国では，既存の農作物（もちろん突然変異で育成されたものを含む）や既存の食品がもつリスクは認めたうえで，既存のもの以上のリスクがなければ容認するものとしており，だからこそ，既存の農作物・品種や食品をリスク評価における比較対象物として利用している．カナダのような考え方を適用すると，突然変異（人為突然変異を含む）もすべて規制の対象となる．既存のものはリスクがあっても容認するとの立場を取っているからこそ，SCやNCも規制の対象外としているわけであり，その根底をひっくり返すかどうかが今後の議論の大きな争点になる．そう考えると，塩基欠失のように自然突然変異でも容易に起こりうると考えられる変化と数塩基置換や塩基挿入のような複雑な変化は同じように自然界でも起こりうることかどうかを含め，リスクに対する考え方を徹底的に議論する必要があろう．また，カルタヘナ法では，規制の対象を動物や植物に限っているわけではなく，微生物や病原ウイルスも対象としており，欠失だからリスクが低いと単純に結論するには問題があるとの指摘もある．

いずれにしても，前述のような考え方をする場合，狙った遺伝子の位置での変化であればどのような変化が起こったかを明らかにすることができ，リスクの程度を議論できるが，オフターゲットで予期せぬ変化が起こった場合，それをどのように検証するかは大きな課題である．したがって，技術開発のなかでも，オフターゲットでの変化が起きないような工夫が求められる．

規制に関する議論の今後

現在，国内では，関係省庁（文部科学省，農林水産省，厚生労働省，環境省など）でゲノム編集を含めて規制との関係が議論されており，結論は出ていない．一方，世界でもほぼ同じような議論が進んでおり，科学的な意見表明をしている国もあるが，米国を含め，行政としてどのように対応するかの結論が出ている国はない．ゲノム編集を含めて新技術を使って育成した品種・系統は世界中で利用（基礎研究・応用研究・実用化のどの段階であれ）されることから，国ごとに規制の考え方や対応が異なる事態は回避しようとの努力がなされており，2014年の2月から，OECD（経済協力開発機構）で議論をはじめることが決定されている．いつ最終結論が出るかは予想できないが，新技術がその利点を最大限に発揮し，研究・実用化の中で効果的に活用されていくためにも，世界が協調して対処することが重要であろう．

INDEX

数字・欧文

- 136/63タイプ …………………… 49
- 153/47タイプ …………………… 49
- 2-cell embryoアッセイ ………… 113
- 2段階インジェクション ………… 89
- 3C法 …………………………… 43

A～C

- Addgene …… 23, 24, 27, 31, 43, 46, 84, 96, 110, 141, 151, 164, 171
- BACベクター ………………… 82
- BestGene ……………………… 133
- BmBLOS2 ……………………… 147
- Bowtie ………………………… 98
- CAGプロモーター …………… 75
- Cas9 ……………………… 11, 170
- Cas9n ………………………… 107
- CBh-SpCas9 …………………… 28
- Cel-I …………………………… 33
- Cel-Iアッセイ …… 34, 92, 113, 186
- Cel-Iヌクレアーゼ ………… 34, 112
- *Cetn1*遺伝子 ………………… 96
- CNV ……………………… 8, 73, 79
- CoDA法 ……………………… 10
- Cre-lox ……………………… 39
- Cre-loxP ……………………… 81
- CRISPR/Cas9 … 8, 10, 46, 73, 95, 109, 149, 169
- CRISPR/Cas9システム ……… 95
- CRISPR/Cas9ダブルニッカーゼ … 120
- CRISPR/Cas9の設計法と作製法 … 56
- CRISPR/Casシステム ………… 11
- CRISPR Genome Engineering Resources ………………… 98
- CRISPR Design Tool …… 98, 110
- CRISPR干渉 ………………… 107
- crRNA ………………………… 11

D～F

- D10A ………………………… 120
- dCas9 ………………………… 107
- *de novo*変異 ………………… 14
- *D. melanogaster* ……………… 130
- DNA–FISH …………………… 159
- DNAシークエンシング ……… 34
- DNA結合モチーフ …………… 9
- double nicking ……………… 107
- DSB ………………………… 8, 15
- DT40細胞 …………………… 81
- EMS ………………………… 14
- enChIP法 …………………… 42
- ENU ………………………… 14
- epiLITE ……………………… 19
- ES細胞 …………………… 14, 62
- ES培地 ……………………… 64
- Exo1 …………………… 16, 117
- F0ファウンダースクリーニング … 175
- FGF3 ………………………… 166
- FLP-FRT ……………………… 39
- Flybase ……………………… 132
- Fok I ………………………… 9

G～I

- G0世代 ……………… 135, 162, 167
- germline mutation rate ……… 140
- germline transmission …… 80, 91, 117
- GFP ………………………… 95
- GFPアッセイ ………………… 99
- Gibson Assembly …………… 28
- GMO ………………………… 200
- GM規制 ……………………… 200

- Golden Gate TALEN and TAL Effector Kit 2.0 ………… 23, 141
- Golden Gateアセンブリー …… 23
- Golden Gateキット ………… 23
- Golden Gate法 … 52, 131, 142, 198
- gRNA …………………… 11, 170
- H840A ……………………… 120
- HAC ………………………… 82
- HAC/MACベクター ………… 82
- hCas9 ……………………… 98
- HDR ………………………… 92
- HEK293T細胞 ……………… 100
- HIV ………………………… 21
- HMA … 33, 34, 126, 128, 171, 176, 185
- HR …………………… 15, 30, 31
- iChIP ………………………… 42
- *in vitro*転写 ……………… 113
- *in vivo*ゲノム編集 ………… 83, 92

K～N

- KSOM胚培養液 ……………… 103
- *laccase2* …………………… 155
- LacZ回復アッセイ …………… 32
- LacZ破壊アッセイ …………… 32
- Lig4 ………………………… 16
- MAC ………………………… 82
- MEGAclear Kit ……………… 132
- MMEJ ……………………… 31
- mMessage mMachine T7 Ultra Kit ……………………… 132, 150
- Mouse Genome Informatics …… 98
- mRNA …… 86, 110, 124, 132, 142, 151, 173, 183
- NBT ………………………… 198, 200
- NHEJ …………………… 15, 92
- Nucleofection …………… 74, 77

Nucleofector 74

O〜R

OPEN法 10
PAM 11, 57, 98, 120
pBlueTAL 142
pCAG-EGxxFP 31, 96
PiggyBac 19, 39
Platinum Gate TALEN Kit
　............ 23, 26, 46, 47
Platinum Gateキット 26, 27
Platinum Gateシステム 25
Platinum TALEN
　......... 84, 117, 124, 131, 181, 198
Pleurodeles waltl 180
pSpCas9 (BB) 28
pX330 .... 28, 46, 56, 96, 106
pX330-U6-Chimeric_BB-CBh-hSpCas9
　..................... 56
pX458 56
pX459 56
QIAquick PCR Purification Kit
　..................... 132
RFLP解析 33, 34, 90, 185
RNA誘導型ヌクレアーゼ 11
*Rosa26*遺伝子 70
RVD 10, 49, 142

S〜U

sgRNA 11
SNP 16, 39, 40, 105, 131
SNV 83, 85
SpCas9 11
SSAアッセイ ... 31, 84, 192, 194, 196
ssODN 16, 18, 39, 118, 186
Stbl3 47
SURE2 47
SURVEYOR/Cel-I 141
SURVEYOR Mutation Detection Kits
　............ 112, 142, 151, 154
TALE 10
TAL Effector Nucleotide Targeter
　(TALE-NT) 2.0
　............ 48, 110, 142, 172
TALE-GFP 159
TALE-LSD1 19
TALE-mClover 159
TALEN ... 8, 10, 23, 46, 62, 73, 83,
　109, 122, 130, 140, 149,
　161, 169, 180, 189
TALEN Construction and Evaluation
　Accessory Pack 25
TALENoffer 142
TALENの設計法と作製法 46
TALE-TET1 19
TALエフェクター 10
TAクローニング
TGV 159
TLRアッセイ 31
tracrRNA 11
Trex2 16
U6-gRNA 28
U6プロモーター 102
UCSCゲノムブラウザー 65

X〜Z

Xenopus laevis 180
Xenopus tropicalis 180
XL10-Gold 47, 56
XL1-Blue 47, 56
Yamamoto Lab TALEN Accessory
　Pack 141
ZFN 8, 149
ZFモジュール 9

和文

あ行

アクセサリーパック 25
アグロバクテリウム ... 189, 194, 195
アフリカツメガエル 180
アルビノ 187
アレイプラスミド 27, 47
アンプリコンシークエンシング ... 35
一塩基多型 16
一塩基多型/変異 83
一本鎖ヌクレオチド 106
遺伝子改変ラット 109
遺伝子組換え生物 200
遺伝子座特異的クロマチン免疫沈降法
　..................... 43
遺伝子ターゲティング ... 14, 63, 71
遺伝子ノックアウト 15, 36
遺伝子ノックイン 15, 39
遺伝子破壊 18
遺伝性疾患 14
イベリアトゲイモリ 180
イメージング 159
エイズ 21
エキソヌクレアーゼ1 117
エピゲノム改変 12
エピゲノム編集 18
エレクトロポレーション
　............ 74, 112, 162, 165, 194
オフターゲット 91, 117, 198
オフターゲット検索 98
オフターゲット効果 62, 157
オフターゲット配列 62
オリゴDNA 84, 86
オレアノール酸 196

か行

カイコ·················· 140
開始コドン·············· 130
核内ゲノムイメージング···· 159
カタユウレイボヤ········· 162
活性評価法············ 29, 32
過排卵·················· 114
ガラスキャピラリー··· 116, 135, 152
カルタヘナ法············· 200
環状プラスミドDNA ······ 102
キイロショウジョウバエゲノム··· 130
偽妊娠マウス·············· 85
偽妊娠ICR雌マウス········ 97
キメラ染色体·············· 18
キメラマウス·············· 14
逆位······················ 17
組換えP因子············· 130
くり返し配列·············· 65
蛍光タンパク質··········· 165
蛍光タンパク質遺伝子····· 163
欠失······················ 17
ゲノミックPCR ··········· 69
ゲノムPCR ·············· 136
ゲノム育種··············· 198
ゲノム解析··············· 165
ゲノム編集コンソーシアム··· 41
ゲノム編集ツール··········· 8
顕微注入············ 102, 167
高解像度融解（HRM）曲線分析 ··· 35
コオロギ················· 149
小型魚類················· 169

さ行

最終ベクター··········· 27, 47
細胞質··················· 89
細胞周期·················· 64
細胞毒性·················· 62
サロゲートレポーター······ 30
シークエンス·············· 90
ジェノタイピング······ 116, 146
次世代シークエンサー······ 93
次世代シークエンス法······ 43
質量分析·················· 43
受精卵
 ··· 84, 87, 115, 132, 164, 173, 184
受精卵移植··············· 115
ショウジョウバエ········· 130
ショウジョウバエ遺伝資源センター
 ····················· 132
植物···················· 189
シリコーンオイル········· 133
シロイヌナズナ··········· 189
ジンクフィンガーヌクレアーゼ···· 8
シングルストランドアニーリング··· 30
人工染色体ベクター········ 81
人工ヌクレアーゼ··········· 8
スペーサー············ 49, 142
制限酵素·················· 85
生殖系列················· 130
生殖系列移行·············· 80
生殖腺··················· 122
ゼブラフィッシュ········· 169
セレクションマーカー······ 17
前核······················ 89
染色体改変················ 73
染色体工学············ 73, 81
染色体操作················ 73
染色体編集················ 17
線虫···················· 122
相同組換え················ 15
相補性テスト············· 135

た行

ターゲティングカセット···· 65
ターゲティングストラテジー···· 64
ターゲティング戦略········ 36
ターゲティングベクター
 ············ 14, 18, 38, 75
タバコBY-2 ········· 189, 190
ダブルニッキング········· 107
ダブルノックアウト····· 16, 80
重複······················ 17
チロシナーゼ············· 117
チロシナーゼ遺伝子······· 186
電気穿孔法················ 74
転写調節領域······ 163, 164, 165
導入効率················· 166
特化（二次）代謝産物····· 196
トランスフェクション······ 68
トランスポゾン··········· 130
トリカイン処理··········· 175
トリテルペノイド········· 196
トリプルノックアウト······ 16

な行

ナショナルバイオリソース··· 111, 161
ニードルプラー··········· 135
ニッカーゼ············ 19, 120
ニッカーゼ化············· 120
ネッタイツメガエル······· 180
ノックアウト··········· 8, 109
ノックアウトマウス······ 83, 95
ノックイン······· 8, 18, 63, 109
ノックインマウス········ 83, 92
ノックインラット········· 117

は行

- バイナリーベクター… 189, 191, 192
- バランサー系統… 135
- ヒアルロニダーゼ溶液… 103
- 非相同組換え… 78
- 非相同末端結合… 15
- ヒトiPS細胞… 93
- ヒト細胞遺伝学… 14
- ヒト疾患モデル… 109
- ヒト人工染色体… 82
- ファウンダー… 116
- 部位特異的ヌクレアーゼ… 8, 15
- フタホシコオロギ… 149
- フレームシフト… 15, 16, 36
- フレームシフト変異… 130
- フローラルイノキュレーション法… 195
- フローラルディッピング法… 195
- プロトプラスト… 193, 194
- ヘテロ接合変異体… 155
- ヘテロデュプレックスモビリティアッセイ… 171
- ヘテロ二本鎖DNA… 174
- 変異導入率… 166
- 変異の検出法… 29, 33
- 変法Golden Gate反応… 58
- 哺乳類培養細胞… 62, 68
- ホモ接合変異体… 154
- ホモジーアーム… 16, 38, 66, 86
- ホヤ… 161

ま行

- マイクロアレイ法… 43
- マイクロインジェクション… 114, 135
- マイクロインジェクション装置… 103
- マイクロチップ電気泳動装置… 177
- マイクロホモロジー… 31
- マイクロマニピュレーター… 111, 134
- マウス… 83
- マウスES細胞… 62, 75
- マウス人工染色体… 82
- メダカ… 169
- モザイク個体… 105
- モザイク性… 167
- モジュール… 9
- モジュールプラスミド… 27, 47
- モジュラーアセンブリー法… 10

や行

- 薬剤選抜… 37, 39
- 薬剤耐性遺伝子… 37, 63

ら行

- ラット… 109
- ラット線維芽細胞… 110
- 卵管内移植… 116
- ランダムインテグレーション… 67
- 両生類… 180
- リン酸カルシウム法… 97
- ルミカウンター… 194
- レギュラトリーサイエンス… 200
- レポーターアッセイ… 29
- レポーター遺伝子… 162

執筆者一覧

◆編 集

山本 卓	広島大学大学院理学研究科

◆執筆者 ［五十音順］

相田知海	東京医科歯科大学難治疾患研究所
安齋 賢	京都大学大学院農学研究科
伊川正人	大阪大学微生物病研究所
石久保春美	東京医科歯科大学難治疾患研究所
宇佐美貴子	東京医科歯科大学難治疾患研究所
蝦名博貴	京都大学ウイルス研究所
大内淑代	岡山大学大学院医歯薬学総合研究科
押村光雄	鳥取大学大学院医学系研究科／鳥取大学染色体工学研究センター
落合 博	広島大学大学院理学研究科
香月康宏	鳥取大学大学院医学系研究科／鳥取大学染色体工学研究センター
金子武人	京都大学大学院医学研究科附属動物実験施設
鎌田 博	筑波大学生命環境系／筑波大学遺伝子実験センター
川原敦雄	理化学研究所生命システム研究センター／山梨大学医学教育センター
木下政人	京都大学大学院農学研究科
小柳義夫	京都大学ウイルス研究所
近藤武史	理化学研究所発生・再生科学総合研究センター
坂根祐人	広島大学大学院理学研究科
佐久間哲史	広島大学大学院理学研究科
佐々木陽香	筑波大学下田臨海実験センター
笹倉靖徳	筑波大学下田臨海実験センター
杉 拓磨	京都大学物質-細胞統合システム拠点／科学技術振興機構 さきがけ
鈴木賢一	広島大学大学院理学研究科
關 光	大阪大学大学院工学研究科
大門高明	農業生物資源研究所
内匠 透	理化学研究所脳科学総合研究センター／広島大学大学院医歯薬保健学研究院／科学技術振興機構CREST
竹内 隆	鳥取大学医学部生命科学科
田中光一	東京医科歯科大学難治疾患研究所／東京医科歯科大学脳統合機能研究センター／科学技術振興機構CREST
野地澄晴	徳島大学
野村 淳	理化学研究所脳科学総合研究センター／広島大学大学院医歯薬保健学研究院
林 茂生	理化学研究所発生・再生科学総合研究センター
林 利憲	鳥取大学医学部生命科学科
久野 悠	理化学研究所生命システム研究センター
藤井穂高	大阪大学微生物病研究所
藤原祥高	大阪大学微生物病研究所
真下知士	京都大学大学院医学研究科附属動物実験施設
三戸太郎	徳島大学大学院ソシオテクノサイエンス研究部
宮成悠介	自然科学研究機構 岡崎統合バイオサイエンスセンター
村中俊哉	大阪大学大学院工学研究科
安本周平	大阪大学大学院工学研究科
山本 卓	広島大学大学院理学研究科
吉田慶太	筑波大学下田臨海実験センター
吉見一人	京都大学大学院医学研究科附属動物実験施設
渡辺崇人	徳島大学大学院ソシオテクノサイエンス研究部（現：徳島大学農工商連携センター）
和田宝成	理化学研究所発生・再生科学総合研究センター
Nicholas Treen	筑波大学下田臨海実験センター

◆ 編者プロフィール ◆

山本　卓（やまもと　たかし）

1989年，広島大学理学部卒業，'92年，同大学大学院理学研究科博士課程中退．博士（理学）．'92〜2002年，熊本大学理学部助手．'02年，広島大学大学院理学研究科数理分子生命学専攻講師，'03年，同大助教授，'04年より同大教授．'12年よりゲノム編集コンソーシアム代表．研究テーマは，ゲノム編集のツール・技術開発と初期発生における細胞分化機構の解明．
E-mail：tybig@hiroshima-u.ac.jp

実験医学別冊 最強のステップUPシリーズ

今すぐ始めるゲノム編集
TALEN & CRISPR/Cas9 の必須知識と実験プロトコール

2014年4月10日　第1刷発行	編　集	山本　卓
2015年2月20日　第2刷発行	発行人	一戸裕子
	発行所	株式会社　羊　土　社
		〒101-0052
		東京都千代田区神田小川町2-5-1
		TEL　　03（5282）1211
		FAX　　03（5282）1212
ⓒ YODOSHA CO., LTD. 2014		E-mail　eigyo@yodosha.co.jp
Printed in Japan		URL　　http://www.yodosha.co.jp/
ISBN978-4-7581-0190-5	印刷所	株式会社加藤文明社

本書に掲載する著作物の複製権，上映権，譲渡権，公衆送信権（送信可能化権を含む）は（株）羊土社が保有します．
本書を無断で複製する行為（コピー，スキャン，デジタルデータ化など）は，著作権法上での限られた例外（「私的使用のための複製」など）を除き禁じられています．研究活動，診療を含み業務上使用する目的で上記の行為を行うことは大学，病院，企業などにおける内部的な利用であっても，私的使用には該当せず，違法です．また私的使用のためであっても，代行業者等の第三者に依頼して上記の行為を行うことは違法となります．

JCOPY　＜（社）出版者著作権管理機構　委託出版物＞
本書の無断複写は著作権法上での例外を除き禁じられています．複写される場合は，そのつど事前に，（社）出版者著作権管理機構（TEL 03-3513-6969，FAX 03-3513-6979，e-mail：info@jcopy.or.jp）の許諾を得てください．

「今すぐ始めるゲノム編集」広告 INDEX

広告資料請求サービス

- (株) アイカムス・ラボ ・・・・・・・・・・・・・・・・・・・・・・・・・・・・・・・ 後付1
- (株) アプロサイエンス ・・・・・・・・・・・・・・・・・・・・・・・・・・・・・ 後付6
- (株) 医学生物学研究所 ・・・・・・・・・・・・・・・・・・・・・・・・ 記事中94
- エッペンドルフ (株) ・・・・・・・・・・・・・・・・・・・・・・・・・・・・・・・ 後付7
- 住商ファーマインターナショナル (株) ・・・・・ 記事中44, 108
- ネッパジーン (株) ・・・・・・・・・・・・・・・・・・・・・・・・・・・ 後付8, 表3
- ライフテクノロジーズジャパン (株) ・・・・・・・・・・・・・・・・・・ 表2
- 和光純薬工業 (株) ・・・・・・・・・・・・・・・・・・・・・・・・・・・ 記事中13

(五十音順)

【PLEASE COPY】

▼広告製品の詳しい資料をご希望の方は、この用紙をコピーしFAXでご請求下さい。

	会社名	製品名	要望事項
①			
②			
③			
④			
⑤			

お名前（フリガナ）	TEL.　　　　　　　　　FAX.
	E-mail アドレス
勤務先名	所属
所在地（〒　　　　）	

ご専門の研究内容をわかりやすくご記入下さい

FAX：03 (3230) 2479　　E-mail：adinfo@aeplan.co.jp　　HP：http://www.aeplan.co.jp/

広告取扱　エー・イー企画

「実験医学」別冊
最強のステップUPシリーズ
今すぐ始めるゲノム編集

未来をつなぐ、可能性をひらく、革新的なピペット誕生。

アイカムス・ラボのマイクロメカトロニクス技術が研究の新しい可能性をひらきます。
手軽で高性能な新しいピペットの登場です。

pipetty®

- 世界初！「ペン型」電動ピペット
- ピンポイントの位置に容易に連続分注
- 小型・軽量で作業が楽
- リアルタイムPCR、電気泳動に最適
- Made in Japan の高信頼性とサポート

タイプ	容量
20μLタイプ	1〜20μL
250μLタイプ	10〜250μL
1000μLタイプ	50〜1000μL

iCOMES® 株式会社アイカムス・ラボ

〒020-0857 岩手県盛岡市北飯岡一丁目8番25号
TEL：019-601-8228　FAX：019-601-8227
URL：http://www.icomes.co.jp　Mail：pipetty@icomes.co.jp

バイオサイエンスと医学の最先端総合誌

実験医学

医学・生命科学の最前線がここにある！
研究に役立つ確かな情報をお届けします

定期購読のご案内

【月刊】毎月1日発行　B5判
定価（本体2,000円+税）

【増刊】年8冊発行　B5判
定価（本体5,400円+税）

定期購読の ❹ つのメリット

1 注目の研究分野を幅広く網羅！
年間を通じて多彩なトピックを厳選してご紹介します

2 お買い忘れの心配がありません！
最新刊を発行次第いち早くお手元にお届けします

3 送料が掛かりません！
国内送料は小社が負担いたします

4 「実験医学WEB特典β」をお使い頂けます！
ご契約期間中に小社ホームページのWEBブラウザ上で
"月刊誌の最新号"を閲覧いただけるサービスです

※定期購読期間中に羊土社HP会員メニューからご利用いただけます
※詳しくは実験医学online の「定期購読のご案内」ページをご覧ください

定期購読料　送料サービス
※海外からのご購読は送料実費となります

☐ **月刊（12冊／年）のみ**
1年間　12冊　24,000円+税

☐ **月刊（12冊／年）＋ 増刊（8冊／年）**
1年間　20冊　67,200円+税

毎号払いでの定期購読もお申し込みいただけます

お申し込みは最寄りの書店，または小社営業部まで！

発行　**羊土社**
TEL 03 (5282) 1211
FAX 03 (5282) 1212
MAIL　eigyo@yodosha.co.jp
WEB　www.yodosha.co.jp　▶▶▶ 右上の「雑誌定期購読」ボタンをクリック！

羊土社おすすめ書籍

実験医学別冊
ES・iPS細胞実験スタンダード
再生・創薬・疾患研究のプロトコールと臨床応用の必須知識

中辻憲夫／監
末盛博文／編

世界に発信し続ける有名ラボが執筆陣に名を連ねた本書は、いままさに現場で使われている具体的なノウハウを集約。判別法やコツに加え、臨床応用へ向けての必須知識も網羅し、再生・創薬など「使う」時代の新定番です。

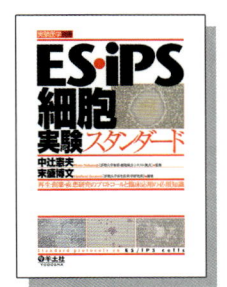

- 定価（本体7,400円＋税）
- B5判　358頁　ISBN 978-4-7581-0189-9

実験医学別冊
次世代シークエンス解析スタンダード
NGSのポテンシャルを活かしきるWET&DRY

二階堂愛／編

エピゲノム研究はもとより、医療現場から非モデル生物、生物資源まで各分野の「NGSの現場」が詰まった1冊。コツや条件検討方法などWET実験のポイントが、データ解析の具体的なコマンド例が、わかる！

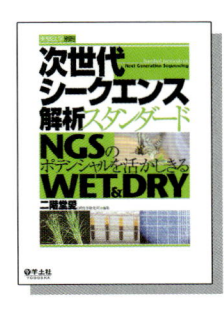

- 定価（本体5,500円＋税）
- B5判　404頁　ISBN 978-4-7581-0191-2

ライフハックで雑用上等
忙しい研究者のための時間活用術

阿部章夫／著

研究時間は楽しく生み出せ！ラボを主宰するなかで著者が編み出した、仕事の効率がぐっと上がるワザやアプリ活用法を大公開。PIになるためのノウハウも伝授します。雑用につぶされそうなあなたに、本書で幸せを！

- 定価（本体2,600円＋税）
- A5判　190頁　ISBN 978-4-7581-2052-4

バイオ画像解析手とり足とりガイド
バイオイメージングデータを定量して生命の形態や動態を理解する！

小林徹也, 青木一洋／編

代表的なソフトウェアの基本操作とともに、細胞数のカウント、シグナル強度の定量、形態による分類など、あらゆる用途に応用可能な実践テクニックをやさしく解説！イメージングデータを扱うすべての研究者、必読の1冊！

- 定価（本体5,000円＋税）
- A4変型判　221頁　ISBN 978-4-7581-0815-7

発行　羊土社 YODOSHA
〒101-0052　東京都千代田区神田小川町2-5-1　TEL 03(5282)1211　FAX 03(5282)1212
E-mail : eigyo@yodosha.co.jp
URL : http://www.yodosha.co.jp/

ご注文は最寄りの書店、または小社営業部まで

実験医学別冊　**「もっとよくわかる！」シリーズ**

もっとよくわかる！
幹細胞と再生医療

長船健二／著

ES・iPS細胞研究はここまで進んだ！
京大iPS研にラボをもつ現役研究者の書き下ろし！

■ 定価（本体3,800円＋税）　■ B5判　■ 174頁　■ ISBN978-4-7581-2203-0

もっとよくわかる！
感染症
～病原因子と発症のメカニズム

阿部章夫／著

病原体のもつ巧妙さと狡猾さが，豊富な図解でしっかりわかる！

■ 定価（本体4,500円＋税）　■ B5判　■ 277頁　■ ISBN978-4-7581-2202-3

もっとよくわかる！
脳神経科学
～やっぱり脳はスゴイのだ！

工藤佳久／著・画

ユーモアあふれるイラストに導かれ，脳研究の魅力を大発見！

■ 定価（本体4,200円＋税）　■ B5判　■ 255頁　■ ISBN 978-4-7581-2201-6

もっとよくわかる！
免疫学

河本　宏／著

複雑な分子メカニズムに迷い込む前に，
押さえておきたい基本をやさしく＆丁寧に解説！

■ 定価（本体4,200円＋税）　■ B5判　■ 222頁　■ ISBN 978-4-7581-2200-9

発行　**羊土社 YODOSHA**
〒101-0052　東京都千代田区神田小川町2-5-1　TEL 03(5282)1211　FAX 03(5282)1212
E-mail：eigyo@yodosha.co.jp
URL：http://www.yodosha.co.jp/

ご注文は最寄りの書店，または小社営業部まで

実験医学別冊　「最強のステップUP」シリーズ

miRNA研究からがん診断まで応用∞！
エクソソーム解析マスターレッスン
研究戦略とプロトコールが本と動画でよくわかる

落谷孝広／編

■ 定価（本体 4,900円＋税）　■ B5判　■ 86頁＋DVD　■ ISBN 978-4-7581-0192-9

直伝！フローサイトメトリー
面白いほど使いこなせる！

監／中内啓光
編／清田　純

目的の細胞を「確実に」「再現性よく」解析・分取する極意を直伝！

■ 定価（本体 5,800円＋税）　■ B5判　■ 278頁　■ ISBN978-4-7581-0188-2

原理からよくわかる
リアルタイムPCR 完全実験ガイド

編／北條浩彦

発現解析からジェノタイピング，コピー数解析までをやさしく解説！

■ 定価（本体 4,400円＋税）　■ B5判　■ 233頁　■ ISBN978-4-7581-0187-5

見つける，量る，可視化する！
質量分析 実験ガイド

ライフサイエンス・医学研究で役立つ機器選択，
サンプル調製，分析プロトコールのポイント

編／杉浦悠毅，末松　誠

"質量分析って何だか難しい"—そのハードル，飛び越えましょう！

■ 定価（本体 5,700円＋税）　■ B5判　■ 239頁　■ ISBN 978-4-7581-0186-8

発行　羊土社 YODOSHA
〒101-0052　東京都千代田区神田小川町2-5-1　TEL 03(5282)1211　FAX 03(5282)1212
E-mail：eigyo@yodosha.co.jp
URL：http://www.yodosha.co.jp/

ご注文は最寄りの書店，または小社営業部まで

CRISPR/Cas9 および XTN™ TAL Nuclease を用いた
遺伝子改変ラット/マウス作製受託サービス

標的部位のデザインからラット/マウス作製までお手伝いします。

- ノックアウト
- ノックイン（humanized, piggyBac™トランスポゾンによる Footprint-Free™ノックインなど）
- コンディショナルノックアウト

その他，薬効薬理試験・薬物動態試験・動物飼育なども受託しております．お気軽にご相談ください．

製品・受託サービスに関するご質問，お問い合わせはこちら
テクニカルサポート： 088-683-7211　info@aprosci.com

APRO 株式会社アプロサイエンス

[本社]
〒771-0360 徳島県鳴門市瀬戸町明神字板屋島124-4
TEL:088-683-7211　FAX:088-683-7212

[東京営業所]
〒101-0051 東京都千代田区神田神保町2-34-7 神保町ビル401
TEL:03-6272-9301　FAX:03-6272-9302

製品・受託サービスの最新情報はこちら　http://www.aproscience.com

羊土社おすすめ書籍

科研費獲得の方法とコツ　改訂第3版

実例とポイントでわかる申請書の書き方と応募戦略

著／児島将康

研究者のベストセラーを2013〜'14年度に合わせて改訂しました！ 改訂に際しては『実際の申請書例』を1本追加し，基金化に伴う繰り越し・前倒し使用などの最新情報も加筆．申請書の書き方を中心に，科研費の応募から採択・不採択後まで，門外不出のノウハウを実際の申請に沿って体系的に徹底して解説しています！

各大学・研究機関の科研費セミナーでも大好評！

■定価（本体 3,800 円+税）
■2 色刷り　■B5 判　■221 頁
■ISBN978-4-7581-2046-3

発行　羊土社 YODOSHA
〒101-0052　東京都千代田区神田小川町2-5-1　TEL 03(5282)1211　FAX 03(5282)1212
E-mail : eigyo@yodosha.co.jp
URL : http://www.yodosha.co.jp/

ご注文は最寄りの書店，または小社営業部まで

eppendorf

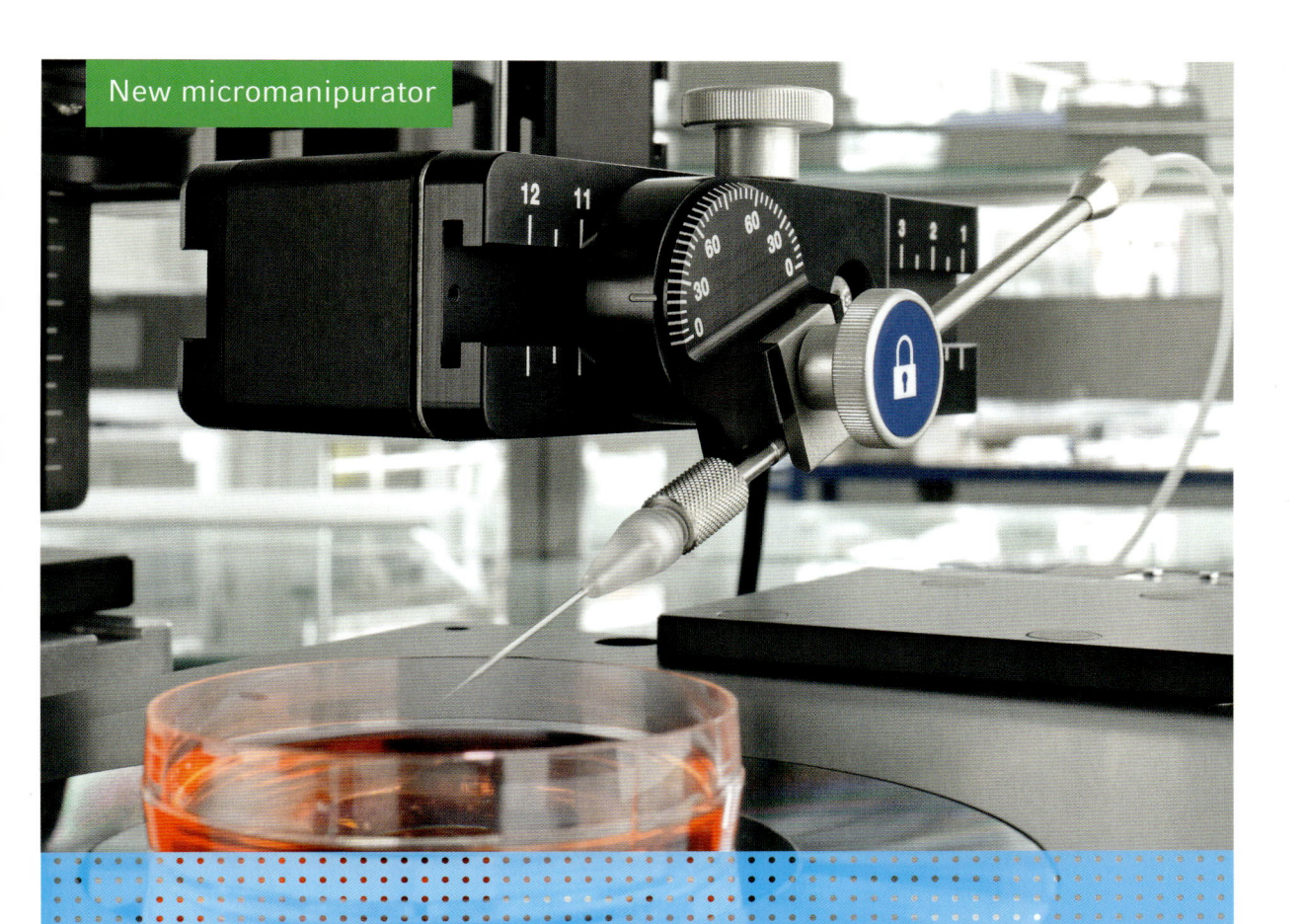

New micromanipurator

Smooth Operator

電動マイクロマニピュレーター TransferMan® 4r

浮遊細胞のマイクロマニピュレーションに最適な、扱いやすい電動タイプです。ES細胞やiPS細胞の移送、トランスジェニック動物の作製、ICSIなどに最適です。熟練を求められるマニピュレーションが初心者でも簡単に行えるよう様々な機能を備えています。

> ジョイスティックの動きに比例してキャピラリーが駆動するので、直感的な操作が可能です。
> ポジション保存や駆動範囲の制限などの機能により、ミスを防ぎ迅速に効率良く作業できます。
> 設置位置やキャピラリーの角度を柔軟に調整できます。

www.eppendorf.com
101-0031　東京都千代田区東神田 2-4-5　Tel: 03-5825-2361　Fax: 03-5825-2365　E-mail: info@eppendorf.jp
Eppendorf®, the Eppendorf logo and Eppendorf PiezoXpert® are registered trademarks of Eppendorf AG, Germany.
All rights reserved, including images and graphics. Copyright © 2014 by Eppendorf AG.

In Vitro & In Vivo エレクトロポレーション

NEPAGENE

最強の遺伝子導入装置、現る

最新テクノロジーにより、超高性能・小型化・軽量化を実現
スーパーエレクトロポレーター NEPA 21 Type II

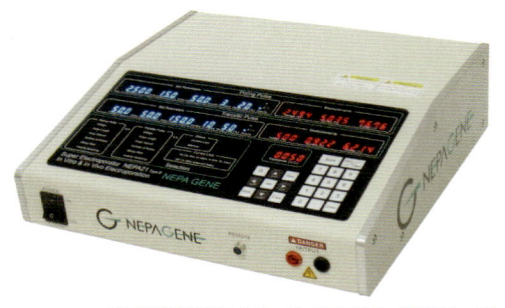

*下位機種 CUY21 シリーズ（CUY21SC・CUY21Pro-Vitro）のアプリケーションに全て対応しております。

◆ 原 理

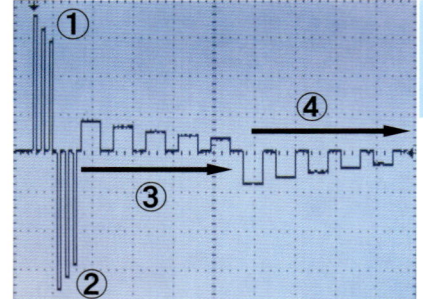

4ステップ式マルチパルス方式に減衰率設定機能（0～99%）が加わりエレクトロポレーションがさらに進化しました！！
細胞へのダメージを軽減して、導入効率が大幅に向上しました。

① ポアーリングパルス（高電圧・短時間・複数回・減衰率設定）：
　細胞膜に、微細孔を開けます。
　パルスを複数回・減衰率設定する事により、細胞へのダメージを軽減。
② 極性切替したポアーリングパルスにより、組織への EP にも対応。
③ トランスファーパルス（低電圧・長時間・複数回・減衰率設定）：
　遺伝子や薬剤を複数回に渡り細胞内に送り込みます。
④ 極性切替したトランスファーパルスにより、さらに導入効率が向上。

ES/iPS 細胞 キュベット　アプリケーション

ネッパジーン社が開発した NEPA21 スーパーエレクトロポレーターは、独自の 4 ステップ式マルチパルス方式に減衰率設定機能が加わり、遺伝子導入が困難と言われる ES 細胞・iPS 細胞やプライマリー細胞（初代細胞）へも高生存率・高導入効率を実現しました。
また、高価な専用試薬・バッファーは使用しないので、膨大なランニングコストが掛からず大変経済的です。

ヒトiPS細胞 GFP導入例	ヒトES細胞 GFP導入例	マウスES細胞 GFP導入例
導入後7日：継代後もコロニーで発現	左）導入後7日：良好コロニー、右）導入後2日	導入後48時間：高い導入効率を観察

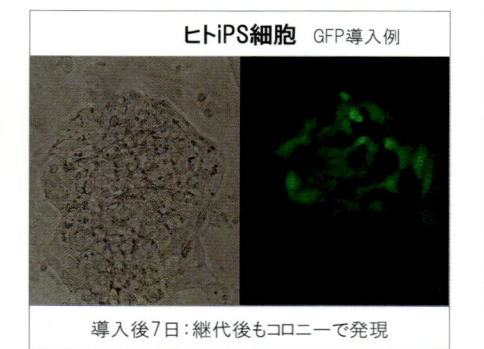

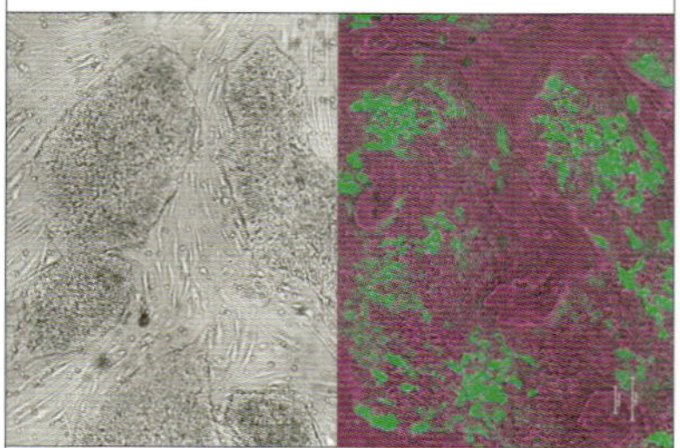

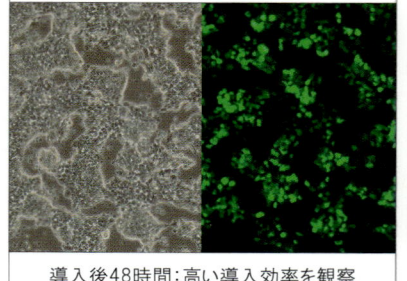

ネッパジーン株式会社　〒272-0114　千葉県市川市塩焼 3-1-6
Tel：047-306-7222　Fax：047-306-7333
http://www.nepagene.jp
info@nepagene.jp